金工实训教程

（含实训报告）

>> 主编　李启友　常万顺　李喜梅

>> 主审　容一鸣

华中科技大学出版社

http://www.hustp.com

中国·武汉

内 容 简 介

本书是根据教育部基础课程教学指导委员会颁发的"高等工业学校金工实习教学基本要求"和教育部工程材料及机械制造基础课程指导小组修订的"工程训练教学基础基本要求"，并结合培养应用型工程技术人才的实践教学特点编写的。

本书含教材和实训报告两册。教材共分 12 章，主要内容包括工程材料及热处理、铸造、锻压、焊接、刀具及常用量具、车削加工、铣削加工、刨削加工、磨削加工、钳工、数控加工基础、特种加工等。实训报告包括 11 项实训内容，要求学生完成车、铣、刨、磨、钳工、铸造、焊接、热处理等常规的加工操作并填写实训报告。

本书可作为高等工科院校机械类、近机类专业金工实习教材，也可供工程技术人员参考使用。

图书在版编目(CIP)数据

金工实训教程：含实训报告/李启友，常万顺，李喜梅主编. —武汉：华中科技大学出版社，2011.10(2021.12 重印)

ISBN 978-7-5609-7333-3

Ⅰ.①金…　Ⅱ.①李…　②常…　③李…　Ⅲ.①金属加工-实习-高等学校-教材　Ⅳ.①TG-45

中国版本图书馆 CIP 数据核字(2011)第 176218 号

金工实训教程(含实训报告)　　　　　　　　　李启友　　常万顺　　李喜梅　　主编

策划编辑：袁　冲
责任编辑：狄宝珠
封面设计：潘　群
责任校对：张　琳
责任监印：张正林
出版发行：华中科技大学出版社(中国·武汉)　　　电话：(027)81321913
　　　　　武汉市东湖新技术开发区华工科技园　　　邮编：430223
录　排：武汉市洪山区佳年华文印部
印　刷：武汉科源印刷设计有限公司
开　本：787mm×1092mm　1/16
印　张：17.75
字　数：460 千字
版　次：2021 年 12 月第 1 版第 11 次印刷
定　价：39.00 元(含实训报告)

前言

　　金工实训是高等院校机械类各专业学生重要的实践性教学环节,是一门技术性很强的技术基础课。金工实训的目的是使学生深入理解机械制造的基础工艺知识,熟悉加工工艺过程和工程术语,熟悉机械零件常用加工方法及所使用的主要设备和工具、量具。通过实训,初步掌握实习机床和其他实习设备的操作技能并具有一定的操作技巧,了解新工艺、新技术、新材料在机械制造中的应用。培养学生工程意识,增强实践工作能力,为专业课学习及今后工作打下坚实基础。

　　本书根据教育部基础课程教学指导委员会颁发的"高等工业学校金工实习教学基本要求"和教育部工程材料及机械制造基础课程指导小组修订的"工程训练教学基础基本要求",并结合应用型工程技术人才培养目标、实践教学特点和经验编写,强调理论联系实际,直观形象、深入浅出。本书配套编写有《金工实训报告》,要求学生在实训过程中必须完成《金工实训报告》作业,巩固和深化实训效果。

　　本书含教材和实训报告两册。教材共12章,主要内容包括工程材料及热处理、铸造、锻压、焊接、刀具及常用量具、车削加工、铣削加工、刨削加工、磨削加工、钳工、数控加工基础、特种加工等。

　　教材由武汉理工大学华夏学院李启友(第2章、第12章)、常万顺(第7章、第10章)、张瑞霞(第1章、第4章)、柯鑫(第5章、第9章)、李喜梅(第11章),武汉工业学院工商学院赵玉娟(第3章),武汉东湖学院陈艳(第8章)、海军工程大学陈珊(第6章)编写。实训报告由武汉理工大学华夏学院金工教研室按机械专业工程训练要求编写,适用于高等学校机械类专业、非机械类专业的机械工程训练。编写实训报告时参考了由王志海、罗继相、吴飞主编的《工程实践与训练教程实训报告》,在此表示衷心的感谢。本书由李启友、常万顺任主编,并负责全书的统稿。本书由武汉理工大学机电工程学院容一鸣教授主审。

　　由于编者水平有限,书中难免有错误和不妥之处,敬请读者批评指正。

编　者

2011年6月

第 *1* 章　金属材料及热处理实训

【实训目的及要求】

（1）熟悉金属材料的分类、牌号、性能及用途。

（2）了解生产中常用钢铁材料的现场鉴别方法。

（3）掌握热处理的基本原理及热处理工艺。

（4）了解有色金属及合金的种类、性能和应用。

【安全操作规程】

（1）进行热处理操作时必须穿戴好劳动保护用品。

（2）使用仪器设备前,要求熟悉所用设备的结构及工作原理。首次使用时必须在实训指导人员的指导下进行操作。

（3）开、关炉门要快,炉门打开的时间不能过长,以免炉温下降,这样可以减少炉膛内耐火材料及电热元件的寿命。

（4）在放、取试样时不能碰到电阻元件和热电偶;往炉中放、取试样时必须使用夹钳;夹钳必须擦干,不得沾有油和水。

（5）用电阻炉加热时,工件进炉、出炉时应先切断电源,以防触电。出炉后的工件不能用手摸,以防烫伤。

（6）在热处理过程中,加热件附近不得存放易燃、可燃物品;禁止用易燃、可燃物作临时支撑;同时应配备消防器材。

（7）使用硬度计时,必须在试验方法规定的测量硬度范围内进行,以免压头使用不当而损坏。若不能确定被测试样的硬度范围,应先采用较小的试验力进行试验。

（8）在制备热处理件金相试样时,必须集中注意力,正确操作,以防止预磨、抛光时试样飞出伤人。

（9）进行金相试样腐蚀工作前必须穿好工作服,戴好口罩、胶皮手套和防护眼镜。准备好所用工具后,再打开通风设备,并检查通风是否良好。试样应轻轻放入腐蚀剂器皿中,避免酸液溅出灼伤。废弃腐蚀液应实行专人负责,严格做好保管工作。

1.1　金属材料基础知识

1.1.1　工程材料的分类

工程材料是指在机械、船舶、化工、建筑、车辆、仪表、航空航天等工程领域中用于制造工程构件和机械零件的材料。工程材料可分为金属材料、非金属材料和复合材料几大类,如图 1-1 所示。

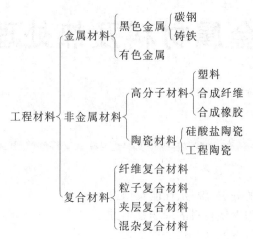

图 1-1 工程材料的分类

金属材料是以金属键结合为主的材料,具有良好的导电性、导热性、延展性和光泽。金属材料来源丰富,并具有良好的使用性能和工艺性能。

工业用钢、铸铁、有色金属等各种金属材料是目前机械工程用量最大、应用最广泛的工程材料。

1.1.2 材料的性能

1. 材料的使用性能

材料的使用性能包括力学性能、物理性能和化学性能。

1) 材料的力学性能

金属材料受外力作用时所表现出来的性能称为力学性能。力学性能主要包括强度、塑性、硬度、冲击韧度和疲劳性能等,它是选材、零件设计的重要依据。

(1) 强度 强度是指金属材料在外力作用下抵抗变形和破坏的能力。根据外力加载方式不同,强度指标有许多种,如屈服强度、抗拉强度、抗压强度、抗弯强度、抗剪强度、抗扭强度等。强度指标一般用单位面积所承受的载荷来表示,符号为 σ,单位为 MPa。工程中常用的强度指标有屈服强度和抗拉强度。屈服强度是指金属材料在外力作用下产生屈服现象时的应力,或开始出现塑性变形时的最低应力值,用 σ_s 表示。抗拉强度是指材料在被破坏前所能承受的最大应力值,用 σ_b 表示。对于大多数机械零件,工作时不允许产生塑性变形,所以屈服强度是零件强度设计的依据;对于因断裂而失效的零件,用抗拉强度作为其强度设计的依据。

(2) 塑性 塑性是指金属材料在外力作用下产生塑性变形而不破坏的能力。工程中常用的塑性指标有伸长率 δ 和断面收缩率 ψ,均可通过金属拉伸实验测定。伸长率是指试样拉断后的伸长量与原来长度之比的百分率。断面收缩率指试样拉断后断面缩小的面积与原来截面积之比。伸长率和断面收缩率越大，其塑性越好；反之，塑性越差。良好的塑性是金属材料进行压力加工、焊接的必要条件，也是保证机械零件工作安全、不发生突然脆断的必要条件。

（3）硬度　硬度是指材料抵抗局部塑性变形的抗力。硬度的测试方法很多，生产中常用的硬度测试方法有布氏硬度测试法和洛氏硬度测试法两种。

① 布氏硬度　布氏硬度的测试方法是用一直径为 D 的淬火钢球或硬质合金球作为压头，在载荷 P 的作用下压入被测试金属表面，保持一定时间后卸载，测量金属表面形成的压痕直径 d，以压痕的单位面积所承受的平均压力作为被测金属的布氏硬度值。布氏硬度指标有 HBS 和 HBW 两种，前者所用压头为淬火钢球，适用于布氏硬度值低于 450 的材料，如退火钢、正火钢、调质钢及铸铁、有色金属等；后者所用压头为硬质合金，适用于布氏硬度值为 450～650 的材料，如淬火钢等。布氏硬度测试法压痕较大，故不宜测试成品件或薄片金属的硬度。

② 洛氏硬度　洛氏硬度的测试方法是用顶角为 120° 的金刚石圆锥体或直径为 1.588 mm（1/16 英寸）的淬火钢球为压头，以规定的载荷压入被测试金属材料表面，根据压痕深度直接在洛氏硬度计的指示盘上读出硬度值。常用的洛氏硬度指标有 HRA、HRB 和 HRC 三种（见表 1-1），其中 HRC 在生产中应用最为广泛。洛氏硬度测试操作迅速、简便、压痕小，不损伤工件表面，故适于成品检验。

表 1-1　洛氏硬度的试样规范和应用范围

符号	压头类型	载荷	测量范围	适用范围
HRA	120° 金刚石圆锥体	600 N	60～85	硬质合金、表面硬化钢和较薄零件
HRB	直径为 1.588 mm 的淬火钢球	1 000 N	25～100	有色金属、退火钢、正火钢、可锻铸铁
HRC	120° 金刚石圆锥体	1 500 N	20～67	淬火钢、调质钢

硬度测试设备简单、操作方便，并可根据硬度值估算出近似的抗拉强度值，因此在生产中得到广泛的应用。

（4）冲击韧度　很多零件工作时受到很大的冲击载荷作用，如活塞销、连杆、冲模和锻模等。金属材料抵抗冲击载荷而不破坏的能力称为冲击韧度，用 α_k 表示，单位为 J/cm^2。冲击韧度常用摆锤式冲击试验机测定。α_k 值越大，则材料的韧度就越好。一般把 α_k 值低的材料叫做脆性材料，α_k 值高的材料叫做韧性材料。脆性材料在断裂前无明显的塑性变形，断口较平整，呈晶状或瓷状，有金属光泽；韧性材料在断裂前有明显的塑性变形，断口呈纤维状，无光泽。当机器零件承受冲击载荷时，不能只考虑静载荷的强度指标，还必须考虑金属材料抵抗冲击载荷的能力。

2）材料的物理性能和化学性能

物理性能、化学性能虽然不是结构设计的主要参数，但在某些特定情况下却是必须加以考虑的因素。

（1）材料的物理性能　包括密度、熔点、导热性、导电性、热膨胀性、磁性等。

（2）材料的化学性能　包括耐腐蚀性、抗氧化性等。

2. 材料的工艺性能

选择材料时，不仅要考虑使用性能，还要考虑其工艺性能。如果所选用的材料制备工艺复杂或难以加工,必然会带来生产成本提高或材料无法使用的后果。

材料的种类不同,其加工工艺也大不相同。金属材料是工业中使用最多的材料,其工艺性能主要包括铸造性能、焊接性能、切削加工性能和热处理性能等。

1.2 铁碳合金

钢和铸铁是制造机器设备的主要金属材料,它们都是以铁、碳为主要组元的合金,即铁碳合金。其中,铁的含量大于95%,是最基本的组元。工业上将碳含量小于2.11%的铁碳合金称为钢。钢具有良好的使用性能和加工性能,因此得到广泛的应用。铸铁是碳含量大于2.11%并含有较多硅、锰、硫、磷等元素的多元铁基合金。铸铁具有许多优良的性能且成本低廉,因而是应用最广泛的材料之一,例如,机床床身、内燃机的汽缸体、缸套等都可用铸铁制造。

1.2.1 钢的分类

1. 按化学成分分

碳素钢:低碳钢(碳含量 $w_c < 0.25\%$)、中碳钢(w_c 为 $0.25\% \sim 0.60\%$)和高碳钢($w_c > 0.6\%$)。

合金钢:低合金钢(合金元素质量分数 $w_{Me} < 5\%$)、中合金钢(w_{Me} 为 $5\% \sim 10\%$)和高合金钢($w_{Me} > 10\%$)。

2. 按用途分

结构钢:包括工程用钢和机器用钢。
工具钢:用于制作各类工具,包括刃具钢、量具钢和模具钢。
特殊性能钢:包括不锈钢、耐热钢、耐磨钢等。

3. 按质量(硫、磷含量)分

按质量(硫、磷含量)分类,可分为普通质量钢(硫、磷含量 $w_{S,P} \leqslant 0.05\%$)、优质钢($w_{S,P} \leqslant 0.04\%$)和高级优质钢($w_{S,P} \leqslant 0.03\%$)等。

1.2.2 钢材牌号的表示方法

1. 碳素钢

(1)碳素结构钢 其牌号用代表屈服点的拼音字母"Q"、屈服点数值、质量等级符号(A、B、C、D,等级依次升高)、脱氧方法符号(F 表示沸腾钢;b 表示半镇静钢;Z 表示镇静钢;TZ 表示特殊镇静钢,镇静钢和特殊镇静钢可不标符号,即 Z 和 TZ 都可不标)来表示。例如,"Q235AF"表示屈服点为 235 MPa、质量为 A 级的沸腾钢。

常用的碳素结构钢：Q195、Q215 钢塑性和韧度好，用于制造薄板、冲压件和焊接件；Q235 钢强度较高，用于制造钢板、钢筋和承受中等载荷的机械零件，如拉杆、连杆和转轴等；Q255、Q275 钢强度高、质量好，用于制作建筑、桥梁等重要焊接结构件。

（2）优质碳素结构钢　其牌号直接用两位数字表示，这两位数字表示钢的平均碳含量的万分之几。如"45 钢"表示平均碳含量为 0.45％ 的优质碳素结构钢。

常用的优质碳素结构钢：10～25 钢有较好的塑性、韧度、焊接性和冷成形性，主要用于制造各种冲压件和焊接件；30～55 钢强度较高，有一定的塑性和韧度，经适当热处理后，具有较好的综合力学性能，用于制造齿轮、轴、螺栓等重要零件；65～85 钢有较高的强度、硬度和弹性，但塑性和韧度较低，经淬火加中温回火后有较高的弹性极限和屈强比，常用于制造弹簧和耐磨件。

（3）碳素工具钢　其牌号冠以"T"，以免与其他钢类相混。牌号中的数字表示平均碳含量的千分之几。例如，"T8"表示平均碳含量为 0.8％。常用的碳素工具钢牌号为 T7～T13，其中 T7、T8、T9 用于制造承受冲击的工具，如冲子、凿子、锤子等；T10、T11 用于制造低速切削工具，如钻头、丝锥、车刀等；T12、T13 制造耐磨工具，如锉刀、锯条等。

2. 合金钢

为了提高钢的力学性能、工艺性能等，在冶炼时有意地加入一些合金元素，如硅、锰、铬、镍、钼、钨、钒、钛、铌、钴等所形成的钢称为合金钢。根据添加元素的不同，并采取适当的加工工艺，可获得高强度、高韧度、耐磨、耐腐蚀、耐低温、耐高温、无磁性等特殊性能。常用的合金钢的类型、牌号和用途见表 1-2。

表 1-2　常用合金钢的名称、牌号和用途

类　型	常用牌号	用　途
低合金高强度结构钢	Q345	石油化工设备、船舶、桥梁、车辆
合金结构钢	20CrMnTi	汽车、拖拉机的齿轮、凸轮
	40Cr	齿轮、轴、连杆螺栓、曲轴
合金弹簧钢	65Mn、60Si2Mn	汽车、拖拉机的板簧、螺旋弹簧
滚动轴承钢	GCr15	中、小型轴承内外套圈及滚动体
量具、刃具用钢	9SiCr	丝锥、板牙、钻头、铰刀、齿轮铣刀、轧辊
高速工具钢	W18Cr4V	高速切削车刀、钻头、锯片等
冷作模具钢	Cr12	冷作模、挤压模、压印模、搓丝板等
热作模具钢	5CrNiMo	大型热锻模
	5CrMnMo	中、小型热锻模

1.2.3　钢材鉴别

钢铁材料品种繁多、性能各异，因此对钢铁材料进行鉴别是非常必要的。常用的现场鉴别方法有火花鉴别法、色标鉴别法、断口鉴别法、音色鉴别法等。

1. 火花鉴别法

火花鉴别法是把钢材在旋转的砂轮上磨削,根据磨削过程中所产生的火花爆裂形状、流线、色泽、发火点等特点区别钢铁材料成分的方法。

(1) 火花组成 火花束是指被测材料在砂轮上磨削时产生的全部火花,常由根部、中部、尾部组成,如图1-2所示。从砂轮上直接射出的好像直线的火流称为流线,每条流线都由节点、爆花和尾花组成,如图1-3所示。流线上火花爆裂的原点称为节点,呈明亮点;爆花就是节点处爆裂的火花,由许多小流线(芒线)及点状火花(花粉)组成,通常爆花可分为一次、二次、三次等,如图1-4所示;钢的化学成分不同,尾花的形状也不同,通常,尾花可分为狐尾尾花、枪尖尾花、菊花状尾花、羽状尾花等。

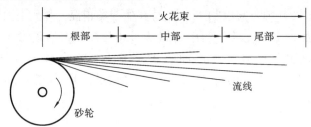

图1-2 火花束形式示意图

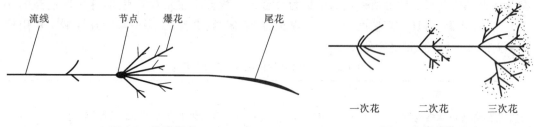

图1-3 流线组成

图1-4 爆花的形式

(2) 常用钢铁材料的火花特征 碳是钢铁材料火花的基本元素,也是火花鉴别法测定的主要成分。由于碳含量的不同,其火花形状也不相同。

通常低碳钢火花束较长,流线少,芒线稍粗,多为一次花,发光一般,带暗红色,无花粉,图1-5所示为20钢的火花特征。中碳钢火花束稍短,流线较细长且多,爆花分叉较多,开始出现二次、三次花,花粉较多,发光较强,颜色为橙色,图1-6所示为45钢的火花特征。高碳钢火花束较短且粗,流线多而细,碎花、花粉多,分叉多且多为三次花,发光较亮,图1-7所示为T12钢的火花特征。

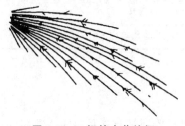

图1-5 20钢的火花特征

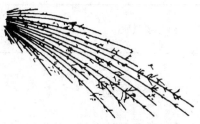

图1-6 45钢的火花特征

铸铁的火花束很粗,流线较多,一般为二次花,花粉多,爆花多,尾部渐粗下垂成弧形,颜色多为橙红色。火花试验时,手感较软,图 1-8 所示为 HT200 的火花特征。

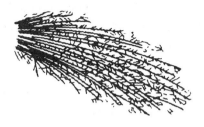

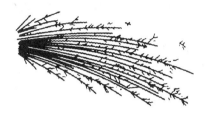

图 1-7　T12 钢的火花特征　　　　　　　　图 1-8　HT200 的火花特征

合金钢的火花特征与其含有的合金元素有关。一般情况下,镍、硅、钼、钨等元素抑制火花爆裂,而锰、钒铬等元素却可助长火花爆裂。所以对合金钢的鉴别很难掌握。一般铬钢的火花束白亮,流线稍粗且长,爆裂多为一次花,花形较大,呈大星形,分叉多而细,附有碎花粉,爆裂的火花心较明亮。镍铬不锈钢的火花束细,发光较暗,爆裂为一次花,五、六根分叉,呈星形,尖端微有爆裂。高速钢火花束细长,流线数量少,无火花爆裂,色泽呈暗红色,根部和中部为断续流线,尾花呈弧状。

2. 色标鉴别法

生产中为了表明金属材料的牌号、规格等,在材料上常做一定的标记,如涂色、打印、挂牌等。金属材料的涂色标志是表示钢号、钢种的,涂在材料一端的端面或端部。具体的涂色方法在有关标准中做了详细规定,生产中可以根据材料的色标对钢铁材料进行鉴别。部分钢号的涂色标记见表 1-3。

表 1-3　部分钢号的涂色标记

钢　种	牌　号	标　记
碳素结构钢	Q235	红色
优质碳素结构钢	20 钢	棕色加绿色
	45 钢	白色加棕色
合金结构钢	20CrMnTi	黄色加黑色
	40CrMo	绿色加紫色
滚动轴承钢	GCr15	蓝色
高速钢	W18Cr4V	棕色加蓝色
不锈钢	1Cr18Ni9Ti	绿色加蓝色
热作模具钢	5CrMnMo	紫色加白色

3. 音色鉴别法

根据钢铁敲击时发出的声音不同,以区别钢和铸铁的方法称为音色鉴别法。例如,当原材料钢中混入铸铁材料时,由于铸铁的减振性较好,敲击时声音较低沉,而钢材敲击时则可发出较清脆的声音。

4. 断口鉴别法

生产现场常根据断口的自然形态来判断材料的韧度,亦可据此判定相同热处理状态的材料碳的质量分数的高低。若断口呈纤维状,无金属光泽,颜色发暗,无结晶颗粒,且断口边缘有明显的塑性变形特征,则表明钢材具有良好的塑性和韧度,碳的质量分数较低;若材料断口齐平,呈银灰色,且具有明显的金属光泽和结晶颗粒,则表明材料的脆性较大;而过共析钢或合金钢经淬火及低温回火,断口常呈亮色,具有绸缎光泽,类似于细瓷器的断口特征。

要准确地鉴别金属材料的类型、牌号,一般应采用化学分析、金相检验、硬度实验等分析手段对材料做进一步鉴别。

1.2.4 铸铁的分类及应用

1. 灰铸铁

灰铸铁的组织是由铁液缓慢冷却时通过石墨化过程形成的,这种铸铁中的碳大部分或全部以自由状态的片状石墨形式存在,其断口呈暗灰色。灰铸铁具有优良的减振性、耐磨性、铸造性、切削加工性,且缺口敏感性小,是应用最广泛的铸铁,主要用于铸造承受压力和振动的零部件毛坯,如机床床身、各种箱体、壳体、缸体等。

2. 白口铸铁

白口铸铁是其组织中完全或几乎没有石墨,而碳以渗碳体的形态存在的一种铸铁,其断口为灰白色,硬而脆,不能进行切削加工。因此很少直接用来制作机械零件,仅适用于制造冲击载荷小的零件,如犁铧、磨片、导板等。由于白口铸铁具有很高的表面硬度和耐磨性,因此又被称为激冷铸铁或冷硬铸铁。

3. 麻口铸铁

麻口铸铁是介于白口铸铁和灰铸铁之间的一种铸铁。麻口铸铁中的碳既以渗碳体形式存在,又以石墨状态存在,断口夹杂着白亮的游离渗碳体和暗灰色的石墨,其断口呈灰白相间的麻点状。麻口铸铁的性能不好,极少应用。

根据铸铁中石墨形态的不同,除了灰铸铁(片状石墨)之外,还有可锻铸铁(团絮状石墨)、球墨铸铁(球状石墨)和蠕墨铸铁(蠕虫状石墨)等。

4. 可锻铸铁

可锻铸铁是将白口铸铁坯件经石墨化退火而形成的。由于其石墨呈团絮状,大大减轻了对金属基体的割裂作用,故抗拉强度得到显著提高(一般可达 300~400 MPa),而且这种铸铁还具有相当高的塑性与韧度。可锻铸铁主要用于制造形状复杂且承受振动载荷的薄壁小型件,如汽车、拖拉机的前后轮壳、管接头、低压阀门的阀体等。

5. 球墨铸铁

球墨铸铁是通过在浇铸前向铁液中加入一定量的球化剂和孕育剂而获得的。由于球状石墨圆整度高,对基体的割裂作用进一步减轻,故其强度和韧度远远超过灰铸铁,可与钢媲美,其抗拉强度一般为 $400\sim600$ MPa。球墨铸铁在汽车、工程机械、机床、动力机械、管道等方面得到广泛应用,可部分取代碳钢制造受力复杂,强度、韧性和耐磨性要求高的零件。

6. 蠕墨铸铁

与球墨铸铁类似,蠕墨铸铁是铁液经蠕化处理和孕育处理得到的,其石墨形状是介于片状和球状之间的组织,因此力学性能介于灰铸铁和球墨铸铁之间。蠕墨铸铁主要用于代替高强度灰铸铁来制造重型机床、大型柴油发动机的机体、缸盖,也用于制造耐热疲劳的钢锭模、金属型及要求气密性好的阀体等。

常用铸铁牌号及应用见表 1-4。

表 1-4　常用铸铁牌号及应用

种　类	常用牌号	性　能	应　用
灰铸铁	HT150	组织疏松,机械性能不太高,吸振性,生产工艺简单,价格低廉	手工铸造用砂箱、盖、底座、外罩、手把、重锤等
	HT200		一般运输机械中的汽缸体、缸盖、飞轮等;一般机床中的床身等;通用机械承受中等压力的泵体、阀体;动力机械的外壳、轴承座等
	HT250		运输机械中薄壁缸体、缸盖等;机床中立柱、横梁、床身、滑板、箱体等;冶金矿山机械中的轨道板、齿轮;动力机械中的缸体、缸套、活塞
可锻铸铁	KTH300-06	强度、韧度、塑性优于灰铸铁,生产工艺冗长、成本高	管道、弯头、接头、三通、中压阀门
	KTZ450-06		曲轴、凸轮轴、连杆、齿轮、活塞环、轴套、犁刀、摇臂、万向节头、传动链条、矿车车轮等
球墨铸铁	QT400-15	强度、耐磨性好,有一定韧性,且生产工艺比可锻铸铁简单	汽车、拖拉机底盘零件;阀门的阀体和阀盖等
	QT600-3 QT700-2		柴油发动机、汽油发动机的曲轴;磨床、铣床、车床的主轴;空压机、冷冻机的缸体、缸套等
蠕墨铸铁	RuT260	力学性能介于灰铸铁和球墨铸铁之间,铸造性能、减振性和导热性优于球墨铸铁,与灰铸铁相近	增压器废气进气壳体;汽车、拖拉机的某些底盘零件等
	RuT300		排气管、变速箱体、气缸盖、纺织机零件、液压件、钢锭模、某些小型烧结机篦条等
	RuT380 RuT420		活塞环、汽缸套、制动盘、玻璃模具、刹车鼓、钢珠研磨盘等

1.3　有色金属及其合金

1.3.1　铝及铝合金

1. 工业纯铝

工业纯铝具有面心立方晶格结构;无同素异构转变;密度为 2.72 g/cm^3;具有良好的导电、

导热性,仅次于银、铜、金;在大气中具有优良的抗腐蚀性(与氧亲和力大,能形成一层致密的氧化膜 Al_2O_3);具有高塑性和较低的强度。工业纯铝可制作电线、电缆、器皿及配制合金。

2. 铝合金

铝合金可用于制造承受较大载荷的机器零件和构件。按合金元素的含量和加工方法可分为变形铝合金和铸造铝合金,其特点和应用见表1-5。

表1-5　常用铝合金

类别	名　称	常用代号	特点及应用
铸造铝合金	铝硅系合金	ZL102 ZL017	具有良好的铸造性能和耐磨性能,热膨胀系数小。用于制造结构件,如壳体、缸体、箱体和框架
	铝铜系合金	ZL201	耐热性好,强度较高,但密度大,铸造性能、耐蚀性差。用于制作承受大的载荷和形状不复杂的砂型铸件
	铝镁系合金	ZL301 ZL303	密度小,强度高,在大气和海水中的抗腐蚀性能好,室温下有良好的综合力学性能和可切削性。用于制作雷达底座、飞机的发动机机架、螺旋桨、起落架等零件,也可做装饰材料
	铝锌系合金	ZL401	铸造性能好,强度较高,可自然时效强化,但密度大、耐蚀性较差。用于制作模型、型板及设备支架等
变形铝合金	防锈铝合金	LF5	不能进行热处理强化,力学性能比较低,为了提高其强度,可采用冷加工方法使其强化(加工硬化)。主要用于焊接件、容器、管道,以及承受中等载荷的零件及制品,也可用于铆钉
	硬铝合金	LY11 LY12	有强烈的时效强化作用,经时效处理后具有很高的强度、硬度,同时具有良好的加工工艺性能。含 Cu、Mg 量低的硬铝合金强度低而塑性高,含 Cu、Mg 量高则强度高、塑性低。低合金硬铝塑性好,强度低,主要用于制作铆钉,常称铆钉硬铝;标准硬铝合金强度和塑性属中等水平,主要用于轧材、锻材、冲压件和螺旋桨叶片及大型铆钉等重要零件;高合金硬铝合金元素含量较多,强度和硬度较高,塑性及变形加工性能较差,用于制作重要的销和轴等零件
	超硬铝合金	LC4 LC9	抗蚀性较差,高温下软化快。多用于制造受力大的重要构件,例如飞机大梁、起落架等
	锻铝合金	LD7 LD8 LD9	具有优良的锻造工艺性能。热处理特点:自然时效很难达到最大的强化效果,必须采用人工时效。主要用于承受重载荷的锻件和模锻件

1.3.2　铜及铜合金

1. 纯铜

纯铜具有面心立方晶格结构;无同素异构转变;密度为 $8.94\ g/cm^3$;无磁性;导电、导热性好,仅次于银;具有良好的加工性、可焊性;塑性、强度较低;在大气、淡水中均具有优良的抗蚀性;在温水中抗蚀性较差;在大多数非氧化介质(HF、HCl)中抗蚀性较好,而在氧化性介质(HNO_3、H_2SO_4)中易被腐蚀。纯铜主要用于配制铜合金,制作导电、导热材料及耐蚀器件等。

2．铜合金

纯铜的强度不高，可通过加工硬化适当提高其强度，但塑性、电导率会随之下降。通常采用加入合金元素的方法提高铜的强度。按化学成分不同，可将铜合金分为黄铜、青铜、白铜三大类，常用铜合金及其应用见表1-6。

表1-6 常用铜合金及其应用

类 别	常用牌号	用 途 举 例
普通黄铜	H62	各种受拉受弯件，如销钉、螺母、散热器、气压表弹簧
	H68	复杂的冷冲件和深冲件，如波纹管、弹壳、冷凝器等
特殊黄铜	HPb59-1	适用于切削加工及冲压加工的零件，如垫片、衬套等
铸造黄铜	ZCuZn38	一般结构件及耐蚀件，如法兰、阀座、螺杆、螺母、支杆、手柄等
锡青铜	QSn4-4-2	摩擦条件下工作的轴承、轴套、衬套及圆盘等

（1）黄铜 黄铜是以锌作为主要添加元素的铜合金，具有美观的黄色。铜锌二元合金称为普通黄铜或简单黄铜，三元以上的黄铜称为特殊黄铜或复杂黄铜。黄铜具有良好的工艺性能、机械性能和耐腐蚀性，常用于制造阀门、水管、空调内外机连接管和散热器等。

（2）白铜 白铜分为普通白铜和特殊白铜。普通白铜（Cu-Ni合金）具有较高的耐蚀性和抗腐蚀疲劳性能及优良的冷热加工性能，主要用于制造在蒸汽和海水环境下工作的精密机械、仪表中的零件及冷凝器、热交换器等。特殊白铜是在普通白铜基础上添加锌、锰、铝等元素形成的，其耐蚀性、强度和塑性高，成本低，用于制造精密机械、仪表零件及医疗器械等。

（3）青铜 除铜-锌系（黄铜）和铜-镍系（白铜）合金以外的铜合金统称为青铜，是人类历史上应用最早的一种合金。青铜有高的强度、硬度、耐热性和良好的导电性，广泛应用于汽车、机械、电子等行业。

1.3.3 轴承合金

制造轴瓦和内衬的耐磨合金称为轴承合金，又称轴瓦合金。轴承合金的组织是在软相基体上均匀分布着硬相质点，或者硬相基体上均匀分布着软相质点，如图1-9所示。因此轴承合金的性能要求如下：① 足够的抗压强度、疲劳强度和冲击性能；② 摩擦因数小，减摩性能好，良好的磨合性能和抗咬合能力，蓄油性能好等，以减小轴颈磨损并防止咬合；③ 具有小的热膨胀系数，良好的导热性能和耐腐蚀性能能防止因摩擦升温而发生咬合。

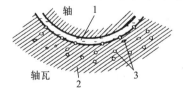

图1-9 软基体与轴瓦配合示意图
1—润滑油；2—软基体；3—硬质夹杂物

常用的轴承合金有如下几种。

1．巴氏合金

一种软基体上分布着硬颗粒相的低熔点轴承合金，有锡基、铅基、镉基三个系列。

锡基合金：以 Sn 为主并加入少量 Sb、Cu 等元素，具有较高的耐磨性、导热性和耐蚀性，浇注性好，摩擦因数小，疲劳极限较低，工作温度不超过 150℃，价格高。广泛应用于重型动力机械，如汽车发动机、气体压缩机、涡轮机、内燃机的轴承和轴瓦。常用牌号有 ZChSnSb11-6、ZChSnSb4-4。

铅基轴承合金：硬度、强度、韧度、导热性、耐蚀性都比锡基轴承合金低，但摩擦因数较大，高温强度较好，价格便宜。广泛用于制造承受低、中载荷的轴承，如汽车、拖拉机曲轴、连杆轴承。

2. 铜基轴承合金

青铜强度高、承载能力大，耐磨性和导热性好，工作温度可达 250 ℃。可单独制成轴瓦，也可以作为轴承衬浇注在钢或铸铁轴瓦上。但可塑性差，不易跑合，与之相配的轴颈必须淬火。ZCuSn10P1、ZCuSn5Pb5Zn5 等锡青铜适于制造中速、中等载荷下工作的轴承，如电动机、泵上的轴承；ZCuPb30 等铅基青铜适于制造高速、重载下工作的轴承，如高速柴油发动机、汽轮机上的轴承。

3. 铝基轴承合金

铝基轴承合金的密度小、导热性好，耐磨性和疲劳极限高，价格便宜，热膨胀系数较大，抗咬合性低于巴氏合金。主要有铝锑镁轴承合金和高锡铝轴承合金，前者有较高的疲劳极限，适用于制造高速、载荷不超过 20 MPa、滑动速度不大于 10 m/s 的柴油发动机轴承；后者耐磨性、耐热性和耐蚀性良好，适用于制造高速、重载下工作的轴承，如汽车轴承、拖拉机轴承、内燃机轴承。

1.4 热处理

对固态金属或合金采用适当方式加热、保温和冷却，以获得所需要的组织结构与性能的加工方法称为热处理。金属热处理是机械制造中的重要工艺之一，与其他加工工艺相比，热处理一般不改变工件的形状和整体的化学成分，而是通过改变工件内部的显微组织或改变工件表面的化学成分，赋予或改善工件的使用性能。

钢的热处理可以分为以下三类。① 普通热处理：即对工件整体进行穿透加热的热处理工艺，常用的有退火、正火、淬火和回火。② 表面热处理：仅对工件表面进行热处理，以改变其组织和性能的工艺，常用的是表面淬火。③ 化学热处理：将工件置于一定温度的活性介质中保温，使一种或几种元素渗入其表面，以改变它的化学成分、组织和性能的热处理工艺，常用的有渗碳、渗氮、碳氮共渗、氮碳共渗等。

根据热处理在零件制造工艺过程中的位置和作用不同，热处理工艺可分为以下几种：预备热处理，是零件加工过程中的一道中间工序，目的是改善毛坯件的组织、消除应力、降低硬度，为后续的机械加工和最终热处理做好组织准备；最终热处理，指能赋予工件使用性能的热处理。

热处理工艺过程包括以下三个步骤。

加热：以一定的加热速度把零件加热到规定的温度范围。材料不同，其加热工艺和加热温度都不同。

保温:工件在规定的温度下保持一定时间,使零件内外温度均匀。保温时间和介质的选择与工件尺寸和材质都有直接关系。

冷却:最后一道工序,也是最重要的一道工序。冷却速度不同将得到不同的组织和性能。

把零件的加热、保温、冷却过程绘制在温度-时间坐标系中,可以得到如图 1-10 所示的热处理工艺曲线。

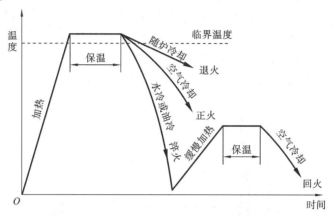

图 1-10　常用热处理方法的工艺曲线

1.4.1　碳钢的热处理

1. 退火

将钢加热到某一温度并保温一定时间,然后随炉缓慢冷却,使钢获得平衡组织的热处理方法称为退火。其目的是降低硬度,改善切削加工性;消除残余应力,稳定尺寸,减少变形与裂纹倾向;细化晶粒,调整组织,消除组织缺陷。退火工艺适用于亚共析成分的碳钢、合金钢铸件、锻件及热轧型材、焊接件等。

2. 正火

正火是将钢件加热到临界温度以上 30～50 ℃,保温后出炉空冷的热处理工艺。正火与退火的不同点是正火冷却速度比退火冷却速度稍快,因而正火组织要比退火组织更细一些,其力学性能也有所提高,另外,正火采用炉外冷却,不占用设备,生产率较高,因此生产中尽可能用正火来代替退火。

3. 淬火

将钢加热到临界点温度以上并保温一定时间,然后在水或油中快速冷却的热处理方法称为淬火。淬火的目的是提高钢的硬度和耐磨性。淬火是钢件强化最经济有效的热处理工艺,几乎所有的工模具和重要零部件都要进行淬火处理。淬火之后,材料的内部组织发生了变化,工件的硬度和耐磨性提高,但塑性和韧度下降,脆性加大,并产生了较大的内应力,因此必须及时进行回火处理,以消除内应力,防止工件变形或开裂。

(1) 淬火介质　淬火时常用的冷却介质为水和矿物油。水是最便宜且冷却能力很强的冷却介质,主要用于一般碳钢零件的淬火。如果在水中加盐,则其冷却能力可以进一步提高,这对于一些大尺寸碳钢件的淬火有益。油的冷却能力较低,因此,以油为冷却介质时工件的冷却速度较慢,可避免出现淬火开裂缺陷,适宜于合金钢的淬火。

(2) 工件浸入淬火介质的操作方法　淬火时工件浸入淬火介质的操作方法对工件变形和开裂有着很大的影响。淬火时应保证工件冷却均匀、内应力减小、重心稳定,因此正确的操作方法如下:厚薄不均的零件应使厚重部分先浸入淬火介质;细长类零件应垂直浸入淬火介质中;薄而平的工件(如圆盘、铣刀等)应立着放入淬火介质中;薄壁环状零件进入淬火介质中时,其轴线必须垂直于液面;带有不通孔的零件浸入淬火介质中时其孔应该朝上;十字形或 H 形工件应倾斜着进入淬火介质中。不同形状的零件浸入淬火介质中的方法详见图1-11。

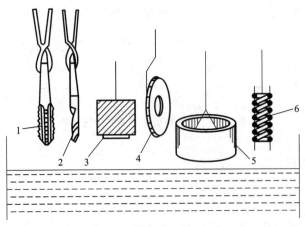

图 1-11　不同形状的零件浸入淬火介质的方法
1—丝锥;2—钻头;3—铣刀;4—圆片;5—钢圈;6—弹簧

4. 回火

将淬火后的工件再次加热,在一定温度下保温一段时间(2～4 h),然后缓慢冷却的热处理方法称为回火。回火的目的如下:减少或消除淬火内应力,防止工件变形或开裂;获得工艺所要求的力学性能;稳定工件尺寸;对于某些高淬透性的钢,能缩短软化周期。根据回火温度的不同,将回火分为低温回火、中温回火和高温回火三类。

1.4.2　铸铁的热处理

铸铁热处理的目的:改变基体组织、改善铸铁性能;消除铸件应力。值得注意的是,热处理并不能改变石墨的形态及分布。

1. 消除内应力退火(又称人工时效)

消除内应力退火是指将铸件在一定的温度下保温,然后缓慢冷却,以消除铸件中的铸造残余应力,稳定铸件组织。对于灰铸铁,消除内应力退火可以稳定铸件几何尺寸,减小切削加工后的变形;对于白口铸铁,消除内应力退火可以避免铸件在存放、运输和使用过程中受到振动或环境发生变化时产生变形甚至自行开裂。

普通灰铸铁消除内应力退火的加热温度为 550 ℃。当铸铁中含有稳定基体组织的合金元素时,可适当提高去应力退火温度。低合金灰铸铁为 600 ℃,高合金灰铸铁可提高到 650 ℃。加热速度一般为 60~100 ℃/h。随炉冷却速度应控制在 30 ℃/h 以下,一般铸件冷至 150~200 ℃出炉,形状复杂的铸件冷至 100 ℃出炉。普通白口铸铁消除内应力退火的加热温度不应超过 500 ℃。

2. 石墨化退火热处理

石墨化退火的目的是使铸铁中渗碳体分解为石墨和铁素体。这种热处理工艺是可锻铸铁件生产的必要环节。在灰铸铁生产中,为降低铸件硬度、便于切削加工,有时也采用这种工艺方法。在球墨铸铁生产中常用这种处理方法获得高韧性铁素体球墨铸铁。

1.5　本章实训

实训项目 1:钢铁材料现场火花鉴别

给定四件钢铁材料(20 钢、45 钢、T12 钢、HT200)样品,要求在旋转的砂轮上打磨,根据磨削过程中所产生的火花爆裂形状、流线、色泽、发火点等特点区别各种钢铁材料。

实训项目 2:钢的淬火和回火工艺

实训碳钢(45 钢)淬火、正火、退火、回火热处理工艺的操作方法及硬度测试方法。分析碳钢在热处理时碳含量、加热温度、冷却速度及回火温度等主要因素对碳钢热处理后组织与性能的影响。

第2章 铸造实训

【实训目的及要求】

(1) 通过实训,熟悉铸造生产工艺过程及铸造工艺规程。

(2) 熟悉砂型(黏土砂)各种手工造型方法并独立完成作业件铸型,了解型(芯)砂的性能要求。

(3) 熟悉铸造有色金属合金的熔炼方法、设备和浇注工艺。

(4) 熟悉铸件液态成形特点,了解铸件缺陷及其控制方法。

【安全操作规程】

(1) 工作时穿好工作服,浇注时穿好劳保皮鞋,戴好手套、帽子、防护眼镜等。

(2) 浇注前,必须清理浇注的行进通道,预防意外跌撞。

(3) 熔化时,严禁把冷炉料直接加入已熔化的铝液中,以免发生铝液爆炸。

(4) 浇包、挡渣钩和熔化操作工具刷涂料后必须烘烤预热,否则不准使用。

(5) 挡渣人员不得位于浇包嘴正面操作,浇注过程中不得用眼睛正视冒口,以防跑火时金属液喷射伤人。

(6) 浇注完毕后应全面检查,清理场地,并熄灭火源。

2.1 铸造基础

2.1.1 铸造的概念及其特点

铸造是指制造铸型,熔炼金属,并将熔融金属浇入铸型,凝固后获得一定形状和性能的毛坯或零件的成形方法。与其他成形方法相比,铸造具有以下几个特点。

(1) 适合生产形状复杂(尤其是具有复杂型腔)的铸件。

(2) 适应范围广。工业中常用的金属材料都可铸造,几乎不受工件形状、尺寸和生产批量的限制。

(3) 原材料来源广泛,可直接利用成本低廉的切屑和废机件。

(4) 铸件加工余量小,节省金属,从而降低制造成本。

(5) 铸造生产工艺周期长,劳动条件差,铸件质量不稳定且力学性能较差。

2.1.2　铸造的生产工艺流程及过程

优质铸件的获得需要有合理而先进的铸造方法、正确的铸造工艺、高质量的合金及正确的熔炼工艺和浇铸方法。铸造生产包含铸型制造、合金熔炼、浇铸、落砂(砂型铸造)清理和检验工艺流程。

砂型铸造生产工艺流程如图 2-1 所示。砂型铸造生产工艺流程包括以下内容:由零件图合理地制订铸造工艺方案并绘制工艺图,制造模样和芯盒、配制型砂(芯砂)、造型、制芯、合型、熔炼、浇铸、落砂清理和检验。图 2-2 所示为飞轮砂型铸件生产过程示意图。

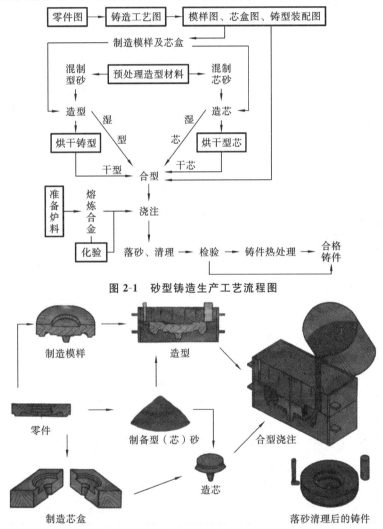

图 2-1　砂型铸造生产工艺流程图

图 2-2　飞轮砂型铸件生产过程示意图

2.1.3　铸造工艺

铸造工艺包括选择分型面,确定铸件浇注系统位置、砂芯结构、浇注系统及铸造工艺参数等内容。铸造工艺合理与否将直接影响铸件质量及生产效率。

1．选择分型面

铸型分型面是指铸型组元间的结合面。选择原则如下：应尽量使分型面平直且数量少；铸件全部或大部分应在同一砂型内，以保证铸件尺寸精度，减少错箱和飞边等缺陷；应尽量使型腔及主要型芯位于下箱，以便造型、下芯、合型及检验铸件壁厚；应避免不必要的型芯和活块，简化造型工艺。

2．浇注系统

1）浇注系统的组成

浇注系统是指为金属液填充型腔和冒口而开设于铸型中的一系列通道。一般铸件的浇注系统由浇口杯（外浇口）、直浇道、横浇道和内浇道四部分组成，如图 2-3 所示。有些铸件直接用直浇道（压边浇口）浇注。

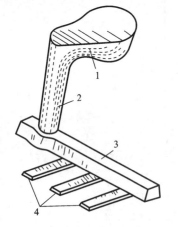

图 2-3　浇注系统的组成
1—浇口杯；2—直浇道；3—横浇道；4—内浇道

2）浇注系统各组元的作用及其结构

（1）浇口杯　浇口杯的作用是缓和金属液浇入铸型的冲力并分离熔渣。漏斗形用于中、小型铸件，盆形用于大型铸件。

（2）直浇道　浇注系统中的垂直通道称为直浇道。其作用是使金属液产生一定的静压力，使充型迅速。为了便于取模，直浇道一般做成带锥度的圆柱体。

（3）横浇道　浇注系统中连接直浇道和内浇道的水平通道称为横浇道。其作用是使金属液平稳、均匀地分配到各个内浇道，捕集、滞留由浇包经直浇道流入的夹杂物，又称捕渣器或撇渣道，截面形状多为梯形。

（4）内浇道　内浇道的作用是控制金属液流入型腔的速度和方向。截面形状一般是扁梯形和月牙形，也可用三角形。

3）浇注系统的设置

浇注系统设置的好坏，对铸件质量有很大的影响。如砂眼、夹渣、浇不到、气孔、缩孔、裂纹等缺陷，往往是因浇注系统设置不当造成的。

浇注系统应满足以下几项要求。

（1）开设的浇注系统应使金属液平稳、迅速地注入型腔，以免冲坏砂型或砂芯。

（2）控制金属液流动的速度和方向。

（3）有利于铸件温度的合理分布，调节铸件的凝固顺序。

（4）浇注系统应具有除渣功能，阻止熔渣、砂粒等进入型腔。

（5）浇注系统应尽可能节省液态金属的消耗，便于造型和清理。

4）浇注系统的类型

根据铸件的形状、大小或合金种类的不同，可采用不同的浇注系统，如图 2-4 所示。

顶注式浇注系统如图 2-4（a）所示，金属液从型腔顶部引入，它容易充满薄壁铸件，有利于补缩，但金属液对铸型冲击大，宜用于高度小而形状简单的铸件。

底注式浇注系统如图 2-4（b）所示，金属液从型腔底部引入，金属液流动平稳，不易冲砂,但是补缩作用较差,不易充满薄壁铸件。这种浇注系统主要用于中、大型厚壁,形状较复杂,高度较大的铸件和某些易氧化的合金铸件(铝合金、镁合金等)。

　　中注式浇注系统如图 2-4(c)所示,它是介于顶注式和底注式之间的一种浇注系统,多从分型面引入金属液,开设很方便,应用最普遍,多用于中型、较低、水平尺寸较大的铸件。

　　阶梯式浇注系统如图 2-4(d)所示,在铸件的不同高度上开设若干条内浇道,使金属液从底部开始,逐层地由下而上进入型腔,这种系统兼有顶注式和底注式的优点,用于高度大于 800 mm 的铸件。

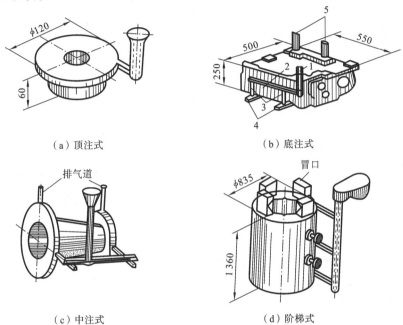

（a）顶注式　　　　　　　　　　　　（b）底注式

（c）中注式　　　　　　　　　　　　（d）阶梯式

图 2-4　浇注系统的类型

1—直浇道；2—横浇道；3—分支直浇道；4—内浇道；5—排气道

　　生产实践中,根据铸件形状、尺寸、壁厚及对铸件的质量要求,还可选择其他形式的浇注系统,如图 2-5 所示。

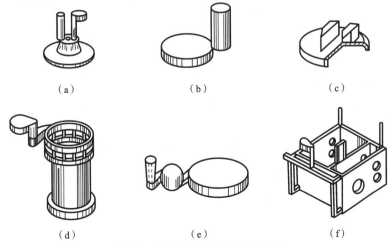

（a）　　　　　　　　（b）　　　　　　　　（c）

（d）　　　　　　　　（e）　　　　　　　　（f）

图 2-5　其他形式浇注系统的类型

3. 冒口

铸件的厚大部位往往最后凝固,最后凝固收缩部分若得不到其他金属液体的补充,容易形成缩孔、缩松。为防止产生缩孔、缩松,需要补缩。补缩的方法是在铸件厚大部位附近或铸件最高的地方放置用来补充缩孔的液体部分即冒口,如图 2-4(d)所示。冒口中的金属液可不断地补充铸件的收缩,从而使铸件避免出现缩孔、缩松。冒口还有排气和集渣的作用。冒口是多余部分,清理时要切除掉。

2.1.4 铸造工艺方案设计及规程的编制

铸造工艺规程是用于指导生产的技术文件,它既是工厂生产技术准备和科学管理的依据,也是铸造工艺技术水平的体现和技术经验的结晶。铸造工艺规程编制水平的高低,对铸件质量、生产成本和效率起着关键性的作用。

1. 零件结构的铸造工艺分析

零件结构的铸造工艺性通常是指零件本身的结构应符合铸造生产要求和特点。零件结构的铸造工艺性好,易于保证质量,简化铸造工艺过程和降低生产成本。

2. 设计铸造工艺图

在零件图上用规定的红蓝各色工艺符号表示下列项目:铸型分型(模)面、浇注位置、浇注系统(含冒口)布置、机加工余量、收缩率、起模斜度、砂芯的形状和数量、芯头大小和配合间隙等。图 2-6 所示为压盖零件的零件图及铸造工艺图。

3. 绘制铸件图

铸件图主要反映铸件实际形状、尺寸和技术要求。由铸件图可估算铸件毛坯重量。压盖零件铸件图如图 2-6(c)所示。

4. 绘制模样、模板及芯盒图

根据铸造工艺图设计模样、模板及芯盒的结构、尺寸、形状和材料等,确定模样和浇冒口系统在模板上的安装位置、方法及定位结构,芯盒的紧固和定位方式等。压盖零件模样如图 2-6(d)所示,芯盒如图 2-6(e)所示。

5. 绘制砂箱图

根据铸造工艺图确定的相关参数及要求确定砂箱的结构、材料及紧固和定位方式,绘制砂箱图。

6. 绘制铸型装配(合型)图

根据铸造工艺图的相关内容绘制铸型装配(合型)图。作为生产准备、合型、检验和工艺调整的依据,铸型装配(合型)图如图 2-7 所示。

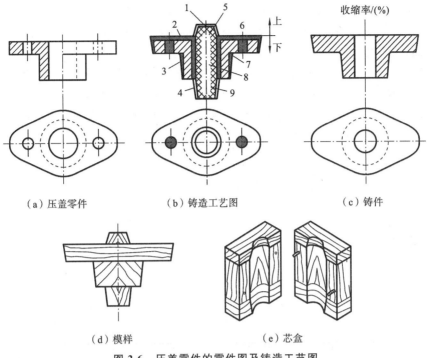

（a）压盖零件　　　（b）铸造工艺图　　　（c）铸件

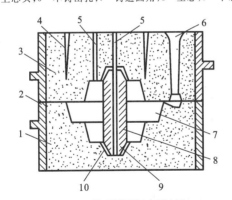

（d）模样　　　（e）芯盒

图 2-6　压盖零件的零件图及铸造工艺图

1—顶间隙；2—加工余量；3—起模斜度；4—侧间隙；

5—上芯头；6—不铸出孔；7—铸造圆角；8—型芯；9—下芯头

图 2-7　铸型装配（合型）图

1—下型；2—分型面；3—上型；4—通气孔；5—排气道；

6—浇注系统；7—型腔；9—下型芯头；10—芯座

7. 编写铸造工艺卡

　　铸造工艺卡综合工艺设计的主要内容：说明造型、制芯、浇注、开箱、清理等工艺过程中的具体要求和注意事项等，作为生产和管理的重要依据。

2.1.5　常用铸造方法

　　根据造型方法不同，铸造分为砂型铸造和特种铸造。根据铸造合金种类的不同，可分为铸铁、铸钢及铸造有色合金等。随着科学技术的进步,铸造技术发生了巨大变化。特种铸造方面,如熔模铸造、压力铸造、离心铸造、真空铸造等精密铸造技术已在生产中广泛应用;砂型铸造方面,由于新型造型材料的开发,水玻璃砂、流态自硬砂和树脂砂等也获得了广泛应用。砂型铸造是传统的铸造方法,应用广泛。它适用于各种形状、大小、批量及各种合金的生产。但从整体来看,由于黏土砂造型具有较大的灵活性、适应性和经济性,到目前为止,用黏土砂型制造铸型仍是铸造业产量最高及应用最广泛的一种造型技术。掌握砂型(黏土砂)铸造是合理选择铸造方法和正确设计铸件的基础。

2.2 砂型(黏土砂)铸造

2.2.1 造型材料

砂型铸造用的造型材料主要是用于制造砂型的型砂和用于制造砂芯的芯砂。型砂、芯砂通常是由砂子、黏结剂、辅助附加材料及水混制而成。铸造用的硅砂主要由粒径 $0.53\sim 3.35$ mm 的石英颗粒组成。天然硅砂用于有色合金铸件、铸铁件及中小型铸钢件的型砂和芯砂。人工硅砂用于铸钢件的型砂和芯砂。铸造砂的颗粒组成和颗粒形状对型砂的流动性、紧实性、透气性、强度和抗液态金属的渗透性等性能有影响,是铸造砂质量的重要指标。

1. 铸造原砂应满足的基本要求

(1)较高的纯度和洁净度,以硅砂为例,铸铁用砂要求 SiO_2 含量在 90% 以上,较大的铸钢件则要求 SiO_2 含量在 97% 以上。

(2)高的耐火度和热稳定性。

(3)适宜的颗粒形状和颗粒组成。

(4)不易被液态金属润湿。

(5)价廉易得。

2. 型(芯)砂的性能要求

铸型在浇铸凝固过程中要承受液体金属的冲刷、高温和静压力的作用,要排出大量气体,型芯还要受到铸件凝固时的收缩压力。型(芯)砂的质量直接影响铸件的质量,型(芯)砂的质量差不仅会使铸件产生气孔、砂眼、黏砂、夹砂,而且还会降低铸件的表面粗糙度。

良好的型(芯)砂应具备下列性能。

1)透气性

透气性表征型砂紧实后透过气体的能力。透气性差,铸件易产生气孔、浇不足等铸造缺陷。型(芯)砂的透气性跟黏结剂含量、原砂粒度、砂型紧实度有关。砂的粒度越细,黏土及水分越高,砂型紧实度越高,透气性越差。

2)强度

强度是指型(芯)砂紧实后在外力作用下破坏时单位面积上所承受的力。足够的强度可保证砂型在制造、搬运及金属液冲刷作用下不会破损。强度过低,易造成塌箱、冲砂,铸件易产生砂眼、夹砂等铸造缺陷。强度过高,则使得型(芯)砂的透气性和退让性降低,铸件易产生气孔、变形、裂纹等铸造缺陷。

3)耐火性

耐火性是指型(芯)砂抵抗高温热作用的能力。耐火性差,铸件易产生黏砂等铸造缺陷,严重的还会造成废品。型(芯)砂中 SiO_2 含量越多、型(芯)砂颗粒度越大,则耐火性越好。

4)退让性

退让性是指型(芯)砂在铸件冷却收缩过程中,体积可被压缩的能力。退让性不好,铸件易产生内应力或开裂。型(芯)砂越紧实,退让性越差。在型砂中加入木屑等材料可以提高退让性。

5)溃散性

溃散性是指型(芯)砂浇注后落砂清理过程中溃散的性能。溃散性与型(芯)砂配比及黏结剂有关。

3. 型(芯)砂制备及质量控制

1)型(芯)砂制备

小批量生产常用碾轮式混砂机混砂。碾轮式混砂机如图 2-8 所示。小型铸件型砂配比如下:新砂 2%～20%,旧砂 98%～80%,用黏土作为型砂黏结剂的黏土 8%～10%,水 4%～6%,煤粉 2%～5%。混砂工艺是先将新砂、黏土和过筛的旧砂依次加入混砂机中先干混 2～3 min,混拌均匀后加一定量的水湿混约 10 min,在碾轮的碾压及搓揉作用下,各种原材料混合均匀并使黏土膜包敷在砂粒表面,即可打开混砂机碾盘上的出砂口出砂。

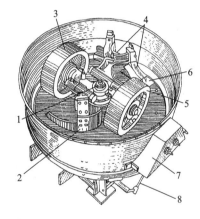

2)型(芯)砂的质量控制

制备好的型砂必须经过质量检验后使用。产量大的铸造车间常用型砂性能试验仪测定其湿压强度、透气性和含水量等。单件小批量生产车间多用手捏

图 2-8　碾轮式混砂机

1—主轴;2,4—刮板;3,5—碾轮;
6—卸料口;7—防护罩;8—气动拉杆

砂的经验检验办法检验型砂性能。用手抓起一把型砂,捏紧后放开,如砂团松散不黏手,手印清晰;把它折断时,端面平整均匀并没有碎裂现象,同时感到具有一定强度,就表明型砂具有了合适的性能要求。手感法检验型砂性能如图 2-9 所示。

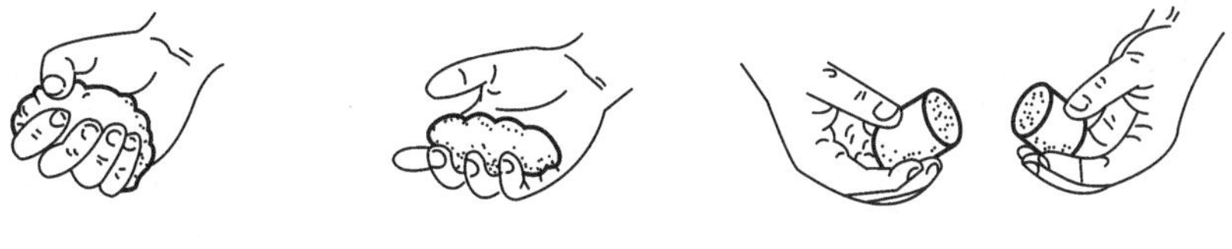

(a)型砂干湿度适当时,　　(b)手放开后可看出　　(c)折断时断面没有碎裂状,
　　可用手攥成砂团　　　　　清晰的手纹　　　　　表明有足够的强度

图 2-9　手感法检验型砂性能

2.2.2　造型工艺装备及工具

铸造工艺装备主要包括模样、模板、芯盒、砂箱、浇冒口模、芯骨、烘芯板,以及造型、下芯用的夹具、样板和量具等。下面仅介绍造型用工艺装备模样、芯盒、砂箱及手工造型工具。

1.模样

根据铸造工艺图(含机加工余量、收缩率、起模斜度、铸造圆角等工艺参数),用木材、金属或其他材料制造,形成铸型型腔的工艺装备称为模样。模样的结构取决于零件结构特点及铸造工艺特点。制造模样时应注意下面一些问题:分型面是决定模样结构的主要因素,分型面确定后就决定了造型方法及模样的形式(整体模样、分开模样或带活块的模样等);模样要易于从砂型中取出,沿起模方向应做出起模斜度,面和面之间应为圆角连接;零件加工面应加上加工余量,因此模样尺寸要随之加大;金属冷却凝固时有较大的收缩,因而模样的所有尺寸应比铸件相应尺寸大,可由铸造合金收缩率确定;为便于砂芯固定,芯盒上应做出芯头,模样上则要做出相应的型芯座,因此铸件上的空腔部分在模样上则成为实心的,并凸出一个圆锥台(或圆柱)形的型芯座,如图 2-6(d)所示,这也是模样与铸件结构上的不同之处。模样还应含铸模和浇冒口模型。

2.芯盒

芯盒是制造砂芯的模具。用芯盒制造型芯形成铸型的孔及内腔,制出的型芯应带有能够在砂型型芯座中定位和固定的型芯头。压盖零件木质芯盒如图 2-6(e)所示。

3.砂箱

砂箱是铸造车间使用的主要工艺装备之一,合理的砂箱结构和尺寸对获得优质铸件、节约型砂、提高劳动生产率有很大作用。砂箱选用原则:根据吃砂量及浇注系统(含冒口)布置选择砂箱尺寸,砂箱内壁和模样间留有足够的吃砂量,箱带不妨碍浇冒口的安放,不妨碍铸件凝固冷却收缩,箱壁设有排气孔,利于铸型的烘干和浇注排气。

4.手工造型工具

手工造型常用工具如图 2-10 所示,各种工具的名称及作用见表 2-1。

表 2-1　手工造型常用工具的名称及作用

名　称	作用与说理
底板	用于放置模样和砂箱,多由木材或铝合金材质制成,尺寸大小依模样和砂箱而定
舂砂锤	两端形状不同,尖头用于砂箱内及模样周围型砂紧实,平头用于砂箱顶部型砂紧实
通气针	用于在砂型适当位置扎出通气孔,以利于排出型腔中的气体
起模针	用于由砂型中取出模型
皮老虎	又称为手风箱,用于吹去模样上的分型砂及砂型上的散砂
半圆刀	又称为半圆,用于修整砂型型腔的圆弧形内壁和型腔内圆角

续表

名称	作用与说理
镘刀	又称为砂刀,有平头、圆头、尖头等,用于修整砂型表面或在砂型表面开挖沟槽
压勺	又称为秋叶,用于型砂砂型型腔的曲面
提钩	又称为砂钩,用于修整砂型型腔的底面和侧面,也用于清理散砂
刮板	用于型砂紧实后刮平砂箱顶面的型砂和型砂大平面
排笔	用于较大砂型(芯)表面刷涂料,或清扫砂型上的灰砂
掸笔	用于蘸水润湿模样边缘的型砂,以利于取模,或对小砂型(芯)表面刷涂料
筛子	大筛子用于型砂的筛分和松散,小筛子用于筛撒面砂
铁铲	用于拌匀、松散型砂和往砂箱内填砂

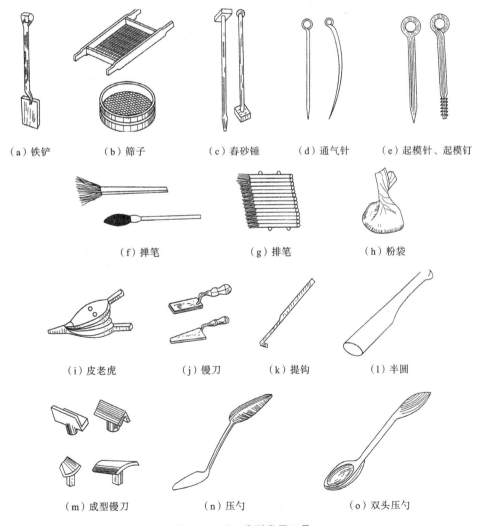

（a）铁铲　　（b）筛子　　（c）春砂锤　　（d）通气针　　（e）起模针、起模钉

（f）掸笔　　　　（g）排笔　　　　（h）粉袋

（i）皮老虎　　（j）镘刀　　（k）提钩　　（l）半圆

（m）成型镘刀　　　（n）压勺　　　（o）双头压勺

图 2-10　手工造型常用工具

2.3 砂型制造

用型(芯)砂及模样等工艺装备制造铸型的过程称为造型。造型方法可分为手工造型和机器造型两大类。

2.3.1 手工造型

手工造型是全部用手工或手工工具紧实型砂的方法,其操作灵活,无论铸件结构复杂程度及尺寸大小如何,手工造型都能适应。手工造型方法很多,按砂箱特征分有两箱造型、三箱造型、地坑造型等;按模样特征分有整模造型、分模造型、挖砂造型、假箱造型、活块造型和刮板造型等。可根据铸件的形状、大小及生产批量加以选择。

1. 整模造型

整模造型是用一个整体结构的模型造型,如图 2-11 所示。造型时,整个模型放置在一个砂箱(一般为下砂箱)内,分型面在模样的最大截面处。整模造型容易获得形状和尺寸精度较好的型腔,且操作简便,适用于各种批量、形状简单的铸件生产,如盘、端盖等。

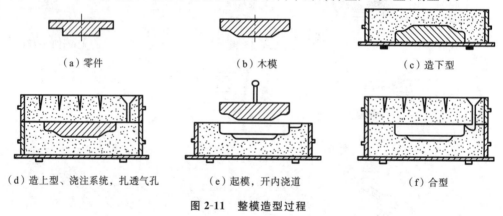

| (a) 零件 | (b) 木模 | (c) 造下型 |

| (d) 造上型、浇注系统,扎透气孔 | (e) 起模,开内浇道 | (f) 合型 |

图 2-11 整模造型过程

2. 分模造型

分模造型就是将模样最大截面处分成两部分,并用销钉定位,形成一个可分的模样。将模样分开的平面即是造型时铸型的分型面。分模造型方法应用非常广泛,适用于最大截面在中部的铸件和带孔的铸件,如阀体、箱体等。其造型过程如图 2-12 所示。

3. 活块模造型

模样上可拆卸或能活动的部分称为活块。当模样上有妨碍起模的侧面伸出部分(如小凸台)时,常将该部分做成活块。起模时,先将模样主体取出,再将留在铸型内的活块单独取出,这种方法称为活块模造型。用钉子连接活块模造型过程如图 2-13 所示。造型时应注意先将活块四周的型砂塞紧,然后扒出钉子。活块造型操作较麻烦,操作技术水平要求较高,

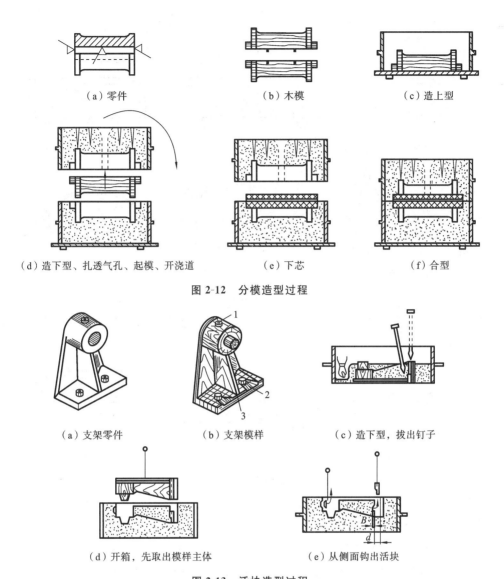

（a）零件　　　　（b）木模　　　　（c）造上型

（d）造下型、扎透气孔、起模、开浇道　　　（e）下芯　　　（f）合型

图 2-12　分模造型过程

（a）支架零件　　　（b）支架模样　　　（c）造下型，拔出钉子

（d）开箱，先取出模样主体　　　（e）从侧面钩出活块

图 2-13　活块造型过程

1—销钉活块；2—燕尾槽活块；3—支架

生产效率低,适用于截面有无法起模的凸台、肋条结构铸件的单件或小批量生产。

4. 挖砂及假箱模造型

有些铸件的分型面是一个曲面,如手轮、法兰盘等,最大截面不在端部,而模样又不能分开时,只能做成整模放在一个砂型内,为了起模,需在造好下砂型翻转后,挖掉妨碍起模的型砂至模样最大截面处,其下型分型面被挖成曲面或有高低变化的阶梯形状(称不平分型面),这种方法称为挖砂造型。手轮挖砂造型过程如图 2-14 所示。为便于起模,下型分型面需要挖到手轮模样最大截面处(见图 2-14(b)A—A 处),构成一个曲折分型面。

挖砂造型技术水平要求较高,操作麻烦,生产效率低,只适用于单件、小批量生产的小型铸件。当大批量生产时,为免去挖砂工作,可采用假箱造型代替挖砂造型。假箱造型是用预制的假箱或成型底板来代替挖砂造型中所挖去的型砂。假箱造型如图 2-15(a)所示。若

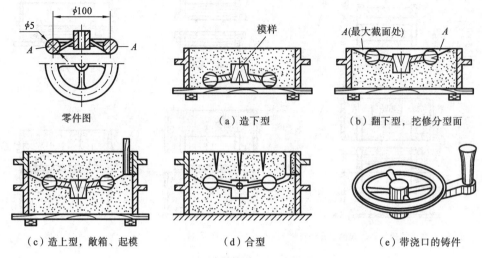

图 2-14　手轮挖砂造型过程

用成型底板替代假箱造型,可大大提高生产效率,还可以提高铸件质量。成型底板造型如图 2-15(b)所示。

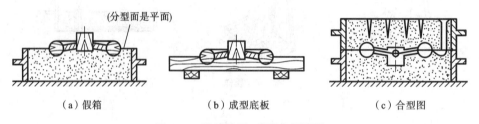

图 2-15　假箱造型、成型底板造型

5.三箱分模造型

用三个砂箱和分模制造铸型的过程称为三箱分模造型。有些形状复杂的铸件,两端截面尺寸大,中间截面小,用一个分型面难以起模,需要上、中、下三个砂箱造型。沿模样上的两个最大截面分型,即有两个分型面,同时还须将模样沿最小截面处分模,以便使模样从中箱的上、下两端取出。图 2-16 所示为带轮的三箱分模造型过程。

三箱分模造型的操作程序复杂,必须有与模样高度相适应的中箱,因此难以应用于机器造型。当生产量大时,可采用外型芯(如环形型芯)的办法。将三箱分模造型改为两箱整模造型,如图 2-17(c)所示,或者改为两箱分模造型,如图 2-17(d)所示,以适应机器两箱造型。

6.刮板造型

不用模样而用刮板操作的制型方法称为刮板造型。尺寸大于 500 mm 的旋转体铸件,如带轮、飞轮、大齿轮等单件生产时,为节省制造实体模样所需要的材料和工时,可用刮板代替实体模样造型。刮板是一块和铸件截面形状相适应的木板。造型时将刮板绕着固定的中心轴旋转,在砂型中刮制出所需的型腔,如图 2-18 所示。

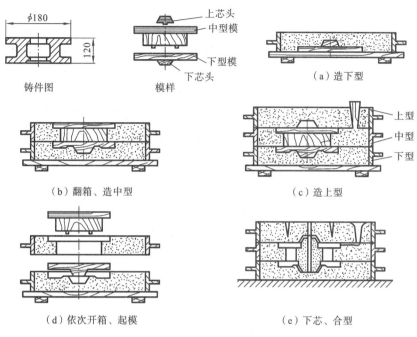

图 2-16 带轮的三箱分模造型过程

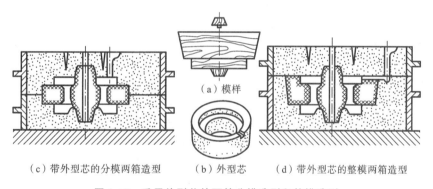

图 2-17 采用外型芯的两箱分模造型和整模造型

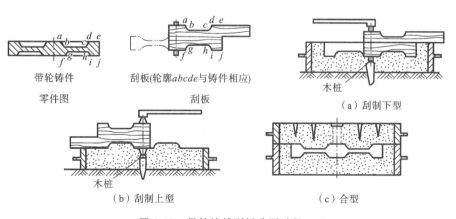

图 2-18 带轮铸件刮板造型过程

7. 地坑造型

以铸造车间的型砂为砂床,筑成地坑代替下砂箱进行造型的方法称为地坑造型。地坑造型的优点是可以节省砂箱,降低工装费用,铸件越大,优点就越显著。但地坑造型比砂箱造型麻烦,生产效率低,操作技术要求较高,故常用于中、大件的单件小批生产。小件地坑造型时只需在地面挖坑,填上型砂,埋入模样进行造型;大地坑则需用防水材料建筑地坑,坑底应铺上焦炭或炉渣,还应埋入铁管,以便浇注时引出地坑中的气体。地坑造型如图 2-19 所示。

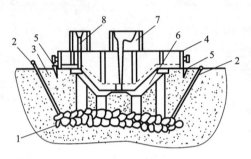

图 2-19 地坑造型

1—焦炭;2—管子;3—型砂;4—上半型;5—定位木;

6—型腔;7—浇口杯;8—排气道

2.3.2 机器造型

机器造型是用机械设备完成造型过程中的砂箱搬运、加砂、紧实、扎气孔、起模和合型等动作程序的造型方法。机器造型的铸型紧实度高且均匀,铸件尺寸精度好,质量稳定。机器造型是成批大量生产铸件的主要方法,根据型砂紧实方式不同可分为震击造型、气动微震压实造型、高压造型、射砂造型、抛砂造型等。机器造型对工艺装备的要求较高。

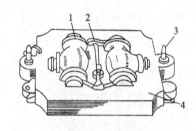

图 2-20 模板

1—铸件模板;2—浇注系统;

3—定位销;4—模底板

机器震压式造型采用两箱造型,造型的模样通常与模板装配成一体,称为模板。常用金属材料制成,模板如图2-20 所示。

图 2-21 所示为震压式造型机工作过程示意图,它利用震击和压实两种方式紧实型砂。震压式造型机造型时,首先将造型机的压头移出造型机上方,放好砂箱,添砂,然后转动空气阀使压缩空气从进气口 1 进入震击活塞底部,顶起震击活塞、模板、砂箱等,并将进气口通道关闭。当震击活塞上升到排气口以上时,压缩空气排出,震击活塞、模板、砂箱等自由下落,与震击汽缸发生一次撞击,如此反复震击,使型砂逐渐紧实。震击紧实后将压头移至造型机上方,转动空气阀使压缩空气从进气口 2 进入震击汽缸底部,顶起砂箱使上部型砂被压头压实。转动空气阀排气,使砂型下降。最后,转动空气阀,压缩空气一方面使振动器振动,以便模样和砂型脱离,另一方面推动液压油进入起模液压缸内,使起模顶杆同步地平稳上升,顶起铸型。

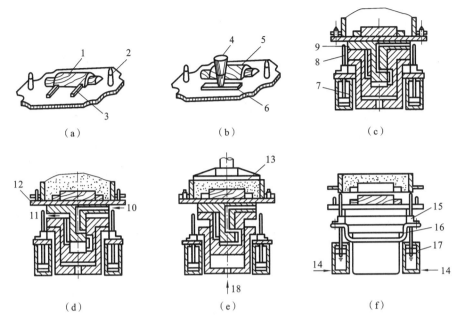

图 2-21　震压式造型机工作过程示意图

1—下模板；2—定位销；3—内浇道；4—直浇道；5—上模板；6—横浇道；7—压实汽缸；
8—压实活塞；9—震击活塞；10—进气口 1；11—排气口；12—模板；13—压板；
14—压力油；15—起模顶杆；6—同步顶杆；17—起模液压缸；18—进气口 2

2.3.3　制芯

为获得铸件的内腔或局部外形，用芯砂或其他材料制成的、安放在型腔内部的铸型组元称型芯。绝大部分型芯是用芯砂制成的。砂芯的质量主要依靠配制合格的芯砂及采用正确的造芯工艺来保证。

浇注时砂芯（除芯头外）受高温液体金属的冲击和包围，所以砂芯在铸件浇注时的工作条件比铸型更恶劣，故对砂芯的要求比铸型更高。因此，除要求砂芯具有与铸件内腔相应的形状外，还应具有较好的透气性、耐火性、退让性、强度等性能，故要选用杂质少的石英砂和用植物油、树脂、水玻璃等黏结剂来配制芯砂，并在砂芯内放入金属芯骨和扎出通气孔，以提高其强度和透气性。

形状简单的大、中型型芯可用黏土砂来制造。但对形状复杂和性能要求很高的型芯来说，必须采用特殊黏结剂来配制，如采用油砂、合脂砂和树脂砂等。

另外，型芯砂还应具有一些特殊的性能，如吸湿性要低（以防止合箱后型芯返潮），发气要少（金属浇注后，型芯材料受热而产生的气体应尽量少），出砂性要好（以便于清理时取出型芯）。

型芯一般是用芯盒制成的，芯盒常用的材料有木材、金属和塑料。在单件、小批量生产时广泛采用木质模样和木质芯盒，在大批量生产时多采用金属或塑料模样、芯盒。金属模样与芯盒的使用寿命长达 10 万～30 万次，塑料的使用寿命最多几万次，而木质的使用寿命仅1 000 次左右。

制芯方法分手工制芯和机械制芯。手工对开式芯盒制芯过程如图 2-22 所示。

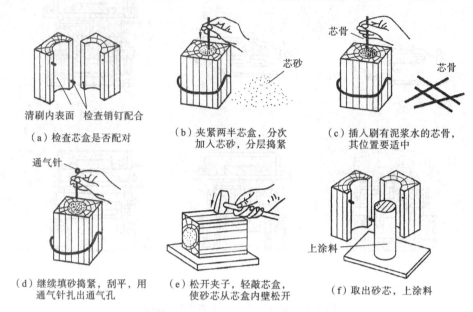

（a）检查芯盒是否配对　清刷内表面　检查销钉配合

（b）夹紧两半芯盒，分次加入芯砂，分层捣紧

（c）插入刷有泥浆水的芯骨，其位置要适中

（d）继续填砂捣紧，刮平，用通气针扎出通气孔

（e）松开夹子，轻敲芯盒，使砂芯从芯盒内壁松开

（f）取出砂芯，上涂料

图 2-22　手工对开式芯盒制芯过程

2.4　作业件实训

要求学生从砂型（黏土砂）铸造入手，掌握手工造型的操作技能、作业要点及铸造合金熔炼技术。进而了解金属液态成形（铸造）机理，熟悉铸造工艺设计的基本方法和工艺规程主要内容、相应特点及适用范围。

2.4.1　实训作业件：支架零件

支架零件如图 2-23 所示。材料：ZAlSi7MgA。

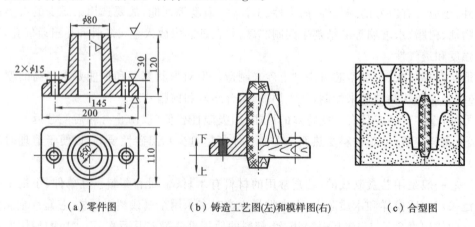

（a）零件图　　　（b）铸造工艺图(左)和模样图(右)　　　（c）合型图

图 2-23　支架零件图、铸造工艺图、模样图和合型图

2.4.2 拟定支架铸造工艺方案

1. 熟悉支架零件图

在拟定支架铸造工艺方案前,应首先熟悉支架的零件图,这样才能为拟定其铸造工艺方案打下基础。

2. 拟定支架零件铸造工艺规程

(1) 首先了解铝合金铸造性能、生产批量及铸件质量要求。由铸件图估算铸件毛坯重量。

(2) 确定铸件浇注位置,选择分型面。

(3) 熟悉模样、芯盒的结构,确定造型、制芯方法。

(4) 熟悉铸型装配(合型)图。

2.4.3 造型

1. 准备工作

(1) 检查生产工艺装备:对照铸造工艺图检查模样、模板、芯盒、砂箱、浇、冒口模及芯骨等工艺装备。

砂箱在下列情况下不能使用:

① 箱把脱落或有严重变形;

② 箱壁破裂未经修补;

③ 砂箱翘曲变形严重;

④ 定位销、定位销套孔磨损超过极限偏差;

⑤ 销套孔内有严重锈皮或黏砂未清除。

(2) 检查面砂、背砂是否符合工艺要求。

(3) 准备所需脱模剂或分型砂。

(4) 造型前需要清理、平整场地。

2. 手工造型操作

1) 准备好造型工具,选择平直的底板

模样和模底板清理干净,撒分型粉或喷涂和刷擦脱模剂。

2) 根据吃砂量及浇注系统(含冒口)布置选择砂箱尺寸

砂箱内壁和模样间应留有足够的吃砂量,箱带不妨碍浇冒口的安放,不妨碍铸件凝固冷却收缩。模样与砂箱内壁及顶部之间须留有 30～100 mm 的间隙。

3) 造下箱

将下箱放到底板上,然后将模样放入下砂箱内的底板上,且将模样的最大截面放在底部的合适位置。第一次加砂(采用面砂时,面砂应均匀的覆盖模样及浇注系统上,紧实后的厚度为 15～45 mm)时须用手将模样按住,并用手将模样周围型砂塞紧。以免舂砂时模样在砂箱内的位置移动,或造成模样周围的砂层不紧,致使起模时损坏砂型。舂砂应均匀地按一定的路线由外向里逐层进行。舂砂用力大小要得当。同一砂型的各处紧实度是不同的。首先靠近砂箱内壁应舂紧,以免塌箱;其次靠近型腔部分,砂层应稍紧些,以承受金属液的压力。加型砂填满下砂箱紧实刮平后扎气眼,气眼深度离型腔 20~30 mm。

4)撒分型砂

下型造好,翻转 180°后,在造上型之前,应在分型面上撒分型砂,分型砂应薄薄且均匀地覆盖在分型面上。然后将落在模样上的分型砂吹掉。

5)造上型

将上箱安放到已造好的下型上,同时安放浇注系统,浇注系统各通道连接处应修成圆滑过渡。加型砂添满上砂箱,然后舂砂紧实。上型舂实刮平后,要在砂型或砂芯上,用通气针扎通气孔和在芯座上做出排气道,以利于浇注时气体逸出。

6)起模

翻转上砂箱,分别从上、下砂箱中取出模样。起模前要用水笔沾些水,刷在模样周围的型砂上,以增加这部分型砂的黏结力,防止起模时损坏砂型边缘,刷水时应一刷而过,不要刷得太多。松模时必须向四周敲打,使模样与砂型之间形成均匀的空隙,以便起模。对于小模样可用起模针扎在模样重心上,用小锤轻轻敲打起模针的下部,模样松动后起模。起模要平稳。

7)修型

起模后检查砂型硬度,型腔如有损坏,应根据型腔形状和损坏的程度,应用同类砂使用各种修型工具进行修补。若未放横浇道、内浇口模样时,可手工操作开设横浇道、内浇口。

8)制芯

使用对开式芯盒制芯。操作时保持芯盒内腔清洁,安放芯骨。填砂紧实时,各处紧实度要均匀。注意砂芯通气道与铸型芯头座出气孔相通。造好砂芯后必须进行检验,砂芯几何形状完整、清晰,不得有凸凹毛刺、裂纹等缺陷,表面应致密、光滑。

9)下芯

小心下芯,重要件可用样板控制砂芯位置,做到位置准确,安放牢固。堵塞芯头与芯座的间隙,防止漏掉金属液。下芯后,应清除型内余砂。

10)合型

合箱前检查铸型质量,上、下铸型检验合格后即可合型。合型时注意使上砂箱保持水平缓慢下降,对准合箱线,防止错箱。合型时上型必须按原开箱时的位置合到下型,最简单的办法是在箱壁上涂上粉笔灰,然后用划针画出细线,或在箱壁上用泥作记号定位,也可用定位销定位。铸型合型图如图 2-23(c)所示。合箱后按工艺要求,放置浇口杯和冒口圈。

11)压铁

安放压铁。压铁重量、位置应合适。

合好型后,可用铁板或纸盖好,以备浇注。

2.5 铸造合金的熔炼与浇注

合金熔炼是将金属(原生料、回炉料)原材料配比重熔,满足铸件浇注成形质量要求的合金熔液。铸造合金熔炼的质量直接影响到铸件的质量,熔炼时,既要控制金属液的化学成分,又要控制其温度。如果合金熔液化学成分不合格,会降低铸件的力学性能和物理性能;合金熔液温度过低或过高,又会导致铸件产生浇不足、冷隔、气孔、氧化皮、夹渣等铸造缺陷。合金熔炼的任务就是最经济地获得温度和化学成分合格的金属熔液,在保证质量的前提下,尽量减少能源和原材料消耗,减少环境污染,减轻劳动强度。

常用的铸造合金有铸铁、铸钢、铸造铝合金和铜合金。要求学生通过铝合金(ZAlSi7MgA)熔炼实训:能正确配料,合理选择熔炼设备和熔炼工具,精心的炉料处理及严格控制熔炼工艺过程。

2.5.1 熔炼工艺

铝合金的熔炼是铝铸件生产过程中的一个重要环节。熔炼工艺操作包括正确的加料顺序,控制熔炼温度和时间,力争实现快速熔炼、有效的精炼和效果稳定的变质及可靠的炉前检验等。铝合金熔炼工艺如图 2-24 所示。

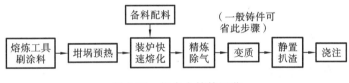

图 2-24 铝合金熔炼工艺

2.5.2 炉料

铸造铝合金牌号为 ZAlSi7Cu4,其牌号、化学成分、力学性能和用途见表 2-2。

表 2-2　ZAlSi7Cu4 其牌号、化学成分、力学性能和用途(摘自 GB/T 1173—1995)

代号	牌号	化学成分/(%)				铸造方法	合金状态	力学性能(不低于)			用途举例
		Si	Cu	Mg	其他			σ_b/MPa	d_5/(%)	HB	
ZL107	ZAlSi7Cu4	6.5～7.5	3.5～4.5	—		SB	F	165	2	65	用于制造形状复杂、壁厚不均、承受较高负荷的零件,如机架、柴油发动机的附件、汽化器零件及电气设备的外壳等

特性及适用范围:铝硅系合金,铸造性能优良,可通过变质处理和热处理强化来提高机械性能。

力学性能:抗拉强度 σ_b(MPa)≥165;延伸率 d_5(%)≥2;硬度(HB)≥65(5/250/30)。

1. 炉料组成

熔制铝合金的炉料一般由新金属、中间合金、回炉料(浇口、冒口、废品)及切屑回炉重熔铸锭等所组成。

（1）新金属　新金属料通常用来降低炉料中总的杂质含量，保证合金的质量。由于价格比回炉料贵，在能保证质量的条件下应尽量少用新金属料，以降低成本。所有新金属都已按其纯度和用途标准化，并列入国家标准中。

（2）中间合金　中间合金是预先备好的，以便在熔炼工作合金时加入某些成分而加到炉料中的合金半成品，有时也称为"母合金"。

（3）回炉料　铸造、机械加工、压力加工废料。

2．中间合金制备

中间合金是熔炼铝合金的重要炉料组成部分。铝的熔点较低，当合金中含有难熔组元时，采用纯组元就会遇到很大的困难。中间合金的熔点最好等于或接近于工作合金的熔炼温度，以避免工作合金的过热。

3．配料计算

根据炉料组成元素成分含量的平均值配料。配料时必须考虑元素烧损。

2.5.3　熔炼设备及工具

1．熔炼设备

铝合金熔炼设备有焦炭炉、油炉、感应电炉及电阻坩埚炉。铝合金熔炼实训用的电阻坩埚炉结构示意图如图 2-25 所示。通常用的坩埚有石墨坩埚和铁质坩埚两种。石墨坩埚是用耐火材料和石墨混合并成型经烧制而成。铁质坩埚是由耐热铸铁或铸钢铸造而成，可用于铝合金等低熔点合金的熔炼。

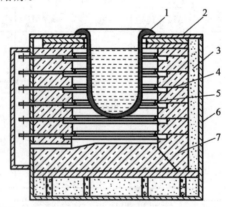

图 2-25　电阻坩埚炉结构示意图

1—坩埚；2—托板；3—隔热材料；4—电阻丝托板；5—电阻丝；6—炉壳；7—耐火砖

2．浇铸、熔化工具

浇铸、熔化用工具：浇包、浇瓢、撇渣瓢、出气罩等。浇包如图 2-26 所示。

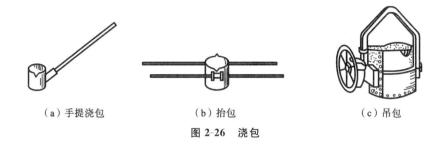

（a）手提浇包　　　　　（b）抬包　　　　　　（c）吊包

图 2-26　浇包

2.5.4　熔化前的准备工作

使用新坩埚时,熔炼之前应加热到 600～700 ℃,保持 30～60 min,烧除坩埚内壁的水分及可燃杂物。待坩埚冷却至 300 ℃ 以下时,仔细清理坩埚内壁,在 200 ℃ 左右喷涂料。对旧坩埚,应清除坩埚内壁的残留变质剂、熔渣及其他脏物,用小锤头轻轻敲击坩埚,凭声音判断有无裂纹,目视坩埚内壁有无缺陷,应特别检查坩埚腰部的情况,检查合格后,将坩埚、熔炼工具加热到 150～200 ℃,在坩埚内壁和熔炼工具上刷上一层涂料并烘干。

2.5.5　熔炼操作

坩埚升温至暗红色(500～700 ℃),即可装料。炉料预热温度 300～400 ℃,预热温度越高,则熔化速度越快,加料时,先装熔点低的回炉料——铝硅合金锭,再加熔点较高的纯铝锭。待铝液升温到至 720 ℃ 后,在此温度下搅拌 3～5 min,加入铝铜中间合金熔化,使合金成分均匀,并使大块氧化夹杂、脏物上浮到液面撇渣。然后把剩下的 1/5～1/10 回炉料加入铝液中,再把铝液升温至 740 ℃ 除气(选用无毒除气剂)精炼。精炼完毕后,扒去液面浮渣、脏物。升温到 730～750 ℃ 时加入变质剂变质,浇注试块冷却后敲断,观察宏观断口,炉前快速检验精炼、变质效果。检验合格后方可浇注,对于重要铸件,还要先浇注冲击试样或其他相应试样。

2.5.6　浇注

1. 浇注前的准备工作

（1）浇注时必须了解待浇注件所需金属液重量。

（2）检查起吊设备是否正常。

（3）浇注前根据铸件大小、批量选择合适的浇包,并对浇包、挡渣钩和熔化工具刷涂料烘干备用。

（4）检查铸型压铁重量和安放位置是否合适,浇口杯是否安放妥当。

（5）炉前测温,温度过高容易产生缩孔、缩松、气孔及黏砂等缺陷;温度过低金属液流动性差,又容易出现浇不足、冷隔缺陷。铝液的浇注温度一般在 700 ℃ 左右。

2. 浇注操作

（1）开炉后的第一包金属液浇注不重要铸件。

（2）根据铸件要求的浇注温度进行浇注，浇注速度适中，避免过快、过慢。

（3）浇注时用干燥木棍或预热挡渣钩撇渣，防止氧化夹渣进入型腔；浇包嘴应尽量接近浇口杯，浇口杯应保持充满并不得引起金属液飞溅或产生漩涡。

（4）浇注开始后，应立即引气，大型铸件应点燃出气孔旁的引火材料。

（5）浇注时应一次性充满，尽量避免补浇。

（6）浇注剩余的铝液或不合格铝液应倒入盛回炉料的铁模或废砂中。

2.6 铸件落砂及清理

2.6.1 落砂

用手工或机械从砂型中取出铸件的过程称为落砂。落砂前要掌握好开箱时间。开箱过早会使铸件急冷产生白口（铸铁件）、变形和裂纹等缺陷。铸件在砂型中的冷却时间与铸件大小、重量、形状、壁厚及所用的金属材料性质有关。单件生产用手工落砂，成批生产用落砂机落砂。

落砂工艺操作规程如下。

（1）浇注后控制冷却时间，直至满足冷却要求后方可落砂。

（2）浇冒口必须在完全凝固后才能打掉，以防带肉和影响补缩。

（3）落砂前先打扫收集砂箱上及地面上的金属片、金属豆。

（4）落砂后的砂箱应堆放整齐。

（5）清理工作场地。

2.6.2 清理

铸件清理包括去除浇冒口、清除型芯及芯骨、清除铸件表面黏砂及飞边、毛刺等。清理操作规程如下。

（1）清理前应先检查铸件表面有无严重缺陷，如有严重缺陷，应报告检查员处理。

（2）铸件表面上的夹砂、夹层等缺陷中的砂子应铲除干净，飞边、毛刺应铲除掉。

（3）清砂时不许损伤铸件的边缘、棱角，禁止重锤敲打。

（4）清除浇冒口时应正确选择敲击方向和敲击力量，以免铸件缺肉损伤。

（5）铸件清铲、转运、堆放过程中不准扔、砸、撞磕，以免损坏铸件，造成废品。

2.7 铸件缺陷分析

铸件的生产工序繁多，产生缺陷的原因相当复杂，缺陷的形式也很多。常见的铸件缺陷名称、特征、产生原因及防治措施如表 2-3 所示。

表 2-3　常见的铸件缺陷名称、特征、产生原因及防治措施

缺陷名称	特　征	产生的主要原因	防治措施
气孔	大多存在于铸件皮下,大气孔单独存在,小气孔成群出现。表面比较光滑的孔洞,主要呈梨形、圆形和椭圆形。油烟气孔呈黄色	1. 型砂含水过多,透气性差; 2. 砂芯烘干不良或砂芯通气孔堵塞; 3. 液体金属浇注时被卷入的气体在合金液凝固后以气孔的形式存于铸件中; 4. 合金液中的夹渣或氧化皮上附着的气体被混入合金后形成气孔	1. 控制型砂水分,提高透气性; 2. 造型时应注意不要春砂过紧,扎出气孔,设置出气冒口; 3. 浇注时防止空气卷入; 4. 合金液在进入型腔前先经过过滤网,以去除合金中的夹渣、氧化皮和气泡; 5. 在允许焊补部位将缺陷清理干净后进行焊补
针孔	1. 均匀的分布在铸件的整个断面上的析出性小孔(直径小于 1 mm); 2. 凝固快的部位孔小数量少,凝固慢的部位孔大数量多; 3. 在共晶合金中呈圆形孔洞,在凝固间隔宽的合金中呈长形孔洞; 4. 在 X 射线底片上呈小黑点,在断口上呈互不连接的乳白色小凹点	合金在液体状态下溶解的气体(主要为氢),在合金凝固过程中自合金中析出而形成的均布形式的孔洞	1. 合金液体状态下彻底精炼除气; 2. 炉料、辅助材料及工具应干燥; 3. 在凝固过程中加大凝固速度,防止溶解的气体自合金中析出; 4. 铸件在压力下凝固,防止合金溶解的气体析出
缩孔和缩松	1. 铸件凝固过程由于补缩不良形成的孔洞; 2. 缩孔相对集中,形状极不规则,孔壁粗糙并带有枝晶状,常出现在铸件最后凝固部位; 3. 缩松细小而分散地出现在铸件的断面上; 4. 铸件缩孔和缩松引起气密性试验的渗漏	1. 铸件结构不合理,如壁厚相差过大,造成局部金属积聚,同时凝固的铸件厚大部位不能有效获得补缩引起缩松; 2. 浇注系统和冒口的位置不对,与热节不配套或冒口过小,不能有效补缩引起缩松; 3. 浇注温度太高,或金属化学成分不合格,收缩过大	1. 合理设计铸件结构,使壁厚尽量均匀; 2. 适当降低浇注温度,采用合理的浇注速度; 3. 合理设计铸件浇冒系统和浇注位置,尽量保证铸件顺序凝固和冒口充分补缩,可以减轻缩孔和缩松产生
砂眼	在铸件内部或表面形成的形状不规则并带有砂粒的孔洞	1. 型砂和芯砂的强度不够; 2. 砂型和砂芯的紧实度不够; 3. 合箱时铸型局部损坏; 4. 浇注系统不合理,金属液冲坏砂型	1. 适当提高造型材料的强度; 2. 适当提高砂型的紧实度; 3. 合理开设浇注系统; 4. 小心合型

续表

缺陷名称	特　　征	产生的主要原因	防治措施
化学黏砂 烧结黏砂	铸件局部或整个表面牢固地黏附一层由金属氧化物、砂或黏土相互作用而生成的低熔点化合物,表面粗糙、硬度高,只能用砂轮磨去	1. 型砂和芯砂的耐火性不够; 2. 浇注温度太高	1. 选择杂质含量低、耐火度良好的原砂; 2. 在铸型型腔表面刷耐火涂料; 3. 尽量选择较低的浇注温度
错型	铸件的一部分与另一部分在分型面处相互错开	1. 模样的上半模和下半模未对好; 2. 合型时,上、下砂箱未对准	查明原因,进行检查与改正
裂纹	铸件开裂,开裂处金属表面氧化	1. 铸件的结构不合理,壁厚相差太大; 2. 砂型和砂芯的退让性差; 3. 落砂过早	1. 合理设计铸件结构,减小应力集中的产生; 2. 提高铸型与型芯的退让性; 3. 控制落砂时间
冷隔	铸件上穿透或未穿透且未完全熔合的边缘呈圆角状的裂缝或洼坑。多出现在远离浇口的宽大薄壁部位,金属汇合部位及冷铁和芯撑等激冷部位	1. 浇注温度太低; 2. 浇注速度太慢或浇注过程曾有中断; 3. 浇注系统位置开设不当或浇道太小	1. 根据铸件的结构特点,正确设计浇注系统与冷铁; 2. 适当提高浇注温度
浇不足	铸件外形不完整	1. 浇注时金属量不够; 2. 浇注时液体金属从分型面流出; 3. 铸件太薄; 4. 浇注温度太低; 5. 浇注速度太慢	1. 根据铸件结构的结构特点,正确设计浇注系统与冷铁; 2. 适当提高浇注温度
夹渣	1. 氧化夹渣以团絮状存在于铸件内部,断口呈黄色或灰白色,无光泽; 2. 熔剂夹渣呈暗褐色点状,夹渣清除后呈光滑表面的孔洞,在空气中暴露一段时间后,有时出现腐蚀特征; 3. 一般存在于铸件上部或浇注死角部位	1. 精炼变质处理后除渣不干净; 2. 精炼变质后静置时间不够; 3. 浇注系统不合理,二次氧化皮卷入合金液中; 4. 精炼后合金液搅动或被污染	1. 严格按精炼变质浇注工艺操作; 2. 浇注时应使金属液流平稳地注入铸型,采用过滤技术; 3. 炉料应保持洁净,回炉料处理及使用量应严格遵守工艺规程

续表

缺陷名称	特　征	产生的主要原因	防治措施
偏析	1. 用肉眼或低倍放大镜可见的化学成分不均匀性称为宏观偏析； 2. 用显微镜或其他仪器方能确定的显微尺度范围内的化学成分不均匀性称为微观偏析，分为枝晶偏析和晶界偏析	1. 宏观偏析一般是由于熔炼过程中某些元素的化合物因密度与基体不同沉淀或上浮； 2. 合金凝固过程中由于溶质再分解引起某些元素或低熔点物质在晶界或枝晶间富集导致微观偏析	1. 宏观偏析可以通过适当缩短金属液的停留时间，浇注时充分搅拌合金液，在合金液中加入阻碍初晶浮沉的元素，降低浇注温度或加快凝固速度等方法减弱； 2. 晶粒细化、提高冷却速度和均匀化热处理可以减轻微观偏析
金相组织不合格	1. 晶粒粗大； 2. 变质不足或变质过度	1. 晶粒细化不充分； 2. 变质处理孕育期短或停留时间太长，变质剂用量不合适	1. 采用科学合理的晶粒细化和变质工艺； 2. 炉前检测并及时调整合金质量
化学成分不合格	主要元素含量超过上限或低于下限，杂质元素超过允许的上限含量	1. 中间合金或预制合金成分不均匀或成分分析误差过大； 2. 炉料计算或炉料称量错误； 3. 熔炼操作失当，易氧化元素烧损过大； 4. 熔炼搅拌不匀，易偏析元素分布不均	1. 炉前分析成分不合格时可适当进行调整； 2. 最终检验不合格时可会同设计及使用部门协商处理
物理力学性能不合格	铸件强度、硬度、延伸率，以及耐热、耐蚀、耐磨和电性能等不符合技术条件规定	合金成分不合格、金相不合格或热处理不合适等因素	根据性能要求调整合金成分、热处理工艺等

2.8　特种铸造

　　特种铸造是指与普通砂型铸造不同的其他铸造方法。目前特种铸造方法已发展到几十种，常用的如金属型铸造、熔模铸造、压力铸造和离心铸造等。

2.8.1　金属型铸造

　　金属型铸造是将液态金属浇入金属制成的铸型而获得铸件的方法。一般金属铸型用铸铁、碳钢或低合金钢制成。由于铸型可反复使用，故又可称为永久型铸造。根据铸型结构，金属型可分为整体式、垂直分型式、水平分型式和复合分型式。图2-27所示为铸造铝活塞垂直分型式金属型。

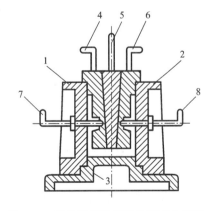

图 2-27　铸造铝活塞垂直分型式金属型

1—左半型；2—右半型；3—底型；
4,5,6—分块金属型芯；7,8—销孔金属型芯

　　金属型铸造的优点:铸件的精度和表面质量比砂型铸造显著提高,可以减少机加工余量;由于金属型冷却快,铸件结晶组织致密使得力学性能显著提高;可一型多铸,所以生产效率高,适应于大批量生产,同时可改善劳动条件。金属型铸造主要缺点:金属型冷却快,铸造工艺要求严格,否则容易出现浇不足、冷隔、裂纹等缺陷;金属型的制造成本高、生产周期长。

　　金属型铸造主要用于有色金属铸造,如铝、镁、铜合金不复杂的中小铸件大批量生产;也可用于浇注铸铁件。

2.8.2　熔模铸造

　　熔模铸造是指用易熔材料制成模样,在模样表面涂敷若干层耐火涂料和砂粒,制成型壳硬化,再将模样熔化排出型壳,从而获得无分型面的铸型,经高温焙烧、浇注和落砂获得铸件的方法称为熔模铸造。由于模样广泛采用蜡质材料来制造,故常将熔模铸造称为"失蜡铸造"。图 2-28 所示为熔模铸造工艺过程示意图。

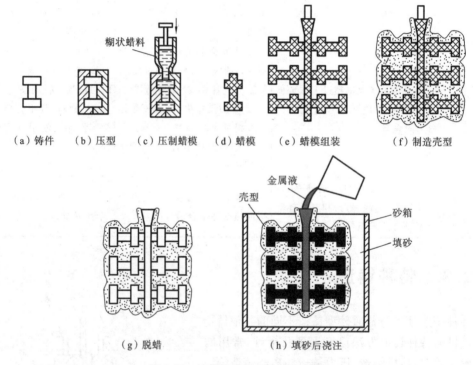

（a）铸件　　（b）压型　　（c）压制蜡模　　（d）蜡模　　（e）蜡模组装　　（f）制造壳型

（g）脱蜡　　　　　（h）填砂后浇注

图 2-28　熔模铸造工艺过程示意图

　　熔模铸造的特点如下。

（1）铸件表面光洁、精度高。

（2）可制造难以砂型铸造或机械加工的形状复杂的薄壁铸件。

（3）适用于各种合金铸件。

（4）生产批量不受限制。

（5）由于生产工艺复杂且周期长,所以成本比较高。

　　熔模铸造主要用来制作形状复杂、高熔点合金精密铸件,适用于成批大量生产。目前熔模铸造已在汽车、拖拉机、机床、刀具、汽轮机、兵器等产品得到广泛应用,成为少切削、无屑加工中最重要的工艺方法之一。

2.8.3　压力铸造

压力铸造是在高压(压力为 5~10 MPa)作用下,将液态金属以较高的速度压入铸型,经冷却凝固后,获得铸件的方法。铸型材料一般采用耐热合金钢,用于压力铸造的机器称为压铸机。压铸机的种类很多,目前应用较多的是卧式冷室压铸机,液压驱动,合型力大,充型速度快,生产效率高,应用较广泛。图 2-29 所示为某卧式冷室压铸机,其生产工作原理如图 2-30 所示。

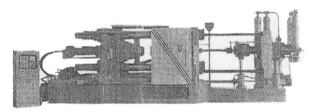

图 2-29　卧式冷室压铸机

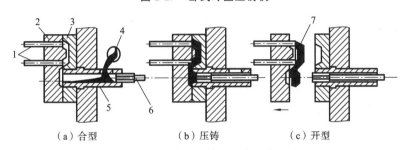

（a）合型　　　　　　　（b）压铸　　　　　　　（c）开型

图 2-30　卧式冷室压铸机生产工作原理图

1—顶杆;2—动型;3—静型;4—定量金属液;5—压射室;6—压射冲头;7—铸件

压铸模(模具)是压力铸造生产铸件的主要装备,主要由定模和动模两大部分组成。压铸工艺过程如图 2-30 所示,合模锁紧后,将熔融金属定量浇入压射室(见图 2-30(a));压射冲头以高压、高速把金属液压入型腔中(见图 2-30(b));铸件凝固后开模,推杆将铸件从压铸模型腔中推出(见图 2-30(c))。

压力铸造优点:铸件的精度及表面质量比其他铸造方法均高,通常情况下不经机加工即可使用;可压铸形状很复杂的薄壁件;铸件组织致密,铸件的强度和硬度较高;生产效率高,适于大批量生产。

压力铸造缺点:压铸高熔点合金(如铜、钢、铸铁)时,压铸模寿命很低,难以适应;模具制造成本高;由于压铸速度高,型腔内气体很难排出,厚壁件的收缩也很难补缩,致使铸件内部常有气孔和缩松。

压力铸造适用于有色合金的薄壁小件的大批量生产;在汽车、拖拉机、电器和仪表工业中广泛应用。

2.8.4　低压铸造

低压铸造的铸型一般安置在密封保温炉内的坩埚上方,坩埚中通入压缩空气或惰性气

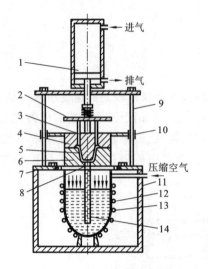

图 2-31　低压铸造原理图

1—汽缸；2—顶板；3—顶杆；4—上型；5—型腔；
6—下型；7—密封垫；8—浇口；9—导柱；10—滑套；
11—保温炉；12—金属液；13—坩埚；14—升液管

体,在熔融金属的表面上造成低压力(0.06～0.15 MPa),使金属液由升液管上升填充铸型和控制凝固的铸造方法。由于所用的压力较低,因此称为低压铸造。金属液是从型腔的下部慢慢开始充填,压力和速度可人为控制,保持一段时间的压力后凝固。凝固是从产品上部开始向浇口方向转移,浇口部分凝固的时刻就是加压结束的时间,然后冷却至可以取出产品的强度后从模具中脱离。低压铸造原理如图 2-31 所示。

低压铸造的优点有以下几个方面。

(1)浇注时的压力和速度可以调节,故可适用于各种不同铸型(如金属型、砂型等),铸造各种合金及各种大小的铸件。

(2)采用底注式充型,金属液充型平稳,无飞溅现象,可避免卷入气体及对型壁和型芯的冲刷,提高了铸件的合格率。

(3)铸件在压力下结晶,铸件组织致密、轮廓清晰、表面光洁,力学性能较高,对于大薄壁件的铸造尤为有利。

(4)省去补缩冒口,金属利用率提高到 90%～98%。

(5)劳动强度低,劳动条件好,设备简易,易实现机械化和自动化。

低压铸造的缺点有以下几个方面。

(1)由于浇口位置、数量的限制,因而限制了产品形状。

(2)靠近浇口处的铸件组织较粗,力学性能不高。

(3)为保证方向性凝固和金属液流动性,模温较高,凝固速度慢。

低压铸造常用于较大型、形状复杂的壳体或薄壁的筒形和环型类零件,主要用于铝合金铸件的大批量生产,如汽车相关部件有汽缸头、汽缸体、刹车鼓、离合器罩、轮毂、进气歧管等;也可用于球墨铸铁、铜合金的较大铸件。

2.8.5　离心铸造

离心铸造是将金属液浇入高速旋转的铸型,使其在离心力的作用下凝固成形的铸造方法。离心铸造必须在离心铸造机上进行,离心铸造的铸型可以是金属型,也可以是砂型、熔模壳型。铸型在离心铸造机上可以绕垂直轴旋转,也可以绕水平轴旋转。离心铸造原理如图 2-32 所示。

离心铸造的主要特点:铸件在离心力的作用下结晶凝固,所以组织致密,铸件的力学性能较好;铸造圆筒形中空的铸件可不必用型芯;便于制造"双金属"件;不需要浇注系统,提高金属液的利用效率。

离心铸造的主要缺点:靠离心力铸出的铸件内孔尺寸不精确,且非金属夹杂物较多,增加了内孔的机加工余量;铸件易产生成分偏析,所以不适宜密度偏析大的合金生产;需专用

 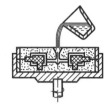 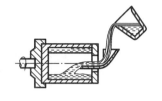

（a）立式离心铸造圆环类铸件　　（b）立式离心铸造成形铸件　　（c）卧式离心铸造轴套类铸件

图 2-32　离心铸造原理

设备,故不适宜单件、小批量生产。

离心铸造常用于铸铁管、钢辊管、铜套生产,也可用来铸造成形铸件。

第3章 锻压实训

【实训目的及要求】

（1）通过实训，熟悉锻压生产的工艺过程、特点及应用。

（2）熟悉坯料加热的目的、加热工艺及常见加热缺陷与锻后冷却。

（3）了解自由锻的设备种类、结构、工作原理及工具。

（4）熟悉自由锻的基本工序、操作方法和注意事项。

（5）熟悉板料冲压基本工序，了解冲压设备的结构、工作原理及冲压模具的结构和类型。

（6）熟悉锻压件质量控制与检验方法。

（7）能独立完成典型简单工件的加工。

【安全操作规程】

（1）工作前应穿戴好劳动护具，工作中注意力要集中，严禁将手和工具等物伸进危险区域内。

（2）选择夹钳，必须使钳口与锻坯几何形状相符合，保持夹持牢固；拔长较大锻件时，钳柄末端应套上钳箍，保证夹持牢固，以避免工件飞出伤人。

（3）锻打工件时，工件应放在下砧子中心位置，垫铁的上、下表面必须平整，工件放平稳后方可锤击。操作时钳身要放平，无论何种工序，首锤轻击，锻件需要斜锻时，必须选好着力点。采用操作机锻造时，不准在操作机持料运转更位过程中锤击。锻打过程中，严禁往砧面上塞放垫铁，待锤头平稳时方可放置垫铁。

（4）剁料及冲孔时，必须将剁刀及冲子上的油、水擦拭干净，剁刀必须拿正，不可歪斜；剁切深度较大时，只许加平整垫铁，不许加楔形垫铁，当料头最后快断开时，掌刀工应特别提醒司锤工注意锤击力度，料头飞出方向不得站人。

（5）使用脚踏开头操纵锤击时，除遵守司锤工安全操作规程外，特别应注意在测量工件时，须将脚离开脚踏开关，以防误踏发生事故。

（6）必须熟悉冲床设备的结构、性能、操作规程后才可独立操作。

（7）操作时必须注意力集中，冲压时严禁将手或手指伸入冲模内放置或用手取出工件。

3.1 锻压基础知识

3.1.1 锻压生产概述

锻压是锻造和冲压的合称，是利用锻压机械的锤头、砧块、冲头或通过模具对金属坯料施加一定的外力,使之产生塑性变形,从而获得所需形状、尺寸和性能的毛坯,型材或零件的成形加工方法。

与其他成形方法相比,锻压加工的优点有如下几点。

(1) 能改善金属组织,提高力学性能。因为通过锻造能消除铸造组织内部的气孔、疏松等缺陷,可使金属坯料获得细小的晶粒,并使纤维组织合理分布,提高零件的承载能力。

(2) 可使金属坯料的形状和尺寸在其体积基本不变的前提下得到改变,与切削成形方法相比,不但可以节省金属材料的消耗,而且也节省了切削加工工时。

(3) 生产效率高。锻压成形,特别是模锻成形的生产效率比切削加工成形的生产效率高得多。例如,生产内六角螺栓,用模锻成形的生产效率是切削加工的 50 倍。若采用冷镦工艺制造时,其生产效率是切削加工成形的 400 倍以上。

(4) 锻压加工在生产中有较强的适应性。锻压加工既可以制造形状简单的锻件(如圆轴),也可以制造形状比较复杂、不需要或只需要进行少量切削加工的锻件,如精锻齿轮等。锻件的质量可以小到不足 1 g,大到几百吨。锻件既可以单件小批量生产,也可以大批量生产。

但是,锻压生产也存在一些缺点,如不能加工铸铁等脆性材料和形状复杂的毛坯,设备投资较大,能源消耗较多等。

3.1.2　锻压加工方法及锻造工序

常用锻压加工方法包括自由锻、模锻、冲压、挤压、轧制、拉拔等,如图 3-1 所示。其中,自由锻、模锻和冲压属于以生产零件毛坯或成品为主的锻压加工方法;轧制、挤压和拉拔属于以生产型材(管材、板材、线材等)为主的锻压加工方法。

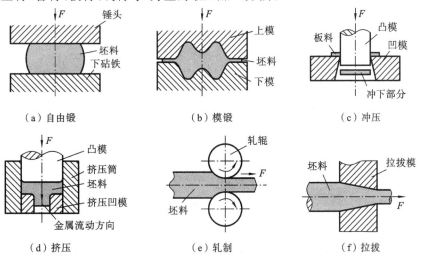

图 3-1　常用锻压加工方法

3.2　锻造

在加压设备及工(模)具作用下,使坯料、铸锭产生局部或全部的塑性变形,以获得一定几何尺寸、形状和质量的锻件的加工方法,称为锻造。按所用的设备和工(模)具的不同,可分为自由锻和模锻；按变形温度又可分为热锻（锻造温度高于坯料金属的再结晶温度）、温锻（锻造温度低于金属的再结晶温度）和冷锻（常温）。钢的再结晶温度约为 460 ℃，但普遍采用 800 ℃ 作为划分线。高于 800 ℃ 的是热锻；在 300～800 ℃ 之间的称为温锻或半热锻。

3.2.1　自由锻

只用简单的通用性工具，或者在锻造设备上、下砧间利用冲击力或压力就能使金属坯料变形获得所需的几何形状及内部质量的锻件，由于坯料在两砧板间变形时沿变形方向可自由流动，故称为自由锻。自由锻主要有手工锻造和机械锻造两种。

自由锻的特点：金属在高度上受到压缩而在水平方向上可以自由延伸和展宽；自由锻生产所用工具简单，具有较大的通用性，因而应用范围较为广泛；自由锻可锻造的锻件质量小到不足 1 kg，大到 300 t；在重型机械制造中，它是生产大型和特大型锻件的唯一成形方法。

根据自由锻所用设备对坯料施加外力的性质不同，分为锻锤和液压机两大类。锻锤是依靠产生的冲击力使金属坯料变形，由于能力有限，故只用来锻造中、小型锻件。液压机是依靠产生的压力使金属坯料变形。其中，水压机可产生很大的作用力，能锻造质量达 300 t 的锻件，是重型机械厂锻造生产的主要设备。

1. 锻件分类

自由锻件大致可分为六类，其形状特征及主要变形工序如表 3-1 所示。

表 3-1　锻件分类及所需锻造工序

锻件类别	图　例	锻造工序
盘类锻件		镦粗（或拔长及镦粗），冲孔
轴类锻件		拔长（或镦粗及拔长），切肩和锻台阶
筒类锻件		镦粗（或拔长及镦粗），冲孔，在心轴上拔长
环类锻件		镦粗（或拔长及镦粗），冲孔，在心轴上扩孔
曲轴类锻件		拔长（或镦粗及拔长），错移，锻台阶，扭转
弯曲类锻件		拔长，弯曲

2. 基本工序

自由锻工序可分为基本工序、辅助工序和精整工序三大类。

基本工序是使金属坯料实现主要变形要求,达到或基本达到锻件所需形状和尺寸的工序。自由锻造的基本工序有拔长、镦粗、扩孔、切割、弯曲、扭转和错移。

辅助工序是指进行基本工序之前的预变形工序。如压钳口、倒棱、压肩等。

精整工序是在完成基本工序之后,用以提高锻件尺寸及位置精度的工序。

变形工序应依据锻件的结构形状确定。尽管自由锻造的基本工序选择和安排是多种多样的,但在满足合格锻件的前提下,必须选择合理的工序。

3. 自由锻的结构工艺性

自由锻结构工艺性原则要求锻造方便、节约金属、提高生产效率,故自由锻件形状应尽量简单。具体要求有以下几点。

(1) 尽量避免锥面或斜面。

(2) 避免圆柱面与圆柱面相交、圆柱面与棱柱面相交。

(3) 避免椭圆形、工字形及其他非规则斜面或外形。

(4) 避免加强筋或凸台等结构。

(5) 横截面尺寸相差较大和形状复杂的零件,可采用分体锻造,再采用焊接或机械连接组合为整体。

自由锻的结构工艺举例如表 3-2 所示。

表 3-2 自由锻的结构工艺举例

要　　求	举　　例	
	不合理的结构	合理的结构
避免锥面或斜面		
避免圆柱面与圆柱面相交		
避免非规则截面和非规则外形		

要　　求	举　　例	
	不合理的结构	合理的结构
避免肋板和凸台等结构		
截面有急剧变化或形状复杂的零件		

4. 手工自由锻

手工自由锻(简称手工锻)是一种古老的锻造方法,它是利用一些简单的工具靠手工操作对锻件进行加工。手工锻只能生产一些小型锻件。

1) 手工锻工具

手工自由锻常用工具如图 3-2 所示。

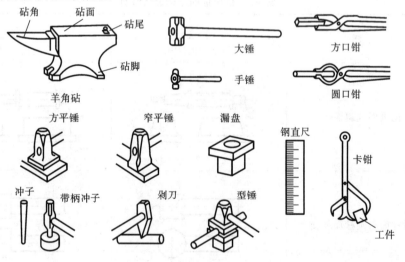

砧角　砧面　砧尾　　大锤　　方口钳
　砧脚　　手锤　　圆口钳
羊角砧
方平锤　窄平锤　漏盘　　钢直尺　　卡钳
冲子　带柄冲子　剁刀　型锤　　工件

图 3-2　手工自由锻常用工具

支承工具:自由锻砧座(手工自由锻专用),用于放置锻件坯料和固定成形工具,由铸钢或铸铁制成,有羊角砧、双角砧、球面砧等多种类型。

夹持工具:各种夹钳(又称手钳),有尖嘴钳、圆口钳、方口钳、扁口钳和圆钳等多种类型。

锻打工具:各种手锤和大锤。

成形工具:各种型锤、平锤、摔锤、冲子等。

切割工具:各种剁刀(又称錾子),用于切割坯料和锻件,或者在坯料上切割出缺口,为下一道工序作准备。按照刃口部形状等不同,有热剁刀、冷剁刀及圆剁刀、单边剁刀等多种类型。

测量工具:钢直尺、卡钳、样板等,用于测量锻件或坯料的尺寸或形状。

2)手工锻操作

手工锻的基本操作有镦粗、拔长、冲孔、切割、弯曲、错移和扭转等,其中前三种操作应用最多。

5.机器自由锻

机器自由锻(简称机锻)所用设备有空气锤、蒸汽-空气自由锻锤及液压机等。中、小型锻件多用空气锤锻造。空气锤和蒸汽-空气自由锻锤是利用落下部分的打击能量对坯料进行锻造。大型锻件一般在液压机上利用静压力使坯料变形。

1)空气锤

空气锤是由锤身、压缩缸、工作缸、传动机构、操纵机构、落下部分及砧座等组成,如图3-3所示。电动机通过减速机构带动曲柄和连杆运动,使压缩缸中的压缩活塞上、下产生压缩空气。当用手柄或脚踏杆操纵上旋阀和下旋阀,使它们处于不同位置,可使压缩空气进入工作缸的上部或下部,推动落下部分下降或上升,完成各种打击动作。

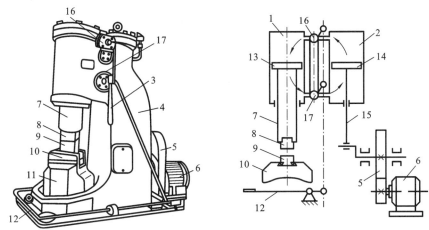

图 3-3 空气锤

1—工作缸;2—压缩缸;3—手柄;4—锤身;5—减速机构;6—电动机;7—锤杆;8—上砧铁;9—下砧铁;
10—砧垫;11—砧座;12—脚踏杆;13—工作活塞;14—压缩活塞;15—连杆;16—上旋阀;17—下旋阀

2)机器自由锻工具

机器自由锻常用工具如图3-4所示。

夹持工具:如各种圆口钳、方口钳、槽钳、抱钳、尖嘴钳、专用钳等。

切割工具:如剁刀、剁垫、克棍等。

变形工具:如压铁、压肩摔子、拔长摔子、冲子、漏盘等。

测量工具:如钢直尺、内外卡钳等。

6.自由锻造工艺规程

一般工艺规程的基本内容包含工艺过程和操作方法。锻造工艺规程由锻件图、锻造工艺卡、热处理工艺和工艺守则等内容组成,它不但是锻造生产的基本文件之一,而且还是组

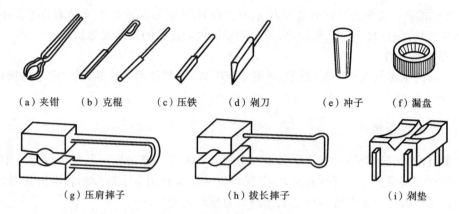

| (a) 夹钳 | (b) 克棍 | (c) 压铁 | (d) 剁刀 | (e) 冲子 | (f) 漏盘 |

| (g) 压肩摔子 | (h) 拔长摔子 | (i) 剁垫 |

图 3-4 机器自由锻常用工具

织生产、下达任务和生产前准备工作的基本依据之一,同时工艺规程也是生产时必须遵守的规则和锻件的质量验收标准。

1) 编制工艺规程

编制工艺规程的内容与步骤如下。

(1) 根据零件图设计编制锻件图,并相应地提出锻件的技术条件与检验要求。

(2) 确定坯料的质量、规格、尺寸及原材料的相关要求。

(3) 选择设备,制定变形工艺。

(4) 确定锻造火次、锻造温度范围、加热和冷却及热处理规范。

(5) 编制填写工艺卡,确定工时定额。

2) 锻件图的绘制

自由锻造的锻件图是以零件图为基础,考虑余块、机加工余量、锻造公差、检验用试样及热处理夹头等工艺因素,并按国家制图标准绘制而成。

锻件图中的名词术语示意如图 3-5 所示。

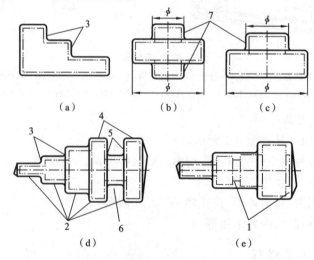

图 3-5 锻件图中的名词术语示意

1—余块;2—余量;3—台阶;4—法兰;5—余面;6—凹挡;7—凸肩

3）确定钢坯的质量与规格

确定钢锭或坯料的质量与规格时,其质量为锻件质量与锻造时金属材料的损耗量之和。其尺寸规格可以根据坯料质量(或体积)和镦粗时的规则或拔长时的锻造比求得,然后根据选定的钢锭或坯料的规格来确定。

4）锻造工艺的确定

不同类型锻件的锻造工艺方案选择,应根据自由锻造变形特点、锻件的形状、尺寸和技术要求,并参考典型锻造工艺,同时结合设备条件、原材料情况、生产批量、工模具及工人的技术水平和经验来制定。工艺方案的选定,主要是选择锻造工序及安排工序的顺序。

5）锻造设备与工具的确定

自由锻造中选择锻造设备和锻造工具也是制定锻造工艺规程中的必要工作。如选择不当,不但影响生产效率,而且还会影响锻件质量,增加锻件加工成本,因此,对锻造工具及设备正确合理地选择是十分重要的。

（1）设备的选择　正常情况下,根据钢锭或坯料的质量和规格,以及工艺方案中的主要工序(拔长、镦粗)或按锻件形状等因素来选择锻造设备。

（2）自由锻造工具的选择　在自由锻造生产中,对于一般单件和小批量的锻件,通常采用现有的工具,对于大批量及系列化的锻件,针对实际需要并结合经济合理性的原则,设计制作专用工具。而对于特殊形状的锻件,则尽可能利用通用工具及辅助工具相结合的措施来成形。

6）确定坯料加热火次及加热、冷却规范

（1）加热火次的确定　加热火次应根据锻造工序中锻造工作量的大小、坯料(钢锭)冷却的快慢、坯料出炉、运输和更换工具所需用的时间多少及所用设备、工具,以及设备配合使用的情况来综合考虑。

（2）加热规范的确定　加热规范是根据锻件的材质(化学成分)和坯料种类、规格、质量、状态(热态或冷态、退火或未退火),以及火次和工艺要求等,再按工厂加热规范中的加热温度、始锻温度、终锻温度和加热规程或绘制的加热曲线进行确定。

（3）锻后冷却方法与热处理规范　锻后冷却方法与热处理规范是根据锻件的技术要求、材质、尺寸(形状)、质量和锻造情况确定的。因此各类锻件的冷却和钢坯的冷却可根据有关图表来确定,采用钢锭为坯料的锻件,往往将锻件的冷却和初次热处理相结合进行,可按热处理手册中热处理规范确定。

7）确定锻件类别、工时及编写工艺

（1）确定锻件类别　为了便于编生产计划和考核生产情况,需制订锻件分类标准,由JB/T4385.2—1999规定,锤上自由锻件按其复杂程度分为九级,水压机自由锻件的分类尚无统一标准,一般分为五级。

（2）制订工时定额。

（3）填写工艺卡片　锻件工艺方案经计算后成为工艺规程,将内容填写在工艺卡片上,作为锻件生产的基本文件之一。

工艺卡片一般包括锻件名称、图号、锻件图、坯料规格、质量、尺寸和材料牌号、锻件质量及技术要求、加热火次和工序变形过程、工具简图、锻压设备、加热和冷却规范、工时定额、热处理方法和验收方法等项目。由于各工厂生产条件不同,工艺卡片的格式也各不相同。一般锻锤上锻件工艺卡片较简单,而水压机上锻件工艺卡片则比较复杂,根据锻件重要程度,可编写续页补充来满足生产操作等需要。

7. 六角螺母坯自由锻举例

图 3-6 所示为一六角螺母的锻件图。图 3-7 所示为坯料图,毛坯材料为 45 钢,毛坯尺寸为 65 mm×95 mm。

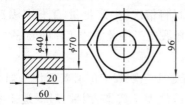

图 3-6 六角螺母锻件图

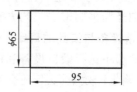

图 3-7 坯料图

六角螺母锻件的自由锻基本工序为镦粗、冲孔、锻六角,其自由锻工艺过程见表 3-3。

表 3-3 六角螺母的自由锻工艺

锻件名称	六角螺母	工艺类别	自由锻
材料	45	设备	100 kg 空气锤
加热火次	1	锻造温度范围	800~1 200 ℃

锻件图	坯料图

序号	工序名称	工序简图	使用工具	加工说明
1	局部镦粗		尖嘴钳 镦粗漏盘	(1) 漏盘高度和内径尺寸要符合要求; (2) 漏盘内孔要有 3°~5°斜度,上口应有圆角,局部镦粗高度为 20 mm
2	修整		夹钳	将镦粗造成的鼓形修平

续表

序号	工序名称	工序简图	使用工具	加工说明
3	冲孔	$\phi40$	尖嘴钳 圆冲子 冲孔漏盘 抱钳	(1) 冲孔时,套装上镦粗漏盘,以防止径向尺寸胀大; (2) 采用双面冲孔法冲孔; (3) 冲孔时,孔位应对正,以防止冲斜
4	锻六角		圆冲子 圆口钳 六角槽垫 方平锤 样板	(1) 带冲子操作; (2) 注意轻击,随时用样板检测

3.2.2 模锻

把加热的金属坯料放在固定于模锻设备上的具有一定形状和尺寸的锻模腔内,施加冲击力或压力,使坯料在锻模模腔的型腔内产生塑性变形而冲满模腔并获得锻件的过程称为模锻。模锻分为开式模锻和闭式模锻,又可分为冷镦、辊锻、径向锻造和挤压等。模锻适于生产形状复杂的锻件,并可以大批量生产。

模锻按照使用设备类型的不同可分为锤上模锻、压力机上模锻等。

3.2.2.1 锻模结构及类型

锤上模锻所用的锻模结构如图 3-8 所示。锻模由带有燕尾的上模和下模组成,上模用紧固楔铁固定于锤头上,并与锤头一起作上、下往复运动。下模也用楔铁固定于砧垫上,而砧垫则用楔铁固定于砧座上。当上、下模合在一起时,即形成了封闭、完整的模腔,坯料便在模腔内锻制成形。锻模的模腔可按功用的不同分为模锻模腔和制坯模腔两大类。

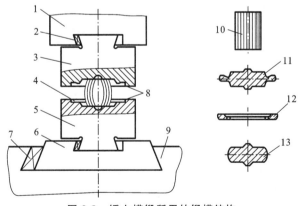

图 3-8 锤上模锻所用的锻模结构

1—锤头;2—楔铁;3—上模;4—模腔;5—下模;6—砧垫;7—楔铁;
8—分模面;9—砧座;10—坯料;11—带飞边的锻件;12—切下的飞边;13—模锻锻件

1. 模锻模腔

模锻模腔分为预锻模腔和终锻模腔。

1）预锻模膛

预锻模膛是使坯料变形至接近锻件形状尺寸的制件的模膛。坯料经预锻后再终锻,易于充满模膛,同时减少终锻模膛的磨损,延长锻模使用寿命。简单件可不设置预锻模膛。

2）终锻模膛

终锻模膛是使坯料最终成形的模膛,其形状和尺寸与锻件相同,只是比锻件要大一个收缩量。模膛四周有飞边槽,以便于金属充满模膛,同时还可容纳多余的金属。

2．制坯模膛

对于形状比较复杂的模锻件,为使金属坯料的形状基本接近模锻件,并能够在模锻模膛内合理分布和很好地充满模膛,就必须预先在制坯模膛内制坯。制坯模膛主要有拔长模膛、滚压模膛、弯曲模膛、切断模膛等多种类型。常见的制坯模膛如图 3-9 所示。

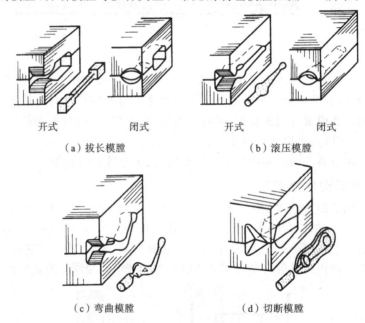

（a）拔长模膛　　　　　　　　（b）滚压模膛

（c）弯曲模膛　　　　　　　　（d）切断模膛

图 3-9　常见的制坯模膛

3.2.2.2　模锻件的结构工艺性

模锻件的结构设计应遵循以下几个原则。

（1）模锻件上必须具有一个合理的分模面,以保证模锻成形后,容易从锻模中取出。

（2）应使敷料最少,锻模容易制造。

（3）模锻件尺寸精度较高和表面粗糙度值低,因此零件上只有与其他机件配合的表面才需进行机械加工,其他表面均应设计为非加工表面。

（4）模锻件上与分模面垂直的非加工表面,应设计出模锻斜度。

（5）两个非加工表面形成的角(包括外角和内角)都应按模锻圆角设计。

（6）为了使金属容易充满模膛和减少工序,模锻件外形应力求简单、平直和对称。尽量避免模锻件截面间差别过大,或者具有薄壁、高肋、高台等结构。

（7）模锻件的结构中应避免深孔或多孔结构。

图 3-10(a)所示零件的小截面直径与大截面直径之比为 0.5,这就不符合模锻生产的要求。图 3-10(b)所示模锻件扁而薄,模锻时,薄部金属冷却快,变形抗力剧增,易损坏锻模。图 3-10(c)所示零件有一个高而薄的凸缘,金属难以充满模膛,且使锻模制造和成形后取出锻件较为困难,应改进设计成图 3-10(d)所示形状,使之易于锻制成形。

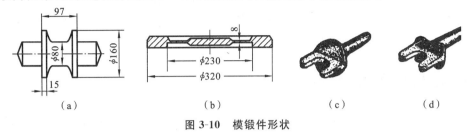

（a）　　　　　　　　　（b）　　　　　　　（c）　　　　　　（d）

图 3-10　模锻件形状

3.2.2.3　模锻工艺过程示例

锤上模锻工艺过程一般为下料、加热坯料、模锻成形、切除飞边、锻件矫正、锻件热处理、表面清理、质量检验、入库存放。

锤上模锻工艺规程的制定包括绘制锻件图、计算坯料质量和尺寸、确定模锻工步(选择模膛)、选择设备及安排基本工序等。其中,最主要的是锻件图的绘制和模锻工步的确定。图 3-11 所示为弯曲连杆的模锻工艺过程。

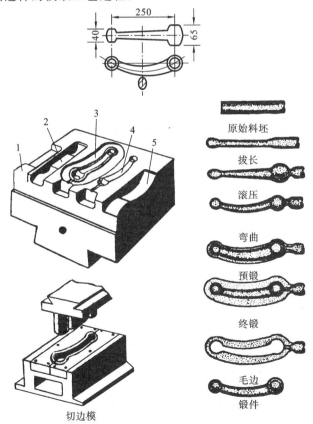

切边模

图 3-11　弯曲连杆的模锻工艺过程

1—拔长模膛;2—滚压模膛;3—终锻模膛;4—预锻模膛;5—弯曲模膛

3.3 锻造坯料的加热及锻件的冷却规范

除了少数具有良好塑性的金属外,大多数金属都必须在加热以后才能进行塑性成形。加热的目的是提高金属坯料的塑性和降低其变形抗力。坯料加热后硬度降低,塑性提高,并且内部组织均匀,可以用较小的外力使坯料产生较大的塑性变形而不破裂。

3.3.1 坯料锻前的加热方法

锻造坯料的锻前加热是锻件生产过程中的重要工序之一。锻前加热的目的是提高金属的塑性,降低变形抗力,使其易于流动成形并获得良好的锻后组织。

坯料锻前加热的方法,根据金属坯料加热时所用的热源不同,可将加热方法分为火焰加热法和电加热法两大类。

1. 火焰加热

火焰加热是利用燃料(煤、油、煤气等)燃烧时所产生的热量,通过对流、辐射把热能传给坯料表面,然后由表面向中心热传导,使整个坯料加热。火焰加热方法的优点:燃料来源方便,加热炉修造容易,加热费用较低,加热的适应性强等。因此,这类加热方法广泛用于大、中、小型坯料的加热。火焰加热方法的缺点:劳动条件差,加热速度慢,加热质量差,热效率低等。

2. 电加热

电加热是利用电能转换为热能来加热坯料的方法。按其能量转换方式可分为电阻加热和感应电加热。各种电加热方法及应用范围见表 3-4。

表 3-4　各种电加热方法及应用范围

电加热类型	应用范围			单位电能消耗 /(kW·h/kg)
	坯料规格	加热批量	适用工艺	
工频电加热	坯料直径大于 150 mm	大批量	磨锻、挤压、轧锻	0.35~0.55
中频电加热	坯料直径为 20~150 mm	大批量	磨锻、挤压、轧锻	0.40~0.55
高频电加热	坯料直径小于 20 mm	大批量	磨锻、挤压、轧锻	0.60~0.70
接触电加热	直径小于 80 mm 细长坯料	中批量	磨锻、电墩、卷簧、轧锻	0.30~0.45
电阻炉加热	各种中、小型坯料	单件、小批	自由锻、磨锻	0.50~1.0
盐浴炉加热	小件或局部无氧化加热	单件、小批	精密磨锻	0.30~0.80

加热方法的选择要根据具体的锻造要求和能源情况及投资效益、环境保护等多种因素确定。如对于大型锻件往往以火焰加热为主;对于中、小型锻件可以选择火焰加热和电加热;而对于精密锻造应选择感应电加热或其他无氧化加热方法,如控制炉内气氛法、介质保护加热法、少无氧化火焰加热法等。

3.3.2　确定锻造温度范围的原则

金属材料的锻造温度范围是指开始锻造温度(始锻温度)之间的一段温度区间。通过长时间生产实践和大量试验研究,现有金属材料的锻造温度均已确定,可从有关手册查到。但是随着金属材料科学技术的不断发展,今后必定会有更多的新的金属材料需要锻造。因此,仅会选用锻造温度范围是不够的,还必须掌握确定锻造温度范围的科学方法。

确定锻造范围的基本原则:要求在锻造温度范围内金属要具有良好的塑性和较低的变形抗力;能锻出优质锻件;锻造温度尽可能宽广些,以便减少加热次数,提高锻造生产效率。

确定锻造温度范围的基本方法:以合金平衡相图为基础,再参考塑性图、抗力图和再结晶图,由塑性、质量和变形抗力三方面加以综合分析,从而定出始锻温度和终锻温度。

碳钢的锻造温度范围,根据铁-碳平衡图便可直接确定。对于多数合金结构钢的锻造温度范围,可以参照含碳量相同的碳钢来考虑。但对塑性较低的高合金钢,以及不发生变形的钢种(如奥氏体钢、铁素体钢),则必须通过试验,才能确定合理的锻造温度范围。

1. 始锻温度的确定

确定钢的始锻温度,首先必须保证钢无过烧现象。因此对碳钢来讲,始锻温度应比铁-碳平衡图的固相线低 150～250 ℃ ,如图 3-12 所示。此外,还应考虑到坯料组织、锻造方式和变形工艺等因素。

如以钢锭为坯料时,由于铸态组织比较稳定,产生过烧的倾向性小,因此钢锭的始锻温度比同钢种钢坯和钢材要高 20～50 ℃。采用高速锤精锻时,因为高速变形产生很大的热效应,会使坯料温度升高以致引起过烧,所以,其始锻温度应比通常始锻温度低 100 ℃左右,对于大型锻件锻造,最后一火的始锻温度应根据剩余锻比确定,以避免锻后晶粒粗大,这对不能用热处理方法细化晶粒的钢种尤其重要。

2. 终锻温度的确定

在确定终锻温度时,如果温度过高,会使锻件晶粒粗大,甚至产生魏氏组织。相反,终锻温度过低,不仅导致锻造后期加工硬化严重,可能引起断裂,而且会使锻件局部处于临界变形状态,产生粗大晶粒。因此,通常钢的终锻温度应稍高于其再结晶温度。这样,可保证坯料在锻后能够获得较好的组织性能。

按照上述原则,碳钢的终锻温度约在铁-碳平衡图 A_1 线以上 25～75 ℃,如图 3-12 示。由图可见,中碳钢的终锻温度虽处于奥氏体单相区,组织均匀,塑性良好,完全满足于终锻要求。低碳钢的终锻温

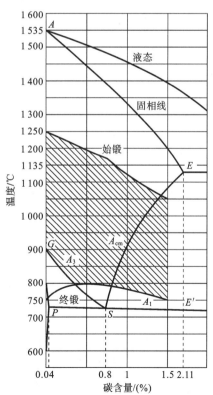

图 3-12　碳钢的锻造温度范围

度处于奥氏体和铁素体的双相区内,但因两相塑性均好,不会给锻造带来困难。高碳钢的终锻是处于奥氏体和渗碳体的双相区,在此温度区间锻造,可借助塑性变形作用将析出的渗碳体破碎呈弥散状,以免高于 A_{cm} 线终锻而使锻后沿晶界析出网状渗碳体。

必须指出,钢的终锻温度与钢的组织、锻造工序和后续工序等也有关。对于无相变的钢种,由于不能用热处理方法细化晶粒,只有依靠锻造来控制晶粒度。为了使锻件获得细小晶粒,这类钢的终锻温度应满足余热热处理的要求。如锻件材料为低碳钢,终锻温度稍高于 GS 线。一般精整工序的终锻温度,允许比规定值低 50~80 ℃。各类钢的锻造温度范围见表 3-5。从表中可看出,各类钢的锻造温度范围相差很大。一般碳素钢的锻造温度范围比较宽,达到 400~580 ℃。而合金钢,尤其是高合金钢则很窄,只有 200~300 ℃。因此在锻造生产中,高合金钢锻造最困难,对锻造工艺的要求最为严格。

表 3-5　各类钢的锻造温度范围

钢　种	始锻温度/℃	终锻温度/℃	锻造温度范围/℃
普通碳素钢	1 280	700	580
优质碳素钢	1 200	800	400
碳素工具钢	1 100	770	330
合金结构钢	1 150~1 200	800~850	350
合金工具钢	1 050~1 150	800~850	250~300
高速工具钢	1 100~1 150	900	200~250
耐热钢	1 100~1 150	850	250~300
弹簧钢	1 100~1 150	800~850	300
轴承钢	1 080	800	280

3.3.3　锻后冷却与热处理

锻后冷却的重要性并不亚于锻前加热和锻造变形过程。有时钢料采用正常的加热规范和适当的锻造,虽然可以保证获得高质量的锻件,但是,如果锻后冷却方法选择不当,锻件还是有可能产生裂纹甚至报废,这在实际生产中时有发生,因此应予高度重视。

所谓锻后冷却是指结束锻造后从终锻温度冷却到室温的过程。对于一般钢料的小锻件,锻后可直接放在地上空冷,但对合金钢锻件或大锻件,则应考虑合金元素含量和断面尺寸大小来确定合适的冷却规范,否则容易产生各种缺陷。常见的缺陷有裂纹、白点、网状碳化物等。

根据锻件在锻后的冷却速度,冷却方法有三种:即在空气中冷却,速度较快;在坑(箱)内冷却,速度较慢;在炉内冷却,速度最慢。

1. 空冷

锻件锻后单个或成堆直接放在车间地面上冷却。但不能放在潮湿地面或金属板上,也不要放在通风良好的地方,以免锻件冷却不均匀或局部急冷引起裂纹。

2. 坑冷

锻件锻后放到地坑或铁箱中封闭冷却,或者埋入坑内砂子、石灰中或炉渣内冷却。一般锻件入砂温度不应低于 500 ℃,周围积砂厚度不少于 80 mm。锻件在坑内的冷却速度可以通过不同绝热材料及保温介质来进行调节。

3. 炉冷

锻件锻后直接装入炉中按一定的冷却规范缓慢冷却。由于炉冷可通过控制炉温准确实现规定的冷却速度,因此适于高合金钢、特殊钢锻件及各种大型锻件的锻后冷却。一般锻件入炉时的温度不能低于 600 ℃,装料时的炉温应与入炉锻件温度相当。常用的冷却规范有等温冷却和起伏等温冷却。

制定锻件锻后的冷却规范,关键是选择合适的冷却速度,以免产生前述各种缺陷。通常情况下,锻后冷却规范是根据坯料的化学成分、组织特点、原料状态和断面尺寸等因素,参照有关手册资料确定的。

一般来讲,坯料的化学成分越单纯,锻后冷却速度越快;反之则慢。因此,对成分简单的碳钢与低合金钢锻件,锻后均采取空冷。而合金成分复杂的中高合金钢锻件,锻后应采取坑冷或炉冷。

对于含碳较高的钢种(如碳素工具钢、合金工具钢及轴承钢等),如果锻后采取缓慢冷却,在晶界会析出网状碳化物,将严重影响锻件的使用性能。因此,这类锻件在锻后先空冷、鼓风或喷雾快速冷却到 700 ℃,然后再把锻件放入坑中或炉中缓慢冷却。

对于没有相变的钢种(如奥氏体钢、铁素体钢等),由于锻后冷却过程无相变,可采取快速冷却。此外,为了获得单相组织,防止铁素体钢 475 ℃脆性,也要求快速冷却。因此,这类锻件锻后通常采用空冷。

对于空冷自淬的钢种(如高速钢、马氏体不锈钢、高合金工具钢等),由于空冷会发生马氏体相变,由此会引起较大组织应力,而且容易产生冷却裂纹,所以这类锻件锻后必须缓慢冷却。

对于白点敏感的钢种(如铬镍钢 34CrNiMo、34CrNi4Mo 等),为了防止冷却过程产生白点,应按一定冷却规范进行炉冷。

采用钢材锻造的锻件,锻后的冷却速度可快些,而用钢锭锻造的锻件,锻后的冷却速度要慢。此外,对于断面尺寸大的锻件,因冷却温度应力大,在锻后应缓慢冷却,面对断面尺寸小的锻件,锻后则可快速冷却。

在锻造过程中,有时需要将中间坯料或锻件局部冷却到室温,称为中间冷却。例如,为了进行毛坯探伤或清理缺陷,需要中间冷却;又如,多火锻造大型曲轴时,先锻中部而后锻两端,当中不锻完后应进行中间冷却,以免再加热两端时影响质量。中间冷却规范的确定和锻后冷却规范相同。

3.4　锻件质量的检验与缺陷分析

3.4.1　锻件质量的检验

质量检验是锻造生产过程中不可缺少的一个重要组成部分,在于保证锻件的通用和专用技术要求,以满足产品的设计和使用要求。通过检测能及时发现生产中的质量问题。常用的检测方法有外观检测、力学性能试验、金相组织分析和无损探伤等。检测时,应按照锻件技术条件的规定或有关检测技术文件的要求进行。

外观检测包括锻件表面、形状和尺寸的检测。

1．表面检测

表面检测主要是检测锻件的外部是否存在毛刺、裂纹、折叠、过烧、碰伤等缺陷。

2．形状和尺寸的检测

形状和尺寸的检测主要是检测锻件的形状和尺寸是否符合锻件图上的要求。一般自由锻件,大多是用钢直尺和卡钳来检测;成批的锻件,使用卡规、塞尺等专用量具来检测;对于形状复杂的锻件,一般量具无法检测。

对于重要的大型锻件,还必须进行力学性能试验(如进行拉伸和冲击试验锻件硬度试验等)、金相组织分析(如低倍检测锻件高倍检测)和无损探伤等。

3.4.2　锻件的缺陷分析

1．自由锻锻件的缺陷分析

在自由锻造的全部工艺过程中,锻件产生缺陷与以下几方面的因素有关:原材料及下料产生了缺陷而又未清除;锻件加热不当;锻造操作不当或工具不合适;锻后冷却和锻后热处理不当等。所以应掌握不同情况下锻件产生缺陷的特征,以便发现锻件缺陷时能进行综合分析,找出件产生缺陷的原因,采取措施防止缺陷的产生。

常见自由锻锻件的缺陷分析见表3-6。

表 3-6　常见自由锻锻件的缺陷分析

缺 陷 名 称	产 生 原 因
过热或过烧	加热温度过高,保温时间过长; 变形不均匀,局部变形量过小; 始端温度过高
裂纹	坯料心部没有加热透或温度较低; 坯料本身有皮下气孔等冶炼质量缺陷; 坯料加热速度过快,断后冷却速度过大; 锻造变性量过大
折叠	砧铁圆角半径过小; 送进量小于压下量
歪斜偏心	加热不均匀,变形量不均匀; 锻造操作不当
弯曲变形	锻造后修整、矫正不够; 冷却、热处理操作不当
力学性能偏低	坯料冶炼成分不符合要求; 锻造后热处理不当; 原料冶炼时,杂质过多,偏析严重; 锻造比过小

2. 模锻锻件的缺陷分析

常见模锻锻件的缺陷分析见表 3-7。

表 3-7 常见模锻锻件的缺陷分析表

缺 陷 名 称	产 生 原 因
凹坑	加热时间过长或黏上炉底熔渣； 坯料在模膛内成形时，氧化皮未清除干净
厚度超标	毛坯质量超标； 加热温度偏低； 锤击力不足； 制坯模膛设计不当或飞边槽阻力过大
形状不完整	下料时，坯料尺寸偏小，质量不足； 加热时间过长，金属烧损量过大； 加热温度过低，金属流动性差，模膛内的润滑剂未吹掉； 设备吨位不足，锤击力过小； 锤击轻重掌握不当； 制坯模膛设计不当或飞边槽阻力小； 终锻模膛磨损严重； 锻件由模膛内取出时不慎碰塌
尺寸不足	终锻温度过高或设计终锻模膛时考虑收缩率不足； 终锻模膛变形； 切边模安装欠妥，锻件局部被切
错模	锻锤导轨间隙过大； 上、下模调整不当或锻模检验角有误差； 锻模紧固部分（如燕尾）有磨损或锤击时错位； 模膛中心与锤击中心相对位置未重合； 导锁设计欠妥
压伤	坯料放置不正或锤击时跳出模膛连击压环； 设备有故障，单击时发出连击
碰伤	锻件由模膛内取出时，不慎被碰伤； 锻件在搬运时，不慎被碰伤
翘曲	锻件由模膛内取出时，产生变形； 锻件在切边时，产生变形
残余飞边	切边模与终锻模膛尺寸不相符； 切边模磨损或锻件放置不正
轴向裂纹	钢锭皮下气泡被轧长
端部裂纹	坯料在冷剪下料时，剪切不当
夹渣	耐火材料等杂质混入钢液，并浇注钢锭中
夹层	坯料在模膛内放置不当； 操作不当； 锻模设计有问题； 变形程度过大，产生毛刺，不慎将毛刺压入锻件内

3.5 板料冲压

利用安装于压力机上的模具(即冲模)对板料加压,使其产生分离或变形,从而获得具有一定形状、尺寸和性能要求的零件或毛坯的压力加工方法称为板料冲压,简称为冲压。板料冲压通常是在室温下进行的,又称冷冲压。

常用的冲压材料是低碳钢、铜、铝及奥氏体不锈钢等强度低而塑性好的板材。冲压件尺寸精确,表面光洁,一般不再进行机械加工,只需钳工稍作加工或修整,即可作为零件使用。

3.5.1 冲压设备

冲压设备有剪板机、机械压力机和液压机等。剪板机用于板料切成条料、圆形或异形板坯;机械压力机和液压机用于板坯的冲压成形。

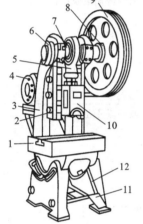

图 3-13 开式冲床

1—工作台;2—导轨;3—床身;
4—电动机;5—凸轮压板;6—模垫;
7—曲轴;8—上模座;9—大带轮;
10—滑块;11—踏板;12—拉杆

1. 冲床

冲床是进行冲压加工的基本设备。常用的为开式冲床,如图 3-13 所示。

电动机通过减速系统带动大带轮转动。踩下踏板后,离合器闭合带动曲轴转动,经连杆使滑块沿导轨作上、下往复运动,进行冲压加工。如果踩下踏板后立即抬起,滑块冲压一次后在制动器作用下停止在最高位置;如果踩下踏板不抬起,滑块就进行连续冲压。

2. 剪板机

剪板机是下料用的基本设备,其传动机构如图 3-14 所示。电动机带动带轮和齿轮转动,离合器闭合使曲轴旋转,带动装有上刀片的滑块沿导轨作上、下运动,与装在工作台上的下刀片相切而进行工作。为了减小剪切力和利于宽而

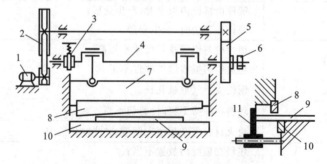

图 3-14 剪板机结构及剪切示意图

1—电动机;2—大带轮;3—制动器;4—曲轴;5—齿轮;6—离合器;
8—上切削刃;9—板料;10—下切削刃;11—挡板

薄的板料,一般将上下刀片作成具有斜度为 $6°\sim9°$ 的斜刃,对于窄而厚的板料则用平刃剪切;挡板起定位作用,便于控制下料尺寸;制动器控制滑块的运动,使上刀片剪切后停留在最高位置上,便于下次剪切。

3.5.2　板料冲压基本工序

冲压加工因制件的形状、尺寸和精度的不同,所采用的工序也不同。根据材料的变形特点可将冷冲压工序分为分离工序和成形工序两类。

1. 分离工序

分离工序是使板料在冲压力作用下,变形部分的应力达到强度极限 σ_b 以后,板料的一部分与另一部分沿一定的轮廓线发生断裂而产生分离的冲压基本工序。分离工序包括落料、冲孔、切断、修边、切口、剖切等工序,其中落料和冲孔是最常见的两种工序。

1）冲裁

落料及冲孔统称为冲裁。落料和冲孔两个工序所用的模具结构和坯料的分离过程完全一样,但是用途截然不同。冲孔在板料上冲出所需要的孔,被分离的部分为废料,剩下的为成品,如图 3-15(a)所示;落料则刚好相反,被分离的部分为成品,剩下的为废料,如图 3-15(b)所示。

2）冲裁过程

冲裁变形过程如图 3-16 所示。冲裁变形过程分为弹性变形、塑性变形、断裂分离三个阶段。

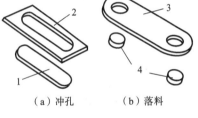

（a）冲孔　　（b）落料

图 3-15　冲裁
1,3—工件;2,4—废料

（1）弹性变形阶段　在凸模压力下,板料产生弹性压缩、拉伸和弯曲变形并向上翘曲,凹、凸模的间隙越大,板料弯曲和上翘越严重。同时,凸模挤入板料上部,板料的下部则略挤入凹模孔口,但板料的内应力未超过材料的弹性极限。

（2）塑性变形阶段　凸模继续压入,板料内的应力达到屈服点时,便开始产生塑性变

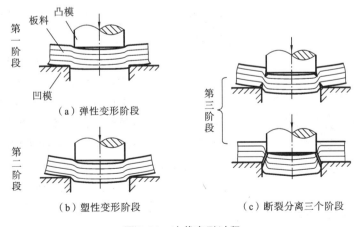

图 3-16　冲裁变形过程

65

形。随凸模挤入板料深度的增大,塑性变形程度会增大,变形区板料硬化加剧,冲裁变形力不断增大,直到刃口附近侧面的板料由于拉应力的作用而出现微裂纹时,塑性变形阶段才结束。

(3)断裂分离阶段 随凸模继续压入,已形成的上下微裂纹沿最大剪应力方向不断向板料内部扩展,当上下裂纹重合时,板料便被剪断分离。

3)冲裁件的切断面

冲裁件的切断面不是很光滑,并有一定锥度,如图 3-17 所示。它可分成三个较明显的区域,由圆角带、光亮带、断裂带三个部分组成。

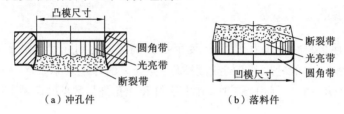

（a）冲孔件　　　　　（b）落料件

图 3-17　冲裁件切断面

(1)圆角带 圆角带是在冲裁过程中刃口附近的材料被弯曲和拉伸变形的结果。

(2)光亮带 光亮带是在塑性变形过程中,凸模(或凹模)挤压切入材料,使其受到剪切和挤压应力的作用而形成的。

(3)断裂带 断裂带是由于刃口处的微裂纹在拉应力作用下不断扩展断裂而形成的。

要提高冲裁件品质,就要增大光亮带,缩小断裂带,并减小冲裁件翘曲。冲裁件切断面品质主要与凸、凹模间隙和刃口锋利程度有关,同时也受模具结构、材料性能及板厚等因素的影响。

2. 成形工序

成形工序是指坯料在冲压力作用下,变形部分的应力达到屈服极限 σ_s,但未达到强度极限 σ_b,使坯料产生塑性变形而获得具有一定形状、尺寸与精度制件的加工工序。成形工序主要有弯曲、拉深、翻边、旋压等。

1)弯曲

弯曲是将板料、型材、管材或棒料等按设计要求弯成一定的角度和一定的曲率,形成所需形状零件的冲压工序。

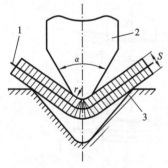

图 3-18　弯曲变形过程

1—板料；2—凸模；3—凹模

弯曲变形过程如图 3-18 所示。凸模由压力机带动,向板料施加压力,板料受弯矩的作用,首先经过弹性变形,然后进入塑性变形。在塑性弯曲的开始阶段,板料是自由弯曲;随着凸模的下压,板料与凹模的表面逐渐靠紧,同时,曲率半径和弯曲力臂逐渐变小,凸模继续下压,板料弯曲变形区进一步减小,直到与凸模三点接触,此后,板料的直边部分则向与以前相反的方向变形,到行程终了时,板料直边、圆角与凸模全部靠紧。此时弯曲变形完成。

2）拉深

拉深也称拉延，是使板料（或浅的空心坯）成形为空心件（或深的空心件）而厚度基本不变的加工方法，如图 3-19 所示。

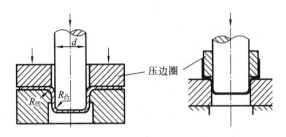

图 3-19 拉深

拉深时用压板适当压紧板料的四周可防止起皱现象。为减小摩擦阻力，可在板料或模具上涂润滑剂。对于变形量较大的拉深件，因受每次拉深变形程度的限制，可采用多次拉深。为保证金属板料顺利变形，避免拉裂，拉深模的凸模和凹模的工作部分应有光滑的圆角，并且其间隙应稍大于板料的厚度。

3.5.3 冲压模具

冲压模具简称冲模。冲模安装于压力机上，对板料施加压力使板料产生分离或成形。冲模一般分为上模和下模两部分。上模部分通过模柄安装在冲床滑块上，下模部分通过下模板由压板和螺栓安装紧固在冲床工作台上。

冲模种类繁多，按工序种类可分为冲裁模、弯曲模、拉深模等；按工序复合程度，又可分为单一工序的简单模、多工序的连续模和复合模。

1．冲裁模

冲裁包括冲孔和落料。图 3-20 所示为顺装式落料冲孔复合模。

2．弯曲模

弯曲是将板料、型材或管材在弯矩作用下弯成具有一定曲率和角度制件的冲压成形工艺。图 3-21 所示为一次弯曲模。

3．拉深模

拉深（又称拉延）是利用拉深模在压力机的压力作用下，将平板坯料或空心工序件制成开口空心零件的加工方法。

图 3-22 所示为无压边装置的首次拉深模。凸模直径过小时，则还应加上模座，以增加上模部分与压力机滑块的接触面积，下模部分有定位板、下模座与凹模。为使工件在拉深后不至于紧贴在凸模上难以取下，在拉深凸模上应有直径为 3 mm 以上的小通气孔。拉深后，冲压件靠凹模下部的脱料颈刮下。这种模具适用于拉深材料厚度较大（$t > 2$ mm）及深度较小的零件。

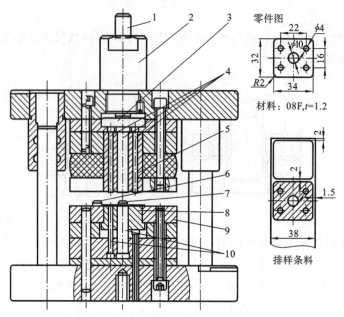

正装式落料冲孔复合模典型结构

图 3-20 顺装式落料冲孔复合模

1—打料棒；2—模柄；3—料板；4—打料杆；5—凸凹模；

6—弹性导料销；7—挡料销；8—顶料块；9—凹模；10—凸模

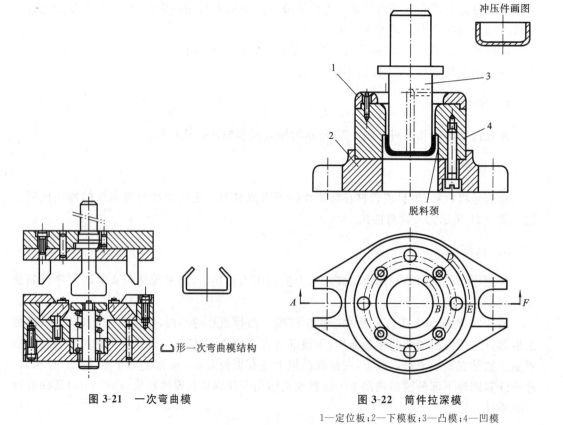

图 3-21 一次弯曲模

图 3-22 筒件拉深模

1—定位板；2—下模板；3—凸模；4—凹模

3.5.4 冲压工艺设计

冲压工艺过程的设计必须保证产品质量和生产效率,也必须考虑经济效益和操作的方便及安全,全面兼顾生产组织各方面的合理性与可行性,还必须充分重视环保及可持续发展等多方面问题。

1. 设计程序

1）原始资料准备

在接到冲压件的生产任务之后,首先需要熟悉原始资料,透彻地了解产品的各种要求,为此后的冲压工艺设计掌握充分的依据。

原始资料的内容包括生产任务书或产品图及其技术条件。

原材料情况:板材的尺寸规格、牌号及其冲压性能;生产纲领或生产批量;生产单位可选用的冲压设备的型号、技术参数及使用说明书;模具加工、装配的能力与技术水平;各种技术标准和技术资料。

2）设计的主要内容和步骤

各项内容互相联系制约,因而各设计步骤应前后兼顾和呼应,有时要互相穿插进行。

（1）冲压件的工艺性分析　由产品图对冲压件的形状、尺寸、精度要求、材料性能进行分析。

首先判断该产品需要哪几道冲压工序,各道中间半成品的形状和尺寸由哪道工序完成,各工序冲压工艺性要求逐个分析,裁定该冲压件加工的难易程度,确定是否需要采取特殊工艺措施。

工艺分析就是对产品的冲压工艺方案进行技术和经济上的可行性论证,确定冲压工艺性的好坏。

凡冲压工艺性不好的,可会同产品设计人员,在保证产品使用要求的前提下,对冲压件的形状、尺寸、精度要求及原材料做必要的修改。

（2）确定最佳工艺方案　结合工艺计算,并经分析比较,确定最佳工艺方案。

（3）完成工艺计算　排样及材料利用率计算,冲压所需的力、功计算,凸、凹模工作部分尺寸计算等。

（4）选定模具结构类型　按工艺方案,确定各道工序的模具类型(如单工序模、复合模、级进模)及模具总体结构,绘出其工作部分的动作原理图。有时还要计算冲模的压力中心等。

（5）合理选用冲压设备　根据工艺计算和模具空间尺寸的估算值等,结合本单位的现有设备条件和设备负荷,合理选择各道冲压工序的设备。

3）编写工艺文件和设计计算说明书

工艺文件指工艺过程卡之类的文件。将工艺方案及各工序的模具类型、冲压设备等以表格形式表示,其栏目有工序序号,工序名称,工序半成品形状、尺寸示意图,工序模具类型与编号,工序的设备型号,工序检验要求等项。

设计计算说明书应简明全面地纪录各工序设计的概况;冲压工艺性分析及结论;工艺方

案的分析比较和确认的最佳方案;各项工艺计算的结果,如毛坯尺寸、排样、冲压次数、半成品尺寸、工序的冲压力和功等,模具类型和设备选择的依据与结论;必要时,说明书中可用插图方式说明。工艺过程卡和设计计算说明书是重要的技术文件,是组织文明生产的主要依据。

2. 工艺方案的确定

工艺方案确定是在冲压件工艺性分析之后应进行的重要设计环节。这一设计环节需要做以下几步工作。

(1) 列出冲压所需的全部单工序。

(2) 冲压顺序的初步安排。

对于所列的各道加工工序,还要根据其变形性质、质量要求、操作方便等因素,对工序的先后顺序做出安排。

安排工序先后顺序的一般原则如下。

对于带孔或有缺口的冲裁件,如果选用单工序模,一般先落料,再冲孔或冲缺口。若用级进模,则落料排在最后工序。

对于带孔的弯曲件,其冲孔工序的安排应参照弯曲件的工艺性分析进行。

多角弯曲件有多道弯曲工序,应从材料变形影响和弯曲时材料窜移趋势两方面安排先后弯曲的顺序。一般先弯外角,后弯内角。

对于带孔的拉深件,一般是先拉深后冲孔,但当孔的位置在工件底部,且孔径尺寸精度要求不高时,可先冲孔后拉深。

对于形状复杂的拉深件,为便于材料的变形流动,应先成形内部形状,再拉深外部形状。

附加的整形工序、校平工序,应安排在基本成形之后进行。

(3) 工序的组合。

对于多工序加工的冲压件,还要根据生产批量、尺寸大小、精度要求,以及模具制造水平、设备能力等多种因素,将已经初步依序而排的单工序予以必要的组合(包括复合)。组合时,可能对原顺序做个别调整。

一般而言,厚料、低精度、小批量、大尺寸的产品宜用简单模单工序生产;薄料、小尺寸、大批量的产品宜用级进模连续生产;形位精度高的产品可用复合模加工。

对于某些特殊的或组合式的冲压件,除冲压加工外,还有其他辅助加工,如钻孔、车削、焊接、铆合、去毛刺、清理、表面处理等。对这些辅助工序,可根据具体的需要,穿插安排在冲压工序之前、之间或之后进行。

经过工序的顺序安排和组合,就形成了工艺方案。可行的工艺方案可能有几个,必须从中选择最佳方案。

(4) 最佳工艺方案的确定。

技术上可行的各种工艺方案总有各种优缺点,应从中确定一个最佳方案。

确定最佳方案应考虑的因素:能可靠地保证产品质量和产量;使设备利用率最高;使模具成本最低;使人力、材料消耗最少;操作安全方便。不仅要从技术上,而且还要从经济上反复分析、比较,才能确定最佳工艺方案。

3.5.5 冲压件缺陷分析

冲压件常见缺陷分析见表 3-8。

表 3-8 冲压件常见缺陷分析

冲压件的缺陷分析			
缺陷名称	产生原因	缺陷名称	产生原因
毛刺	冲刺间隙过大、过小或不均匀; 刃口不锋利	拉深件壁厚不均	润滑不足; 间隙过大、过小或不均匀
翘曲	冲裁间隙过大; 板料材质或厚壁不均匀; 材料有残余内应力	表面划痕	凹模表面磨损严重; 间隙过小; 凹模或润滑油不干净
弯曲裂纹	材料塑性差; 弯曲线与纤维组织方向平行; 弯曲半径过小	起皱	坯料相对厚度小,拉深系数过小; 间隙过大,压边力过小; 压边圈或凹模表面磨损严重
裂纹和断裂	拉深系数过小; 间隙过小; 凹模局部磨损,润滑不足; 圆角半径过大		

第4章　焊接实训

【实训目的及要求】

(1) 了解焊接的工艺特点及应用，了解焊条、焊剂、焊丝等焊接材料的使用。

(2) 掌握焊条电弧焊所用的设备、工具的结构及使用方法。

(3) 了解常见的焊接接头形式、坡口形式、焊接位置。

(4) 掌握焊条电弧焊、气焊、气割的基本操作方法。

(5) 了解焊接件的常见缺陷形式、产生原因、预防和矫正方法。

【安全操作规程】

1. 手工电弧焊实习安全操作规程

(1) 在下雨、下雪时，不得露天施焊。

(2) 保证设备安全。工作前应检查线路各连接点及焊机外壳接地是否良好，防止因接触不良发热而损坏设备。

(3) 操作时做好防护措施。必须穿好绝缘鞋，戴好面罩、手套等防护用品。

(4) 禁止焊钳搁置在工作台上，以免造成短路烧毁焊机。一旦发生故障，应立即切断焊机电源并及时进行检修。

(5) 焊接时，不可将工件拿在手中或用手扶着工件进行焊接；不准用手接触焊过的焊件，清渣时要注意清渣方向，防止伤害他人和自己。

(6) 防止焊接烟尘危害人体呼吸器官。

(7) 发现焊机出现异常时，应立即停止工作，切断电源。禁止在通电情况下用手触动电焊机的任何部位，以免发生事故。

(8) 连续焊接超过 1 小时，应检查焊机电缆，如发热温度达到 80℃，必须切断电源。

2. 气焊、气割实习安全操作规程

(1) 焊前应检查焊炬、割炬的射吸力，焊嘴、割嘴是否堵塞，胶管是否漏气等。

(2) 氧气瓶与乙炔瓶要分开，摆放稳定，确保安全。严禁油污，不得随意搬动。

(3) 严格按操作顺序点火，先开乙炔，后开氧气，再点火。

(4) 严禁在氧气阀和乙炔阀同时开启时，用手或其他物体堵塞焊炬、割炬；严禁把已燃焊炬放在工件上或对准他人、胶管等物件。

(5) 不得用手接触被焊工件和焊丝的焊接端，以免烫伤。

(6) 熄灭焊炬、割炬时，应先关乙炔后关氧气，以免回火。发现回火，应立即关闭氧气、乙炔,并报告指导老师。停止焊接工作应关闭氧气瓶与乙炔瓶。

（7）禁止将炽热件压在输气胶管上。

4.1 焊接基础知识

4.1.1 焊接原理

1. 定义

两种或两种以上材质（同种或异种）通过加热、加压或两者并用,达到原子之间的结合而形成永久性连接的工艺过程称为焊接。

2. 焊接的特点

焊接的优点有以下几个方面。

（1）焊接是一种原子（或分子）间的连接,接头牢固,密封性、连接性能好。

（2）采用焊接方法,可将大型、复杂的结构分解为小零件或部件分别加工,然后通过焊接连成整体,做到"化大为小、以小拼大"。

（3）适应性强、可焊范围广,能满足特殊性能要求,可实现异种金属和密封件的连接（如焊接车刀就是将具有一定形状的硬质合金刀片用铜片或其他焊料钎焊在普通结构钢或锻钢刀杆上而成的）。

（4）生产成本低。与铆接相比具有省工、省料（可节省材料 10%～20%）、生产效率高、焊接致密和容易实现机械化、自动化等特点,并可减少划线、钻孔、装配等工序。

焊接的缺点有以下几个方面。

由于焊接连接处局部受高温,在热影响区形成的材质较差,冷却又很快,再加上热影响区的不均匀收缩,易使焊件产生焊接残余应力及残余变形,因此不同程度地影响了产品的质量和安全性。另外,接头易产生裂纹、夹渣、气孔等缺陷,影响结构的承载能力。

3. 焊接的冶金特点

（1）熔池中冶金反应不充分,化学成分有较大的不均匀性,常发生偏析、夹杂等缺陷。

（2）在高温电弧作用下,氧、氢、氮等气体分子吸收电弧热量而分解成化学性质十分活泼的原子或离子,它们很容易溶解在液态金属中,造成气孔、氧化、脆化等缺陷。

（3）熔化焊的本质是小熔池熔炼与铸造,是金属熔化与结晶的过程。熔池存在时间短,温度高;冶金过程进行不充分,氧化严重;热影响区大。冷却速度快,结晶后易生成粗大的柱状晶。

4.1.2 焊接方法及种类

焊接的种类很多,按其工艺过程的特点分为熔焊、压焊和钎焊三大类。焊接方法的分类如图 4-1 所示。

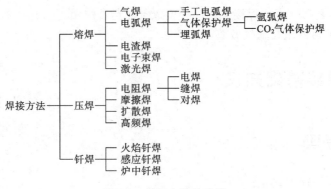

图 4-1　焊接方法的分类

1. 熔焊

熔焊是指将待焊处的母材金属熔化以形成焊缝的焊接方法。为了实现熔化焊接,必须有一个热量集中、温度足够高的热源。按照热源形式的不同,熔化焊接的基本方法可分为气焊(以氧-乙炔火焰或其他可燃气体燃烧火焰为热源)、电弧焊(以气体导电产生的电弧热为焊接热源)、电渣焊(以焊接熔渣导电时产生的电阻热为焊接热源)、电子束焊(以高速运动的电子束流为热源)、激光焊(以单色光子束流为热源)等。

2. 压焊

焊接过程中对焊件施加压力(加热或不加热)以完成连接的焊接方法。压力的性质可以是静压力、冲击力或爆炸力等。大多数情况下,母材不熔化,属于固相焊接。一般情况下,为了使固相焊接容易实现,在加压的同时会伴随加热措施,但加热温度均低于母材的熔点。

3. 钎焊

采用比母材熔点低的金属材料作钎料,将焊件和钎料加热到高于钎料熔点、低于母材熔点的温度,利用液态钎料润湿母材、填充接头间隙并与工件实现原子间的相互扩散,从而实现焊件的方法。

4.1.3　焊接设备的分类和选用原则

1. 焊接设备的分类

焊接设备包括焊机、焊接工艺装备和焊接辅助器具。

(1)焊条电弧焊设备　焊条电弧焊使用的设备简单、方法简便灵活、适应性强,但对焊工操作要求高。焊条电弧焊适用于碳钢、低合金钢、不锈钢、铜及铜合金等金属材料的焊接。

(2)埋弧焊设备　埋弧焊设备由焊接电源、埋弧焊机和辅助设备构成。其电源可以用交流、直流或交直流并用。埋弧焊机分为自动焊机和半自动焊机两大类。

(3)CO_2气体保护焊设备　主要由焊接电源、供气系统、送丝机构和焊枪等组成。

(4)惰性气体保护焊设备　主要由焊枪、焊接电源与控制装置、供气和供水系统四大部分组成。

（5）等离子弧焊设备 主要包括焊接电源、控制系统、焊枪、气路系统和水路系统。

（6）超声波焊接设备 主要分为超声波塑料焊接机和超声波金属焊接机。

2．焊接设备的选用原则

（1）安全性 所有工业生产中使用的焊接设备必须完全符合相应国家标准和行业标准中有关安全技术的规定。

（2）适用性 应从焊接生产的实际需要和施工条件出发，按照对焊接接头的质量要求、拟采用的焊接方法和焊接工艺等合理选用焊接设备，使其在焊接生产中充分发挥应有的效能。

（3）先进性 选购技术先进、自动化程度高的焊接设备不仅可提高焊接生产率、改善焊接质量，而且可降低生产成本、产生相当高的经济效益。虽然先进焊接设备的投资额较高，但设备投入运营后所产生的效益将成倍翻番。

（4）经济性 应首先考虑设备的可靠性、使用寿命和可维修性，其次考虑设备的性价比。

4.2 焊条电弧焊

焊条电弧焊通常又称为手工电弧焊，是应用最普遍的熔化焊接方法，它是利用电弧产生的高温、高热量进行焊接的。焊条电弧焊具有设备简单、操作灵活方便、能进行全位置焊接和适合焊接多种材料等优点，所以应用非常广泛。掌握了焊条电弧焊的操作原理对认识其他种类的熔焊有很大帮助，因此将焊条电弧焊的操作实训列为焊接实习的最重要内容。

4.2.1 焊条电弧焊焊接过程及电弧

1．焊接过程

焊接过程中，在焊条端部迅速熔化的金属形成细小熔滴，经弧柱过渡到工件已经局部熔化的金属中，并与之融合一起形成熔池。随着电弧向前移动，熔池的液态金属逐步冷却结晶形成焊缝，使工件的两部分牢固的连接在一起，如图 4-2 所示。焊条芯是焊接电弧的一个极，并作为填充金属熔化后成为焊缝的组成部分。焊条的药皮经电弧高温加热分解和熔化而生成气体和熔渣，对金属熔滴和熔池起保护作用。由此可见，电弧和焊条是电弧焊接的两个基本要素。

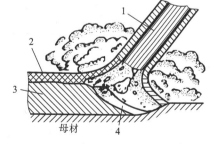

图 4-2 焊条电弧焊过程示意图

1—焊条；2—熔渣；3—焊缝；4—熔池

2．焊接电弧

电弧是指两电极之间强烈而持久的气体放电现象。电弧放电电压低、电流大、温度高、发光强。将电弧放电用做焊接热源，既安全，加热效率也高。

焊接时，将焊条与焊件瞬时接触，发生短路，产生强大的短路电流，再稍微离开一段距

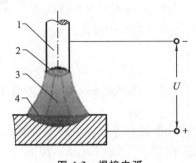

图 4-3 焊接电弧

1—焊条；2—阴极区；3—弧柱区；4—阳极区

离,两电极之间的气体在电场作用下发生电离,产生的正离子向负极作高速运动,电子和负离子向正极作高速运动,从而形成焊接电弧。如图 4-3 所示,焊接电弧由阴极区、阳极区和弧柱区三部分组成。阴极区指电弧紧靠负电极的区域,是发射电子的地方,阴极区产生的热量占电弧总热量的 36% 左右,温度在 2 400 K 左右;阳极区指电弧紧靠正电极的区域,是接收电子的地方,产生的能量占电弧总热量的 43% 左右,温度在 2 600 K 左右;弧柱区是阴极区和阳极区之间的区域,弧柱区产生的热量占电弧总热量的 21% 左右,但弧柱区中心温度最高,可达 6 000～8 000 K。

4.2.2 焊条

1. 焊条的组成

焊条是涂有药皮的供焊条电弧焊用的熔化电极,由焊芯和药皮组成,如图 4-4 所示。焊芯是焊条内的金属丝,焊接时作为导电极产生焊接电弧,同时熔化后作为填充焊缝的金属材料,其化学成分及非金属夹杂物的多少直接影响焊缝的质量。药皮是压涂在焊芯表面的涂料层,它的主要作用有以下几个方面。

(1) 保证电弧稳定燃烧,减少飞溅,同时改善焊缝的成形。

(2) 机械保护作用:在焊接过程中造气、造渣以防止空气进入焊缝,从而保护熔化金属不被氧化。

(3) 冶金处理作用:去除有害元素,增加有用合金元素,如脱氧、除硫、去氢和渗合金等。

(4) 焊条端部形成药皮套筒,一方面可以减少电弧的飘移,使用于熔化金属的电弧热增多,同时药皮套筒对熔滴过渡具有导向作用,从而提高焊接生产效率。

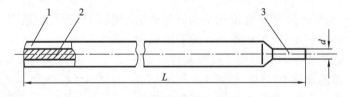

图 4-4 焊条结构图

1—药皮；2—焊芯；3—焊条夹持部分

焊条药皮原料的种类、名称及其作用见表 4-1。

表 4-1 焊条药皮原料的种类、名称及其作用

原料种类	原料名称	作用
稳弧剂	碳酸钾、碳酸钠、大理石、长石、钛白粉、钠水玻璃、钾水玻璃	改善引弧性能,提高电弧燃烧的稳定性
造气剂	淀粉、木屑、纤维素、大理石	高温分解出大量气体,隔绝空气,保护焊接熔滴与熔池

续表

原料种类	原料名称	作用
造渣剂	大理石、氟石、菱苦土、长石、锰矿、钛铁矿、黄土、钛白粉、金红石	形成具有一定物理-化学性质的熔渣,保护焊缝。碱性渣中的 CaO 还可起脱硫、脱磷作用
脱氧剂	锰铁、硅铁、钛铁、铝铁、石墨	降低电弧气氛和熔渣的氧化性,脱除熔滴和熔池金属中的氧。锰还起脱硫作用
合金剂	锰铁、硅铁、钛铁、钼铁、钒铁、钨铁	使焊缝金属获得必要的合金成分
黏结剂	钾水玻璃、钠水玻璃	将药皮牢固地黏在钢芯上

2. 焊条的分类

原机械工业部行业标准,按用途将焊条分为十大类;国家标准按化学成分将焊条分为七大类,见表 4-2。

表 4-2　焊条的分类

按用途分类(原机械工业部行业标准)			按化学成分分类(国家标准)		
类别	名称	代号	国家标准编号	名称	代号
一	结构钢焊条	J	GB/T5117—1995	碳钢焊条	E
二	钼和铬钼耐热钢焊条	R	GB/T5118—1995	低合金钢焊条	
三	低温钢焊条	W			
四	不锈钢焊条	G	GB/T983—1995	不锈钢焊条	
五	堆焊焊条	D	GB/T984—2001	堆焊焊条	ED
六	铸铁焊条	Z	GB/T10044—2006	铸铁焊条	EZ
七	镍及镍合金焊条	Ni	—	—	—
八	铜及铜合金焊条	T	GB/T3670—1995	铜及铜合金焊条	TCu
九	铝及铝合金焊条	L	GB/T3669—2001	铝及铝合金焊条	TAl
十	特殊用途焊条	TS	—	—	—

按药皮类型焊条可分为氧化钛型、钛钙型、钛铁矿型、氧化铁型、纤维素型、低氢钾型、低氢钠型、石墨型和盐基型焊条等。

按熔渣性质可分为酸性焊条和碱性焊条两大类。

(1)酸性焊条的药皮中含有大量酸性氧化物,其焊接工艺好,电弧稳定性好,脱渣性好,焊缝美观。酸性焊条一般均可采用交、直流电源施焊。酸性焊条的药皮中含有较多的二氧化硅、氧化铁及氧化钛,氧化性较强,焊缝金属中的氧含量较高,合金元素烧损较多,合金过渡系数较小,熔敷金属中含氢量也较高,因而焊缝金属塑性和韧度较低。

(2)碱性焊条的药皮中含有大量的碱性氧化物。由于焊条中含有较多的大理石、萤石等成分,它们在焊接冶金反应中生成 CO_2 和 HF,因此降低了焊缝中的含氢量,所以碱性焊条又称低氢焊条。碱性焊条的焊缝具有较高的塑性和冲击韧度,但操作性差、电弧不够稳定、成本高,故只适合焊接重要的、刚度较大的结构件。

3. 焊条的型号及牌号

型号是国家标准中规定的各种焊条的代号,型号涵盖熔敷金属的力学性能、药皮类型、焊接位置和焊接电源种类等信息。碳钢焊条型号的表示方法如下:

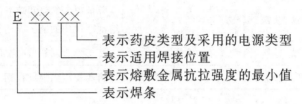

首位字母"E"表示焊条;前面两位数字表示熔敷金属抗拉强度的最小值,单位为 MPa;第三位数字表示焊条适用的焊接位置,"0"和"1"表示焊条适用于全位置焊接(平焊、立焊、仰焊、横焊),"2"表示焊条适用于平焊及平角焊,"4"表示焊条适用于向下立焊;第三位和第四位数字组合表示焊接电流种类及药皮类型,如"03"为钛钙型药皮,交流或直流正、反接,"15"为低氢钠型药皮,直流反接;在第四位数字之后附加"R"表示耐吸潮焊条,附加"M"表示耐吸潮和力学性能有特殊规定的焊条,附加"—1"表示冲击性能有特殊规定的焊条。

如型号 E4315 表示的是碳钢焊条;熔敷金属的抗拉强度最小值大于等于 430 MPa;适用于全位置焊接;药皮类型为低氢钠型;应采用直流反接。

牌号是焊条行业统一规定的各种系列品种的焊条代号。一般用一个大写拼音字母和三个数字表示。如 J422、J507 等。第一个大写拼音字母表示该焊条的类别,例如 J(或"结")代表结构钢焊条(包括碳钢和低合金钢焊条)、A 代表奥氏体铬镍不锈钢焊条等;字母后面有三位数字,其中前两位数字在不同类别焊条中的含义是不同的,对于结构钢焊条而言,此两位数字表示焊缝金属最低的抗拉强度,单位是 kgf/mm²;第三位数字均表示焊条药皮类型和焊接电源要求。如 J422 ,"J"表示结构钢焊条,"42"表示焊缝金属抗拉强度不低于 420 MPa,"2"表示钛钙型药皮,采用直流或交流。

4. 焊条的选用原则

(1)等强度原则   对于承受静载荷或一般载荷的工件,通常要求焊缝与母材抗拉强度相等或相近,因此可根据钢材强度等级来选用相应的焊条。适用于低碳钢和普通低合金钢构件。

(2)同成分原则   按母材化学成分选用相应成分焊条。适用于不锈钢、耐热钢等焊条的选用,这样就能保证焊缝金属具有同母材一样的抗腐蚀性、热强性等性能及与母材有良好的熔合。

(3)低成本原则   在满足使用要求的前提下,尽量选用工艺性能好、成本低和效率高的焊条。

(4)焊条工艺性能原则   能满足施焊操作需要,如在非水平位置焊接时,应选用适合于各种位置焊接的焊条。

4.2.3 焊接工艺

1.焊接位置

熔化焊时,焊缝所处的空间位置称为焊接位置,有平焊、立焊、横焊和仰焊位置,如图4-5所示。

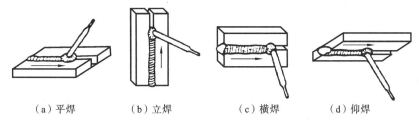

|（a）平焊|（b）立焊|（c）横焊|（d）仰焊|

图 4-5 各种焊接位置

在平焊位置进行的焊接称为平焊。平焊位置操作方便、劳动条件好、焊接时熔滴受重力作用垂直下落至熔池、熔融金属不易向四周散失、易于保证焊缝质量、生产效率高,是最理想的焊接操作位置。在立焊位置上进行的焊接称为立焊。在横焊位置上进行的焊接称为横焊。立焊和横焊因熔池金属有滴落趋势,焊接技术要求高,焊缝成形不好。在仰焊位置上进行的焊接称为仰焊。仰焊的熔滴过渡和焊缝成形都很困难,是尽量避免的焊接操作位置。

2.接头及坡口形式

焊接过程中,由于焊件的厚度、结构及使用条件的不同,其接头形式和坡口形式也不同。基本的接头形式有四种,分别为对接接头、T形接头、角接接头和搭接接头,如图 4-6 所示。其他类型的接头有十字接头、端接接头、斜对接接头、卷边接头、套管接头、锁底对接接头等。

对接接头受力状况较好,应力集中较小,能承受较大的静载荷或动载荷,是焊接结构中采用最多的一种接头形式;由于 T 形(十字)接头焊缝向母材过渡较急剧,接头在外力作用下力线扭曲很大,造成应力分布极不均匀且比较复杂;在角焊缝根部和趾部都有很大的集中应力,因而角接接头承载能力很差,一般用于不重要的焊接结构或箱形物体上;搭接接头应力分布不均匀,承载能力较低,但是由于搭接接头焊前准备和装配工作简单,焊后横向收缩量也较小,因此在焊接结构中仍然得到应用。

根据设计和工艺的需要,在焊件待焊部位加工并装配成一定几何形状的沟槽,称为坡口。坡口的形式很多,如图 4-6 所示,基本形式有 I 形、V 形、X 形和 U 形坡口等。对焊件厚度小于 6 mm 的焊缝,可以不开坡口或开 I 形坡口;而中厚度和大厚度板对接焊时,为保证熔透,必须开坡口。V 形坡口便于加工,但零件焊后易发生变形;X 形坡口可以避免 V 形坡口的一些缺点,同时可减少填充材料;U 形及双 U 形坡口根部较宽,允许焊条深入,容易焊透,而且坡口角度小,焊条消耗量较小,焊后变形也小,但坡口加工困难,一般用于重要的焊接结构。

3.焊接工艺参数

焊接时,为保证焊接质量必须确定正确的焊接工艺参数。焊条电弧焊的工艺参数主要

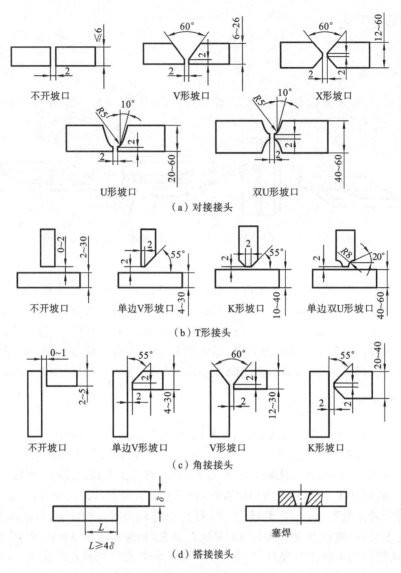

图 4-6　手弧焊接头形式和坡口形式

包括焊条直径、焊接电流、电弧电压、焊接速度和电源种类等,其中尤为重要的是焊条直径和焊接电流。

1) 焊条直径

　　焊条直径的选择主要取决于焊件厚度、接头形式、焊缝位置和焊接层次等因素。一般情况下,可根据表 4-3 按焊件厚度选择焊条直径,并倾向于选择较大直径的焊条。另外,相同的板厚由于焊缝位置的不同,所选焊条直径也有区别:平焊时直径可以大一些;立焊时所选焊条直径不超过 5 mm;横焊和仰焊时直径不超过 4 mm(形成较小熔池,减少熔化金属下淌);开坡口多层焊接时,第一层焊缝宜采用直径较小的焊条,一般为 2.5 mm 或 3.2 mm 的焊条,这是因为第一层焊条直径过大时,焊条不能深入坡口根部而造成电弧过长,容易产生未焊透缺陷,以后各层可以根据焊件厚度选用较大直径的焊条。

表 4-3　焊条直径与焊件厚度的关系

焊件厚度/mm	<2	2	3	4～5	6～12	≥12
焊条直径/mm	1.6	2	3.2	3.2～4	4～5	4～6

2）焊接电流

焊接电流的大小主要根据焊条直径来确定。焊接电流过小，焊接生产效率低，电弧不稳定，还可能产生未焊透缺陷；焊接电流太大则会引起熔化金属的飞溅，甚至烧穿工件。对于一般钢材的工件，选择的焊条直径在 3～6 mm 时，可按下面的经验公式计算焊接电流的参考值。

$$I = (30～55)d$$

式中：I 为焊接电流（A）；

　　　d 为焊条直径（mm）。

此外，电流的大小还与接头形式和焊缝在空间的位置等因素有关。立焊、横焊时的焊接电流应比平焊减少 10%～15%，仰焊则减少 15%～20%。

3）焊接电源种类和极性的选择

用交流电源焊接时，电弧稳定性差；采用直流电源焊接时，电弧稳定、柔顺，金属飞溅小。低氢型焊条的电弧稳定性差，通常必须采用直流弧焊电源。焊接薄板时，焊接电流小，电弧不易稳定，因此不论用酸性焊条还是碱性焊条都选用直流并反接。

4）电弧电压

电弧电压由电弧长度决定（即焊条焊芯端部与熔池之间的距离）。电弧长，电弧电压高，电弧燃烧不易稳定，熔深减小，飞溅增加，易产生焊接缺陷；电弧越短，电弧电压越低，对保证焊接质量越有利。一般要求电弧长度不超过焊条直径。

5）焊缝层数

焊缝层数视焊件厚度而定。中、厚板一般都采用多层焊。焊缝层数越多越有利于提高焊缝金属的塑性、韧性。对质量要求较高的焊缝，每层厚度最好不大于 5 mm。图 4-7 所示为多层焊的焊缝及焊接顺序。焊接层数主要根据钢板厚度、焊条直径、坡口形式和装配间隙等来确定，可做如下近似估算：

$$n = \delta/d$$

式中：n 为焊接层数；

　　　δ 为工件厚度（mm）；

　　　d 为焊条直径（mm）。

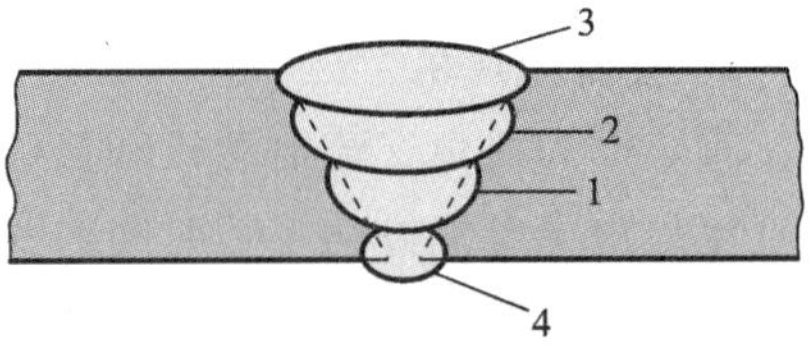

图 4-7　多层焊的焊缝及焊接顺序

6）焊接速度

单位时间内完成的焊缝长度称为焊接速度。如果焊接速度过慢，会使高温停留时间较长，热影响区宽度增加，焊接接头的晶粒变粗，力学性能下降；如果速度过快，熔池温度不够，易产生未焊透、未熔合等缺陷。由于焊接速度直接影响焊接生产效率，因此在保证焊缝质量的基础上，应适当控制焊接速度，这需要丰富的实践经验。

4.2.4　焊接设备与工具

1. 常用焊条电弧焊机

目前，我国焊条电弧焊机有三大类：弧焊变压器、直流弧焊发电机、弧焊整流器。直流弧焊发电机稳弧性好、经久耐用,电网电压波动的影响小,但硅钢片和铜导线的需要量大,结构复杂、成本高,正逐渐被淘汰。随着制造质量的提高,弧焊整流器得到越来越广泛的应用,并且出现了一些新型焊机,如逆变型弧焊电源等。

1)交流电焊机

交流电焊机的外形如图 4-8 所示,它实际上是一种特殊的降压变压器,可将电源电压(220 V 或 380 V)降至空载时的 60~70 V,工作电压为 30 V,同时能输出很大的电流,从几十安培到几百安培。根据焊接需要,能调节电流大小。电流的调节分粗调和细调两级。粗调是改变输出抽头的接法,调节范围大。细调是旋转调节手柄,将电流调节到所需要的数值。交流电焊机结构简单、制造和维修方便、价格低、工作噪声小,因而应用很广。缺点是焊接电弧不够稳定。

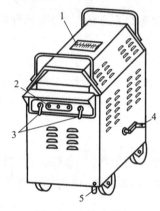

图 4-8　交流电焊机

1—电流指示盘;2—线圈抽头(粗调电流);
3—焊接电源两极;4—调节手柄(细调电流);
5—接地螺钉

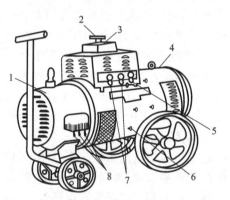

图 4-9　旋转式直流弧焊机

1—交流电动机;2—调节手柄(细调电流);
3—电流指示盘;4—直流发电机;
5—正极抽头(粗调电流);6—接地螺钉;
7—焊接电源两极(接工件和焊条);8—接外电源

2)直流电焊机

直流电焊机由交流电动机和特殊的直流发电机组成,用交流电动机拖动直流发电机提供直流。由于电流方向不随时间的变化而变化,因此电弧稳定性好,运行使用可靠,有利于掌握和提高焊接质量。使用直流弧焊机时,其输出端有固定的极性,即有确定的正极和负极,因此焊接导线的连接有两种接法:正接法,焊件接直流弧焊机的正极,电焊条接负极;反接法,焊件接直流弧焊机的负极,电焊条接正极。由于电弧正极区的温度高,负极区的温度低,因此正接法时,工件的温度高,用于焊接黑色金属;反接法用于焊接有色金属和薄钢板。图 4-9 所示是旋转式直流弧焊机的外形,它的特点是能够得到稳定的直流电,因此,引弧容易,电弧稳定,焊接质量较好。

2. 焊条电弧焊所用工具

(1)电焊钳　又称焊把,是用以夹持焊条、传导焊接电流的工具,如图 4-10(a)所示。要求导电性能良好、外壳绝缘性和隔热能力强、装夹焊条方便、夹持牢固和安全耐用等。电焊钳有各种规格,以适应各种标准焊条直径的需要。

(2)面罩和护目镜　如图 4-10(b)所示,面罩是防止焊接飞溅、弧光及其他辐射对操作

　　（a）焊钳　　　　　（b）面罩　　　　（c）清渣锤　　　（d）钢丝刷

图 4-10　焊条电弧焊工具

者面部及颈部损伤的一种遮蔽工具,有手持式和头盔式两种。要求质轻、坚韧、绝缘性和耐热性好。面罩正面安装有护目滤光片,即护目镜,起减弱弧光强度、过滤红外线和紫外线以保护操作者眼睛的作用。

　　（3）清渣锤　用来清除焊渣的一种尖锤,可以提高清渣效率,如图 4-10（c）所示。

　　（4）钢丝刷　焊接之前用来清除焊件表面的铁锈、油污等氧化物;焊接之后用来清刷焊缝表面及飞溅物,如图 4-10（d）所示。

　　（5）焊条保温筒　使用低氢型焊条焊接重要结构时,焊条必须先进烘箱烘焙,从烘箱中取出后应放入焊条保温筒中。焊条保温筒能保持一定温度以防止焊条受潮,有立式和卧式两种,如图 4-11 所示。通常是利用弧焊电源二次电压对筒内加热,温度一般在 100 ℃～450 ℃之间,能维持焊条药皮含水率不大于 0.4%。

　　（6）焊缝接头尺寸检测器　用来测量坡口角度、间隙、错边,以及余高、焊缝宽度、角焊缝厚度等尺寸。由直尺、探尺和角度规组成,如图 4-12 所示。

图 4-11　焊条保温筒　　　　　　　　图 4-12　焊缝接头尺寸检测器

　　（7）气动打渣工具及高速角向砂轮机　主要用于焊后清渣、焊缝修正及坡口准备。

4.2.5　焊接操作

1. 准备工作

　　（1）熟悉构件的焊接工艺、焊缝尺寸要求,选择施焊方法。

　　（2）准备好工具及防护用品,检查调整设备,使其导线、电缆接触良好,如有漏电之处,应立即拉下电源开关,通知电工修理。电焊钳应绝缘可靠,禁止私自触动。

　　（3）检查施焊工地零件堆放是否安全,施焊件支撑是否可靠平稳。

　　（4）焊缝间隙和坡口形式尺寸应符合产品图样要求。若图样无要求,在板厚小于或等于 6 mm 时,焊缝间隙不大于 2 mm;板厚大于 6 mm 时,焊缝间隙不大于 3 mm。

（5）清除焊缝边缘 10 mm 范围内的油、锈、水分等污物。对于铸钢件，应将焊接处的砂子、氧化物清理干净，露出金属光泽。

（6）调整好焊接位置，尽量采用水平和船形位置施焊。

（7）电焊机禁止放置在高温场所和潮湿地方；电焊机要求有可靠而牢固的接地或接零。

（8）工作地点周围不得有易燃易爆物品，且距离乙炔瓶和氧气瓶 5 m 以上。

2. 基本操作方法

1）引弧

引弧就是将焊条与工件接触，形成短路，然后迅速将焊条提起 2～4 mm，使焊条和工件之间产生稳定的电弧。若焊条提起距离太高，则电弧立即熄灭；若焊条与焊件接触时间太长，就会黏条，产生短路，这时可左右摆动拉开焊条重新引弧或松开电焊钳，切断电源，待焊条冷却后再作处理；若焊条与焊件经接触而未起弧，往往是焊条端部有药皮等妨碍了导电，这时可点击几下，将这些绝缘物清除，直到露出焊芯金属表面为止。

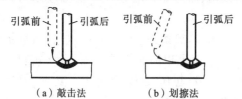

（a）敲击法　　　（b）划擦法

图 4-13　引弧的方法

引弧有划擦法和敲击法两种，如图 4-13 所示。划擦法类似擦火柴，焊条在工件表面划一下即可，操作简单，容易掌握。敲击法需将焊条垂直地触及工件表面后立即提起。

2）运条

焊条的操作运动简称为运条。焊条的操作运动实际上是一种合成运动，即焊条同时完成三个基本方向的运动：焊条沿焊接方向逐渐移动；焊条向熔池方向作逐渐送进运动；焊条的横向摆动。运条包括控制焊条角度、焊条送进、焊条摆动和焊接前移，如图 4-14 所示。常见的焊条运条方法如图 4-15 所示，直线形运条法适用于板厚 3～5 mm 的不开坡口对接平焊；锯齿形运条方法多用于厚板的焊接；月牙形运条法对熔池加热时间长，容易使熔池中的气体和熔渣浮出，有利于得到高质量焊缝；正三角形运条法适合于不开坡口的对接接头和 T 字接头的立焊；正圆圈形运条法适合于焊接较厚零件的平焊缝。

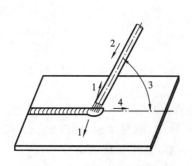

图 4-14　焊条运动和角度控制

1—横向摆动；2—焊条送进运动；
3—夹角为 70°～80°；4—焊条前移

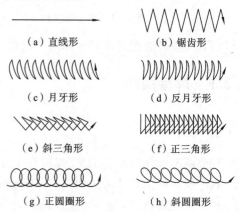

（a）直线形　　　　　（b）锯齿形

（c）月牙形　　　　　（d）反月牙形

（e）斜三角形　　　　（f）正三角形

（g）正圆圈形　　　　（h）斜圆圈形

图 4-15　常见的焊条运条方法

3）灭弧（熄弧）

在焊接过程中，电弧的熄灭是不可避免的。灭弧不好，会形成很浅的熔池，焊缝金属的密度和强度差，因此最易形成裂纹、气孔和夹渣等缺陷。灭弧时将焊条端部逐渐往坡口斜角方向拉，同时逐渐抬高电弧，以缩小熔池，减小金属量及热量，使灭弧处不致产生裂纹、气孔等缺陷。灭弧时堆高弧坑的焊缝金属，使熔池饱满地过渡，焊好后，应锉去或铲去多余部分。灭弧操作方法有多种，如图 4-16 所示，图（a）是将焊条运至接头的尾部，焊成稍薄的熔敷金属，将焊条运条方向反过来，然后将焊条拉起来灭弧；图（b）是将焊条握住不动一定时间，填好弧坑然后拉起来灭弧。

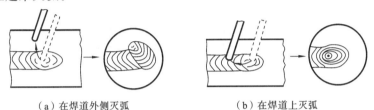

（a）在焊道外侧灭弧　　　　　　　（b）在焊道上灭弧

图 4-16　灭弧操作方法

4.3　气焊与气割

气焊是利用可燃气体与助燃气体混合燃烧形成的火焰作为热源，熔化焊件和焊接材料使之达到原子间结合的一种焊接方法。

气割是利用可燃气体与氧气混合燃烧的火焰热能将工件切割处预热到一定温度后，喷出高速切割氧流，使金属剧烈氧化并放出热量，利用切割氧流把熔化状态的金属氧化物吹掉，而实现切割的方法。金属的气割过程实质是铁在纯氧中的燃烧过程，而不是熔化过程。

可燃气体主要采用乙炔、液化石油气等，助燃气体主要是氧气。

气焊与气割有下列特点：① 设备简单、使用灵活；② 对铸铁及某些有色金属的焊接有较好的适应性；③ 在电力供应不足的地方需要焊接时，气焊可以发挥更大的作用；④ 生产效率较低；⑤ 焊接后工件变形和热影响区较大；⑥ 较难实现自动化。

4.3.1　气焊设备、工具

气焊应用的设备包括氧气瓶、乙炔瓶（或乙炔发生器）、回火防止器、焊炬和减压器等。它们之间用胶管连通，形成整套系统，如图 4-17 所示。

1. 氧气瓶

氧气瓶是一种储存和运输氧气用的高压容器，外表面涂天蓝色漆，并标有明显的黑字"氧气"。氧气瓶内氧气压力为 15 MPa。放置氧气瓶必须平稳可靠，不应与其他气瓶混放在一起，运输

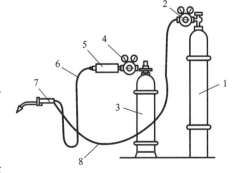

图 4-17　气焊设备及其连接

1—氧气瓶（天蓝色）；2—氧气减压器；
3—乙炔瓶（白色）；4—乙炔减压器；5—回火防止器；
6—乙炔管（红色）；7—焊炬；8—氧气管（黑色）

时避免相互碰撞。氧气瓶不得靠近气焊工作地点和其他热源。

2. 乙炔发生器

乙炔发生器是利用电石和水相互作用制取乙炔的设备。乙炔瓶外表涂白色油漆,并用红色油漆写上"乙炔"字样。乙炔发生器分为低压式和中压式两类。低压式乙炔发生器制取乙炔压力为 45 kPa;中压式乙炔发生器制取乙炔压力在 45~150 kPa 之间。现在多数使用排水式中压乙炔发生器。低压式浮桶乙炔发生器由于安全性能差已逐渐被淘汰。

3. 溶解乙炔气瓶

乙炔具有大量溶解在丙酮溶液中的特点,因此可以利用溶解乙炔气瓶来储存和运输乙炔气。与用乙炔发生器直接制取乙炔相比,采用溶解乙炔具有下列许多优点。

(1) 由于溶解乙炔气是由专业化工厂生产的,可节省电石 30% 左右。

(2) 溶解乙炔气的纯度高,有害杂质和水分含量很少,可提高焊接质量。

(3) 乙炔气瓶比乙炔发生器具有较高的安全性,因此允许在热车间和锅炉房使用。而在这些场所是不允许使用乙炔发生器的,其原因是避免从发生器中漏出气态乙炔,造成爆炸着火。

(4) 乙炔气瓶可以在低温情况下工作,不存在因水封回火防止器及胶管中水分结冰而停止供气的现象,对北方寒冷地区更具有优越性。

(5) 焊接设备轻便,操作简单,工作地点也较清洁卫生。因为没有电石、给水、排水和储存电石渣的装置,也省去经常性的加料、排渣和管理发生器等操作事项。

(6) 溶解乙炔气的压力高,能保持焊炬和割炬的工作稳定。

4. 回火防止器

回火防止器是一种安全装置,其作用是在气焊、气割过程中一旦发生回火时,能自动切断气源,有效地堵截回火气流方向回烧,防止乙炔发生器(溶解乙炔气瓶)爆炸,有水封式和干式两种结构。

5. 减压器

减压器的作用是把储存在气瓶内的高压气体减到所需要的工作压力,并保持输出压力稳定。减压器有氧气用、乙炔气用等种类,不能相互混用。

6. 气焊焊炬

焊炬的作用是将乙炔和氧气按一定比例均匀混合,由焊嘴喷出、点火燃烧,产生气体火焰。常用的氧乙炔射吸式焊炬外形构造如图 4-18 所示。各种型号的焊炬均配备 3~5 个大

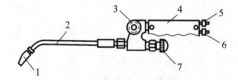

图 4-18　氧乙炔射吸式焊炬

1—焊嘴;2—混合管;3—乙炔阀门;4—手把;5—乙炔管;6—氧气管;7—氧气阀门

小不同的焊嘴,以便在焊接不同厚度的焊件时使用。

4.3.2　焊丝与焊剂

1. 焊丝

气焊所用的焊丝是没有药皮的金属丝,其成分与工件基本相同,原则上要求焊缝与工件达到相等的强度。常见的焊丝有低碳钢类、铸铁类、不锈钢类、黄铜类、铝合金类等,其型号、牌号应根据焊件材料的力学性能或化学成分进行选择。焊丝的直径则根据焊件的厚度来决定,焊接 5 mm 以下板材时焊丝直径要与焊件厚度相近。焊丝的熔点应等于或略低于被焊金属的熔点。

2. 焊剂

焊接低碳钢时,只要接头表面干净,不必使用焊剂。焊接合金钢、铸铁和有色金属时,熔池中容易产生高熔点的稳定氧化物,如 Cr_2O_3、SiO_2 和 Al_2O_3 等,使焊缝中夹渣。故在焊接时,使用适当的焊剂,可与这类氧化物结成低熔点的熔渣,以利于浮出熔池。因为金属氧化物多呈碱性,所以一般都用酸性焊剂,如硼砂、硼酸等。但焊铸铁时,往往有较多的 SiO_2 出现,因此通常又会采用碱性焊剂,如碳酸钠和碳酸钾等。

4.3.3　气焊基本操作

1. 点火、火焰调节与灭火

点火时,先微开氧气阀门,再打开乙炔阀门,随后点燃火焰,这时的火焰是碳化焰。然后,逐渐开大氧气阀门,将碳化焰调整成中性焰。同时,按需要把火焰调整到合适的大小。灭火时,应先关乙炔阀门,后关氧气阀门。

气焊火焰的类型如图 4-19 所示。图(a)所示为中性焰,由焰心、内焰和外焰三部分组成。中性焰乙炔燃烧充分、火焰温度高。中性焰应用最广泛,适用于焊接低碳钢、中碳钢、合金钢、纯铜和铝合金等材料。图(b)所示为碳化焰,也由焰心、内焰和外焰组成。由于氧气不足,燃烧不完全,火焰中含有游离碳,具有较强的还原性和一定的渗碳作用,适用于焊接高碳钢、铸铁和硬质合金等材料。图(c)所示为氧化焰,只有焰心和外焰两部分组成。由于氧气过剩,燃烧剧烈,

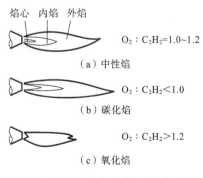

图 4-19　气焊火焰的类型

火焰明显缩短。过剩的氧对熔池金属有强烈的氧化作用,影响焊缝质量,所以应用较少,仅用于焊接黄铜和镀锌钢板。

2. 堆平焊波

(1)焊件准备　将焊件表面的氧化皮、铁锈、油污和脏物等用钢丝刷、砂布等进行清理,

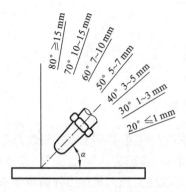

图 4-20　焊嘴倾角与焊件厚度的关系

使焊件露出金属表面。

（2）正常焊接　气焊时，一般用左手拿焊丝，右手拿焊炬，两手的动作要协调，沿焊缝向左或向右焊接。焊嘴轴线的投影应与焊缝重合，同时要注意掌握好焊嘴与焊件的夹角 α，如图 4-20 所示。焊件愈厚，α 愈大。在焊接开始时，为了较快地加热焊件和迅速形成熔池，α 应大些。正常焊接时，一般保持 α 在 $30°\sim50°$ 范围内。焊炬向前移动的速度应能保证焊件熔化并保持熔池具有一定的大小。焊件熔化形成熔池后，再将焊丝适量地点入熔池内熔化。

（3）焊缝收尾　当焊到焊缝终点时，由于端部散热条件差，应减小焊炬与焊件的夹角（$20°\sim30°$）。同时要增加焊接速度和多加一些焊丝，以便更好地填满熔池和避免焊穿。

4.3.4　气割基本操作

割炬是气割时所用的工具，割炬按预热火焰中氧气和乙炔的混合方式不同分为射吸式和等压式两种，其中以射吸式割炬的使用最为普遍，其外形如图 4-21 所示。割炬的作用是使氧与乙炔按比例进行混合，形成预热火焰，并将高压纯氧喷射到被切割的工件上，使被切割金属在氧射流中燃烧，氧射流并把燃烧生成的熔渣（氧化物）吹走而形成割缝。

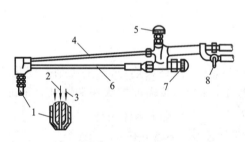

图 4-21　射吸式割炬

1—割嘴；2—切割氧气；3—混合气体；4—切割氧气管；
5—切割氧气阀门；6—混合管；7—预热氧气阀门；8—乙炔阀门

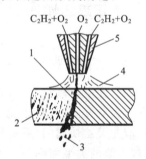

图 4-22　气割过程

1—氧流；2—割口；3—氧化物；
4—预热火焰；5—割嘴

1. 气割过程

气割是低碳钢和低合金钢切割中使用最普遍、最简单的一种方法。氧气切割（简称气割）是利用气体火焰（氧-乙炔焰）燃烧产生的高温来切割工件的方法。气割过程如图 4-22 所示。气割时，先把工件切割处的金属预热到它的燃烧点，然后以高速纯氧气流猛吹。这时金属就发生剧烈氧化，所产生的热量把金属氧化物熔化成液体，同时，氧气气流又把氧化物的熔液吹走，工件就被切割出了整齐的缺口。只要把割炬向前移动，就能把工件连续切开。

2. 气割的条件

金属的性质必须满足下列几个基本条件，才能进行气割。

（1）金属的燃烧点应低于其熔点。例如，低碳钢在氧气中的燃点约为 1 350 ℃而熔点约为 1 500 ℃，所以低碳钢具有良好的气割性能，而高碳钢、铸铁不能满足这一要求。

（2）金属氧化物的熔点应低于金属的熔点，以便及时将氧化物吹去形成光滑切口，否则高熔点的氧化物会阻碍下层金属与切割氧的接触，使气割发生困难。

（3）金属材料燃烧时能释放出较多的热量，而本身的导热性不能过高。这是保证下层金属能够迅速预热至燃点使切割连续进行的基本条件。否则，不能对下层和前方待切割金属集中进行加热，待切割金属难以达到燃点温度，使切割很难继续进行。

3. 气割的工艺参数

气割工艺参数包括切割氧压力、预热火焰、切割速度、割嘴倾角等。

（1）切割氧压力　割件厚度增加，切割氧压力随之增加。在一定的切割厚度下，若压力不足，会使切割过程的氧化反应减慢，切口下缘容易形成黏渣，甚至割不穿工件；氧压过高时，不仅造成氧气浪费，同时还会使切口变宽，切割面粗糙度增大。

（2）预热火焰　预热火焰应采用中性焰，其作用是将割件切口处加热至能在氧流中燃烧的温度，同时使切口表面的氧化皮剥落和熔化。

（3）切割速度　切割速度与割件厚度、切割氧纯度与压力、割嘴的气流孔道形状等有关。割速过慢会使切口上缘熔化，过快则产生较大的后拖量，甚至无法割透。

（4）割嘴倾角　割嘴与工件表面的距离应始终使预热火焰的焰心端部距离工件表面 3～5 mm，同时割炬与工件之间应始终保持一定的倾角，如图 4-23 所示。割嘴应与切口两边垂直，见图 4-23（a），否则会切出斜边，影响工件尺寸精度。当切割厚度小于 5 mm 的工件时，割嘴应向后倾斜 5°～10°，见图 4-23（b）。当切割厚度为 5～30 mm 的工件时，割嘴应垂直于工件，见图 4-23（c）。如果工件厚度大于 30 mm，开始时割嘴应向前倾斜 5°～10°，待切透后，割嘴应垂直于工件，而结束时割嘴应向后倾斜 5°～10°，见图 4-23（d）。

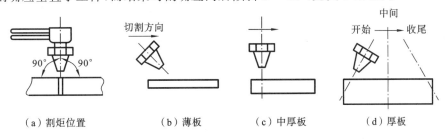

（a）割炬位置　　　（b）薄板　　　（c）中厚板　　　（d）厚板

图 4-23　割炬与工件之间的倾角

4. 气割操作

（1）气割前，应根据工件厚度选择好割嘴大小和切割氧压力，将工件割缝处的水分、锈迹和油污清理干净，划好切割线。割缝的背面留一定的空间便于切割氧气流的冲出。点火操作时先微开氧气阀门，再大开乙炔阀门，用明火点燃火焰后，将碳化焰调节成中性焰，然后将切割氧气阀门打开，观察混合气预热火焰是否能在切割氧气压力下变成碳化焰。

（2）用预热火焰将切口始端预热到金属的燃点（呈亮红色），然后打开切割氧气阀门，待切口始端被割穿后，即移动割炬进入正常切割。

4.4 常见焊接缺陷及检验方法

常见焊接缺陷有焊接变形,焊缝缺陷有气孔、夹渣、焊接裂纹、未焊透等。本节分析产生这些缺陷的各种原因,给出减少及预防出现缺陷的措施,然后介绍常用焊接质量的检验方法。

4.4.1 焊接变形

1. 焊接应力与变形

焊接时,由于工件是不均匀的局部加热和冷却,造成焊件的热胀冷缩速度和组织变化先后不一致,从而导致焊接应力和变形的产生。变形是焊件自身降低其应力状态的结果,变形的表现形式与工件的截面尺寸、焊缝布置、焊接元件的组合方式及焊接接头的形式等因素有关。焊接变形的基本形式有收缩变形、角变形、弯曲变形、扭曲变形和波浪形变形等,如图4-24所示。

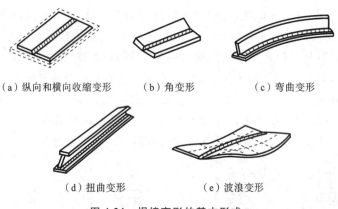

(a) 纵向和横向收缩变形　　　(b) 角变形　　　(c) 弯曲变形

(d) 扭曲变形　　　(e) 波浪变形

图 4-24　焊接变形的基本形式

2. 预防和减小焊接应力及焊接变形的措施

(1) 合理设计焊接结构　尽量减少焊缝及焊缝的长度和截面积,并尽量使结构中的所有焊缝对称,避免交叉焊缝等。

(2) 反变形法　根据实验或计算,确定工件焊后产生变形的方向和大小,焊前将工件预先斜置或弯曲成等值反向角度,以期达到焊后与所要求的工件角度正好吻合,如图 4-25 所示。

(3) 刚性固定法　采用工装夹具或定位焊固定,可以显著减小焊后角变形和波浪变形,对防止弯曲变形的效果不如反变形法,如图 4-26 所示。

(4) 合理的焊接顺序　尽量使焊缝的纵向和横向都能自由收缩,避免交叉焊缝处应力过大产生裂纹;采用对称焊接顺序以减小变形;长焊缝可采用分段退焊法或跳焊法。如图 4-27 所示为工字梁合理的焊接顺序。

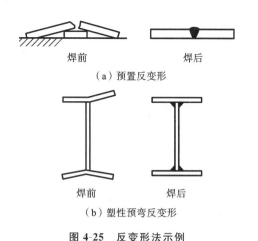

（a）预置反变形

焊前　　　　　焊后

（b）塑性预弯反变形

图 4-25　反变形法示例

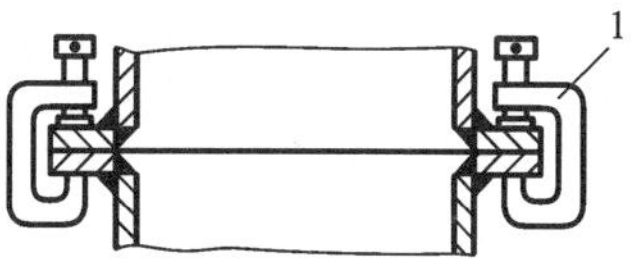

（a）用夹具夹紧凸缘

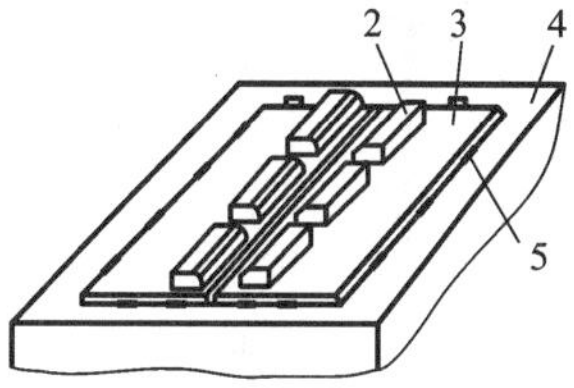

（b）用压铁压紧薄板

图 4-26　刚性固定法防止角度变形示意图

1—固定夹；2—压铁；3—焊件；

4—平台；5—定位焊点

（5）焊前预热　焊前对焊件预热，可减少焊件各部分的温差，对减小焊接应力与变形较为有效。重要焊件可整体预热。局部预热即焊前选择焊件的合理部位局部加热使其伸长，焊后冷却时，加热区与焊缝同时收缩。

（6）焊后热处理　采取去应力退火的方法将焊件整体或局部加热到 $600 \sim 650$ ℃，保温一定时间后缓慢冷却。

（7）捶击焊缝法　用圆头小锤对焊后红热的焊缝金属进行均匀适度捶击，以使其延伸变形，同时释放出部分能量，减小焊接应力和变形。

3. 焊接变形的矫正

（1）机械矫正法，即用机械的方法将变形矫正过来，生产中常用的设备有辊床、压力机、矫直机等。薄板焊接最常见的变形为波浪变形，其矫正较难，一般用锤击法进行矫正。机械矫正示例如图 4-28 所示。

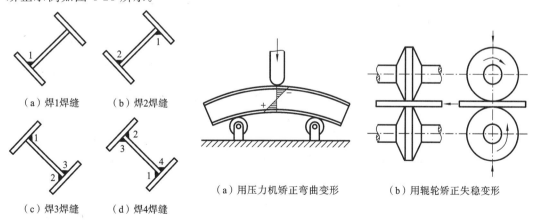

（a）焊1焊缝　　　（b）焊2焊缝

（c）焊3焊缝　　　（d）焊4焊缝

图 4-27　工字梁合理的焊接顺序

（a）用压力机矫正弯曲变形　　（b）用辊轮矫正失稳变形

图 4-28　机械矫正示例

（2）火焰矫正法，加热焊件的某些部位使其受热膨胀，受周围冷金属制约引起长度方向被压缩，冷却时收缩而矫正变形。梁变形的火焰矫正示例如图 4-29 所示。火焰矫正法操作简单、机动灵活、适用面广。在使用时应控制温度和加热位置。对低碳钢和普通低合金钢常采用 600～800 ℃ 的加热温度。

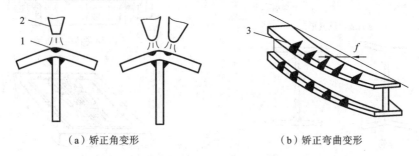

（a）矫正角变形　　　　　　　　（b）矫正弯曲变形

图 4-29　梁变形的火焰矫正示例

1,3—加热区域；2—焰炬；f—挠度

4.4.2　焊缝的缺陷

焊接接头处常见的缺陷主要有气孔、夹渣、焊接裂纹、未焊透、未融合、咬边等，其特征、产生原因及预防措施见表 4-4。

表 4-4　常见焊接缺陷的特征、产生原因及预防措施

缺陷名称	缺陷示意图	缺陷特征	产生原因	预防措施
气孔		焊接时熔池中的气体在焊缝凝固时未能逸出而留下来形成的空穴	焊接材料不清洁；焊条药皮中水分过多；焊接规范不恰当，冷速太快，电弧太长，保护不好，大气侵入	仔细清理焊件的待焊表面及附近区域；烘干焊条；采用合适的焊接电流；正确操作
夹渣		焊后残留在焊缝中的熔渣	焊道间的熔渣未清理干净；焊接电流太小、焊接速度太快	仔细清理待焊表面；多层焊时层间要彻底清渣；减缓熔池的结晶速度
未焊透		焊缝金属与母材之间未被电弧熔化而留下空隙，常发生在单面焊根部和双面焊中部	坡口角度或间隙太小，钝边过厚；坡口不洁，焊条太粗，焊速过快、焊接电流太小；操作不当	坡口角度、间隙、钝边必须合乎规范；选择合适的焊接参数；双面焊时背面必须彻底清根；若用 CO_2 气体保护焊，可用陶瓷衬垫实施单面焊双面成形
咬边		沿焊趾的母材部分产生的沟槽或凹陷	焊接电流过大、电弧过长；焊条角度不当等所致	选择正确的焊接电流和焊接速度；掌握正确的运条方法；采用合适的焊接角度和弧长

续表

缺陷名称	缺陷示意图	缺陷特征	产生原因	预防措施
裂纹		焊接过程中或焊接完成后,在焊接接头区域内出现的金属局部破裂现象	母材硫、磷含量高;焊缝冷速太快,焊接应力大;焊接材料或工件材料选择不当;焊接结构设计不合理	限制原材料中硫、磷的含量;焊前预热;减小合金化、选用抗裂性好的低氢型焊条;清除焊件表面的油污和锈蚀;焊后热处理
烧穿		焊接时,熔深超过焊件厚度,金属液从焊缝反面漏出而形成穿孔	坡口间隙太大;电流太大或焊速太慢;运条方法或焊条角度不当	确定合理的装配间隙;选择合适的焊接规范;掌握正确的运条方法
焊瘤		熔化金属流淌到焊缝之外的母材上而形成的金属瘤	焊接电流太大、电弧太长、焊接速度太慢;焊接位置及运条不当	尽可能采用平焊;正确选择焊接规范;正确掌握运条方法

4.4.3　焊接的检验

对焊接接头进行必要的检验是保证焊接质量的重要措施。因此,工件焊完后应根据产品技术要求对焊缝进行相应的检验。焊接质量的检验包括外观检查、无损探伤和机械性能试验三个方面。

1. 外观检查

外观检查一般采用肉眼观察或借助标准样板、量规和低倍放大镜等工具进行检验。通过外观检查,可发现焊缝表面缺陷,如咬边、表面裂纹、气孔、夹渣等。

2. 无损探伤

无损探伤是对隐藏在焊缝内部的夹渣、气孔、裂纹等缺陷进行检验。目前使用最普遍的是 X 射线检验、超声波探伤和磁粉探伤。

X 射线检验原理如图 4-30 所示,射线通过被检查的焊缝时,有缺陷处和无缺陷处被吸收的程度是不同的,射线透过后其强度的衰减有明显的差异,作用在胶片上感光程度也不一样。这样通过观察底片上的影像能发现焊缝内部的缺陷及种类、大小和分布。

超声波探伤的原理如图 4-31 所示。超声波束由探头发出,

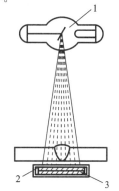

图 4-30　X 射线检验原理
1—X 射线管;2—暗板;3—胶片

传递并穿透金属板,当超声波束传到金属板底面与空气接触的界面时,它会发生折射而通过焊缝。如果焊缝中有缺陷,超声波束就反射到探头而被接受,这时荧光屏上就出现了反射波。对这些反射波与正常波进行比较、鉴别,就可以确定缺陷的大小及位置。

超声波探伤比 X 射线检验简便得多,因而得到广泛应用。但超声波探伤往往只能凭操作经验做出判断,而且不能留下检验根据。

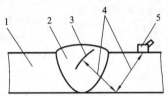

图 4-31 超声波探伤原理示意图

1—工件;2—焊缝;3—缺陷;
4—超声波束;5—探头

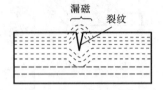

图 4-32 磁粉检验原理图

对于离焊缝表面不深的内部缺陷和表面极微小的裂纹,还可采用磁粉检验法。磁粉检验是利用缺陷部位发生的漏磁吸引磁粉的特性来进行探伤的,原理如图 4-32 所示。磁粉探伤仪的触头接触工件后,通电建立磁场,如果材料没有缺陷,磁场是均匀的,磁力线均匀分布。当有缺陷时,磁阻发生变化,磁力线也改变,绕过缺陷而聚集在材料表面,形成较强的漏磁场,事先撒在工件表面的磁粉就会在漏磁处堆积,从而显示缺陷的位置和轮廓。

3. 水压试验和气压试验

对于要求密封性的受压容器,须进行水压试验或气压试验,以检查焊缝的密封性和承压能力。水压试验时,将被试容器灌满水,彻底排除空气并密封,用压力泵徐徐向容器内加压。升压过程应缓慢进行,当水压达到规定试验压力后,停止加压,关闭进水阀,并保持一定时间,看压力是否有下降现象。此后再将压力缓慢降至规定压力的 80%,保持足够长时间,并对所有焊缝和连接部位进行渗漏检查,如有渗漏,修补后重新试验。

4.5 焊接综合实训

1. 实训名称

实训名称:平敷焊。

2. 实训目的

正确运用焊道的起头、运条、连接和收尾的方法,掌握焊条电弧焊平对焊、平角焊等基本操作。

3. 实训工具及材料

(1)焊机:交流焊机。

（2）工件：低碳钢板,200 mm×150 mm×5 mm。

（3）焊条：E4303,ϕ3.2 mm。

（4）辅助工具：钢丝刷、錾子、锉刀、敲渣锤等。

4. 操作过程与要领

（1）准备工作　清理工件；在工件上画直线,并打冲眼作标记；工件平放,连接好接地线；平焊操作一般采用蹲姿,持焊钳的胳膊可有依托或无依托,电弧引燃后,操作者的视线从焊接电弧一侧呈 45°～70° 视角观察焊接电弧和焊接熔池,如图 4-33 所示。

（2）启动焊机并调节电流。

（3）在距工件端部约 10 mm 处引弧,稍拉长电弧对起头预热,然后压低电弧（弧长≤焊条直径）并减小焊条与焊向角度,从工件端部施焊。

（4）正常焊接采用直线形运条,并仔细观察熔池状态,区分铁水和熔渣。

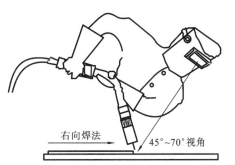

图 4-33　平焊位操作者肢体姿态、视角

（5）收弧　焊接过程中需更换焊条或停弧时,应缓慢拉长电弧至熄灭,防止出现弧坑。

（6）接头　清理原弧坑熔渣,在原弧坑前约 10 mm 引弧,稍拉长电弧到原弧坑 2/3 处预热,压低电弧稍作停留,待原弧坑处熔合良好后,再进行正常焊接。

（7）收尾　采用反复断弧收尾法,快速给熔池 2～3 熔滴,填满弧坑熄弧。

（8）焊缝熔渣清理　用敲渣锤从焊缝侧面敲击熔渣使之脱落,焊缝两侧飞溅可用錾子清理。

第5章 切削加工基础知识

【实训目的及要求】

(1) 熟悉机床的切削运动。

(2) 熟悉零件加工的技术要求。

(3) 掌握常用刀具的材料及使用范围。

(4) 掌握常用量具的使用方法。

【安全操作规程】

(1) 操作前,应按规定穿戴好防护用品,女同学发辫必须挽在工作帽内。

(2) 操作者必须熟知所操作机床的结构、性能、原理和故障处理方法。

(3) 开车前必须检查各种安全防护、保险、电气接地装置和润滑系统是否良好,确认无误后方可开车。

(4) 开车时应先盘车或低速空转试车,检查机床运转和各转动部位,确认正常后方可开车。

(5) 机床开动后,刀具应慢慢接近工件,操作者应站在安全操作位置,避开机床运动部位和金属屑飞出方向。

(6) 机床运行中,发现异常情况应立即停车,切断电源,然后进行检查,查明原因排除故障后方可开车。

(7) 机床开动后,不准擅离岗位,工作途中停止加工工件或因故离开岗位时,都必须停车并切断电源。

5.1 概述

切削加工是使用切削工具(包括刀具、磨具和磨料),在工具和工件的相对运动中,把工件上多余的材料层切除,使工件获得规定的几何参数(形状、尺寸、位置)和表面质量的加工方法。在现代机器制造中,切削加工占全部机器制造工作量的1/3。

5.1.1 切削加工的分类

切削加工分为钳加工和机械加工两类。

钳加工一般是指由工人手持工具进行的切削加工。钳加工工具简单,操作灵活,可以完成用机械加工不方便或难以完成的工作。因此,尽管钳加工大部分是手工操作,劳动强度大,对工人技术水平要求也高,但在机械制造和修配工作中,钳工仍是必不可少的重要工种,而且技术水平要求很高,优秀钳工能加工出现代机器无法加工的复杂工件。

机械加工主要是工人操作机床对工件进行切削加工。如图 5-1 所示,切削加工的主要方法有车削、钻削、铣削、刨削、磨削等,使用的机床分别称为车床、钻床、铣床、刨床、磨床等。机械加工具有精度高、生产效率高、工人劳动强度低等优点,因此,一般所讲的切削加工主要是指机械加工。

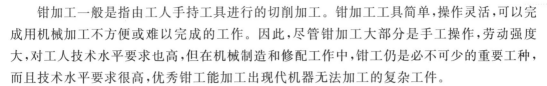

(a) 车削   (b) 钻削   (c) 铣削   (d) 刨削   (e) 磨削

图 5-1 切削加工的主要方法

5.1.2 切削加工的特点

与其他加工方法相比,切削加工具有以下几个优点。

(1) 加工对象广泛,大部分金属材料都可以进行加工。

(2) 不受零件形状的限制,很多形状各异的零件都可以通过切削加工获得。

(3) 可获得很高的加工精度和表面质量,粗加工精度可达 IT13～IT8,表面粗糙度 Ra 可达 3.2～25 μm;半精加工精度可达 IT10～IT7,表面粗糙度 Ra 可达 1.6～6.3 μm;精加工精度可达 IT8～IT6,表面粗糙度 Ra 可达 0.8～3.2 μm;超精加工精度可达 IT7～IT5,表面粗糙度 Ra 可达 0.2～1.6 μm。

(4) 切削单位体积材料所消耗的能量较小。

切削加工也存在一些不足之处:切削加工会产生切屑,费工费料,在切削力和切削热的作用下,工艺系统会产生变形和振动,降低加工精度和表面质量,加快刀具磨损;切削加工过程中已加工的表面会产生加工硬化和残余应力,影响零件使用性能。

5.1.3 切削加工的切削运动

在机加工中,用刀具切除工件上多余的金属时,不管采用哪种机床加工,刀具和工件之间必须具有一定的相对运动,该运动称为切削运动。根据在切削过程中所起的作用不同,切削运动可分为主运动和进给运动两种。

1. 主运动

使工件与刀具产生相对运动而进行切削的最基本的运动称为主运动。这个运动的速度最高,消耗的功率最大。例如,外圆车削时工件的旋转运动和平面刨削时刀具的直线往复运动都是主运动。在切削加工过程中,有且只有一个主运动。

2. 进给运动

使主运动能够继续切除工件上多余的金属以形成工件表面所需的运动称为进给运动。例如，车削中车刀的纵向、横向移动；铣削和刨削中工件的横向、纵向移动；钻削中钻头的轴线移动等都是进给运动，如图 5-2 所示。进给运动可能不止一个，它的运动形式可以是直线运动、旋转运动或两种运动的组合（合成）。

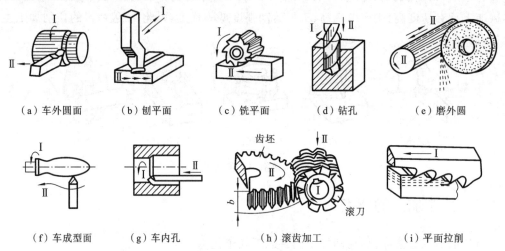

（a）车外圆面　　（b）刨平面　　（c）铣平面　　（d）钻孔　　（e）磨外圆

（f）车成型面　　（g）车内孔　　　　（h）滚齿加工　　　　（i）平面拉削

图 5-2　切削运动

Ⅰ—主运动；Ⅱ—进给运动

切削运动有旋转运动或直线运动，也有曲线运动；有连续的运动，也有间断的运动。切削运动可以由切削刀具和工件分别动作完成，也可以由切削刀具和工件同时动作完成或交替动作完成。

在切削加工过程中，工件上始终有三个不断变化着的表面。

（1）待加工表面：工件上即将被切去的表面。

（2）过渡表面：工件上由切削刃形成的那部分表面，它在下一切削行程、刀具或工件的下一转里被切除，或者由下一切削刃切除。

（3）已加工表面：工件上经刀具切削掉一部分金属形成的新表面。

外圆车削的切削运动与加工表面如图 5-3 所示。

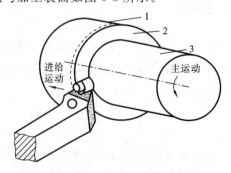

图 5-3　外圆车削的切削运动与加工表面

1—待加工表面；2—过渡表面（切削表面）；3—已加工表面

5.1.4　切削用量

在切削加工过程中,需要针对不同的工件材料、刀具材料和其他加工要求来选定适宜的切削速度、进给量或进给速度,还要选定适宜的背吃刀量。切削速度、进给量和背吃刀量通常称为切削用量的三要素。

1. 切削速度 v_c

切削速度是切削刃上选定点相对于工件待加工表面在主运动方向上的瞬时速度,用 v_c 表示。刀刃上各点的切削速度可能是不同的。当主运动是旋转运动时(如车削、铣削等),切削速度为其最大线速度,由下式确定

$$v_c = \frac{\pi d n}{1\ 000}\ (\text{m/min 或 m/s})$$

式中:d 为工件或刀具的直径(mm);

n 为工件或刀具的转速(r/s 或 r/min)。

当主运动为往复直线运动时(如刨削、插削等),切削速度的计算公式为

$$v_c = \frac{\pi d n_r}{1\ 000}(\text{m/min 或 m/s})$$

式中:L 为往复行程长度(mm);

n_r 为主运动每秒或每分钟的往复次数(st/s 或 st/min)。

提高切削速度,则生产效率和加工质量都有所提高。但切削速度的提高受机床动力和刀具耐用度的限制。

2. 进给量 f

进给量是指主运动在一个工作循环内,刀具与工件在进给运动方向上的相对位移量,用 f 表示。当主运动为旋转运动时,进给量 f 的单位为 mm/r,称为每转进给量。当主运动为往复直线运动时,进给量 f 的单位为 mm/st,称为每行程(往复一次)进给量。对于铰刀、铣刀等多齿刀具,进给量是指每齿进给量,用 f_z 表示。

单位时间的进给量称为进给速度 v_f,单位为 mm/s 或 mm/min。进给量越大,生产效率一般越高,但是,工件表面的加工质量也会越低。f、f_z、v_f 之间的关系为

$$v_f = fn = f_z zn\ (\text{mm/s 或 mm/min})$$

式中:n 为刀具或工件转速(r/s 或 r/min);

z 为刀具的齿数。

3. 背吃刀量 a_p

背吃刀量一般是指工件待加工表面与已加工表面间的垂直距离,用 a_p 表示。车削外圆时背吃刀量的计算公式为

$$a_p = \frac{D - d}{2}$$

式中:D、d 分别为工件上待加工表面和已加工表面的直径(mm)。

背吃刀量增加,生产效率提高,但切削力也随之增加,故容易引起工件振动,使加工质量下降。

5.2 零件加工技术要求

加工出来的零件必须符合设计的要求,才能制造出合格的机器设备。因此,对各种零部件提出不同的技术要求,零部件的技术要求主要有两个方面。

5.2.1 表面粗糙度

在切削过程中,由于振动、刀痕及刀具与工件之间的摩擦等,在工件的已加工表面上总是存在着一些微小的峰谷,即使看起来很光滑的表面,经过放大以后,也会发现它们是高低不平的。这些微小峰谷的高低程度和间距即为表面粗糙度。表面粗糙度常用轮廓算术平均值 Ra 的大小来评价,其单位为 μm。

各种加工方法所能达到的尺寸公差等级和表面粗糙度 Ra 值列于表 5-1。

表 5-1 各种加工方法所能达到的尺寸公差等级和表面粗糙度

表面要求	加工方法	尺寸公差等级	表面粗糙度 Ra 值/μm	表面特征	应用举例
不加工		IT16～IT14		消除毛刺	铸、锻件
粗加工	粗车、粗铣、钻、粗镗、粗刨	IT13～IT10	80～40	显见刀纹	底板、垫块
		IT10	40～20	可见刀纹	螺钉不结合面
		IT10～IT8	20～10	微见刀纹	螺母不结合面
半精加工	半精车、精车、精铣、精刨、粗磨	IT10～IT8	10～5	可见刀痕	轴套不结合面
		IT8～IT7	5～2.5	微见刀痕	要求较高的轴套不结合面
		IT8～IT7	2.5～1.25	不见刀痕	一般轴套结合面
精加工	精车、宽刃精刨、高速精铣、磨、铰、刮	IT8～IT6	1.25～0.32	可辨加工痕迹的方向	要求较高的结合面
		IT7～IT6	0.63～0.32	微辨痕迹的方向	凸轮轴颈轴承内孔
		IT7～IT6	0.32～0.16	不辨加工痕迹的方向	高速轴轴颈
光整加工	精细磨、研磨、镜面磨、超精加工	IT7～IT5	0.16～0.03	暗光泽面	阀面
		IT6～IT5	0.08～0.04	亮光泽面	滚珠轴承
		IT6～IT5	0.04～0.02	镜状光泽面	量规
			0.02～0.01	雾状光泽面	量规
			≤0.01	镜面	量块

5.2.2 加工精度

零件的尺寸要加工到绝对准确是不可能的,在保证零件使用性能要求的情况下,总是要给予一定的加工误差范围,这个规定的误差范围称之为公差。公差值的大小就决定了零件尺寸的精确程度。精度是指零件在切削加工后,其尺寸、形状、位置等参数的实际数值同它们的绝对准确的理论数值相符合的程度。相符合的程度愈高,加工精度就愈高。加工精度包括尺寸精度、形状精度和位置精度。

1. 尺寸精度

尺寸精度是指加工零件的实际尺寸与理想尺寸的精确程度,尺寸精度是由尺寸公差来决定的。尺寸公差是加工中尺寸的变动范围,同一尺寸的零件,公差数值愈小,尺寸的精度愈高;公差数值愈大,尺寸精度愈低。

国家标准 GB/T 1800.1—2009、GB/T 1800.2—2009 将尺寸精度的标准公差等级分为20 级,分别用 IT01、IT0、IT1……IT18 表示,IT01 公差值最小,尺寸精度最高。

通常情况下,尺寸精度愈高,其表面粗糙度 Ra 值越小。但是表面粗糙度值小,尺寸精度却不一定高。

2. 形状精度

零件的形状精度是指零件上的线、面要素相对理想形状的准确程度。它可以用形状公差来控制,也称形状精度。如直线度、平面度、圆度、圆柱度、线轮廓度和面轮廓度等。国标GB/T 1182—2008 和 GB/T 1184—1996 中规定了六项形状公差,其符号如表 5-2 所示。

3. 位置精度

零件点、线、面的实际位置与理想位置允许的误差称为位置精度。如两平面间的平行度、垂直度;两圆柱面轴线的同轴度;一根轴线与一个平面间的垂直度、倾斜度等,如表 5-2所示。

表 5-2　形位公差的分类、项目及符号

分　类	项　　目	符　　号	分　类	项　　目	符　　号
形状公差	直线度	一	定向	平行度	//
	平面度	▱		垂直度	⊥
	圆度	○		倾斜度	∠
	圆柱度	⌭	定位	同轴度	◎
	线轮廓度	⌒		对称度	=
	面轮廓度	⌒		位置度	⌖
			跳动	圆跳动	↗
				全跳动	⌰

形状公差和位置公差合称为形位公差,其等级分为1～12 级(圆度和圆柱度分为 0～12

级）。12级精度最低,公差值最大。公差值越小,精度越高。零件技术要求的部分标注示例如图 5-4 所示。

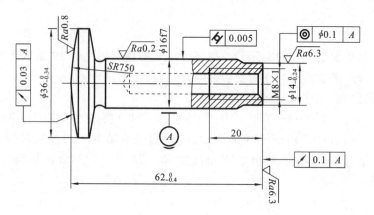

图 5-4　零件技术要求的部分标注示例

5.3　切削刀具及材料

在切削过程中,刀具担负着切除工件上多余金属以形成已加工表面的任务。无论是什么样的金属切削机床,都必须依靠刀具才能发挥作用。刀具对加工质量、加工成本、加工生产效率及刀具寿命有很大影响,因此必须合理选择。刀具切削性能的好坏,取决于构成刀具切削部分的材料、切削部分的几何参数及刀具结构的选择和设计是否合理。刀具材料一般是指刀具切削部分的材料。

常用切削刀具包含如下几种。

1. 车削刀具

1）车刀的组成

车刀是由刀头和刀杆两部分组成。刀头是车刀的切削部分,刀杆是车刀的夹持部分。切削部分由三面、二刃、一尖组成。外圆车刀如图 5-5 所示。

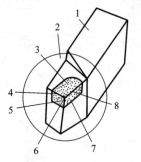

图 5-5　外圆车刀

1—夹持部分;2—切削部分;3—前面;
4—副切削刃;5—副后面;6—刀尖;
7—主后面;8—主切削刃

（1）前刀面　刀具上切屑流过的表面。

（2）后刀面　刀具上与工件加工表面相对的表面。

（3）副后刀面　与工件已加工表面相对的表面。

（4）主切削刃　前刀面与后刀面相交的切削刃,它承担着主要的切削任务,用以形成工件的过渡表面。

（5）副切削刃　前刀面与副后刀面相交的切削刃,它承担着微量的切削任务,以最终形成工件的已加工表面。

（6）刀尖　主切削刃与副切削刃的交接处。为了强化刀尖,常磨成圆弧形或成一小段直线。

2）车刀的角度

车刀的主要角度有主偏角 κ_c、副偏角 κ_c'、前角 γ_0、后角

α_0 和刃倾角 λ_s。车刀的主要角度如图 5-6 所示。

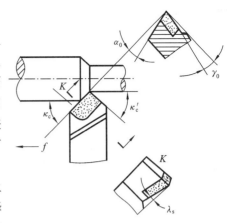

（1）主偏角 κ_c　主切削刃与进给方向在基面上投影间的夹角称为主偏角。减小主偏角，使切削负荷减轻，同时加强了刀尖强度，改善散热条件，提高刀具寿命。但减小主偏角，会使刀具对工件的径向切削力增大，影响加工精度。因此，工件刚性较差时，应选用较大的主偏角。车刀常用的主偏角有 $45°$、$60°$、$75°$、$90°$ 几种。

（2）副偏角 κ_c'　副切削刃与进给方向在基面上投影间的夹角称为副偏角。减小副偏角，有利于降低加工表面粗糙度数值。但是副偏角太小，切削过程中会引起工件振动，影响加工质量。精车时可取 $5°\sim10°$，粗车时取 $10°\sim15°$。

图 5-6　车刀的主要角度

（3）前角 γ_0　前刀面与基面之间的夹角称为前角。前角可分为正角、负角、零角，前刀面在基面之下则前角为正值，反之为负值，相重合为零。增大前角，可使刀刃锋利、切削力降低、切削温度低、刀具磨损小、表面加工质量高。但过大的前角会使刃口强度降低，容易造成刃口损坏。前角取值范围为 $-5°\sim25°$，精加工时，可取较大的前角，粗加工应取较小的前角。工件材料的强度和硬度大时，前角取较小值，有时可取负值。

（4）后角 α_0　主后刀面与切削平面之间的夹角称为后角。其作用是减少后刀面与工件的摩擦。并配合前角改变切削刃的锋利与强度。后角大，磨擦小，切削刃锋利。但后角过大，将使切削刃变弱，加速刀具磨损。反之，后角过小，虽切削刃强度增加，但磨擦加剧。后角取值范围为 $3°\sim12°$，粗加工时后角选较小值，精加工时后角选较大值。

（5）刃倾角 λ_s　主切削刃与基面间的夹角称为刃倾角。以刀杆底面为基准，当刀尖为主切削刃最高点时，λ_s 为正值；当主切削刃与刀杆底面平行时，$\lambda_s = 0°$；当刀尖为主切削刃最低点时，λ_s 为负值。

刃倾角主要影响刀头的强度、切削分力的大小和排屑方向。负的刃倾角可起到增强刀头的作用，但会使背向力增大，有可能引起振动，而且还会使切屑排向已加工表面，可能划伤和拉毛已加工表面。因此，粗加工时为了增强刀头，λ_s 常取负值；精加工时为了保护已加工表面，λ_s 常取正值或零度。刃倾角及其对排屑方向的影响如图 5-7 所示。

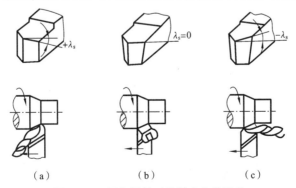

（a）　　　　　　　（b）　　　　　　　（c）

图 5-7　刃倾角及其对排屑方向的影响

3）车刀的结构

车刀按结构可分为整体式、焊接式、机夹重磨式和机夹可转位式。

（1）整体式　整体式车刀如图 5-8 所示。用整体高速钢制造，刀口可磨得较锋利，主要用于低速切削。整体车刀耗用刀具材料较多，一般只用作切槽、切断刀使用。

（2）焊接式　焊接车刀是在普通碳钢刀杆上镶焊（钎焊）硬质合金刀片，经过刃磨而成，如图 5-9 所示。其优点是结构简单、制造方便，并且可以根据需要进行刃磨，硬质合金的利用也较充分。由于硬质合金和刀杆材料的线膨胀系数不同，当焊接工艺不够合理时容易产生热应力，严重时会导致硬质合金出现裂纹，因此在焊接硬质合金刀片时，应尽可能采用熔化温度较低的焊料，对刀片应缓慢加热和缓慢冷却，并且刀杆不能重复使用。

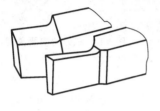

图 5-8　整体式

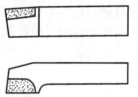

图 5-9　焊接车刀

（3）机夹重磨式　机夹重磨式车刀是用机械的方法将硬质合金刀片夹固在刀杆上的车刀。刀片则只有一个刀尖和一个刀刃，磨损后，可卸下重磨，然后再安装使用，如图 5-10 所示。与焊接式车刀相比，机夹重磨车刀可避免焊接引起的缺陷，刀杆可多次重复使用，但其结构复杂，刀片重磨时仍可能产生应力和裂纹。

（4）机夹可转位式　机夹可转位车刀又称机夹不重磨车刀，就是将预先加工好的有一定几何角度的多角形硬质合金刀片，用机械的方法装夹在特制的刀杆上的车刀，如图 5-11 所示。由于刀具的几何角度是由刀片的形状及其在刀槽中的安装位置来确定的，故不需要刃磨，不受工人技术水平的影响，因此切削性能稳定。使用中，当一个切削刃磨钝后，只要松开刀片夹紧元件，将刀片转位，改用另一新切削刃，重新夹紧后便可继续切削，当每个切削刃都用钝后，再更换新刀片，所以生产效率高。

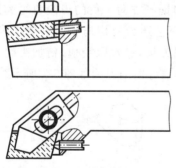

图 5-10　机夹重磨车刀

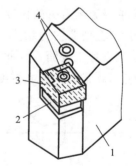

图 5-11　机夹可转位式车刀

1—刀杆；2—刀垫；3—刀片；4—夹固元件

4）常用车刀的种类和用途

车刀的种类很多，根据工件表面几何特征的不同，如圆柱体、端面、圆锥面、球面、椭圆柱面、沟槽和其他特殊型面等，车刀的具体形状和参数也有明显差别。车刀用途示意图如图 5-12 所示。

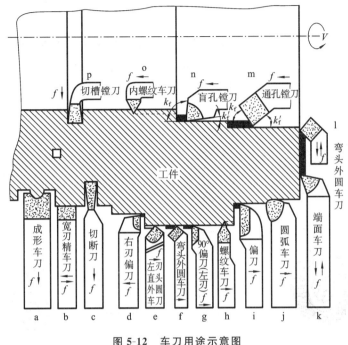

图 5-12　车刀用途示意图

（1）外圆车刀　它主要用来加工工件的圆柱形或圆锥形外表面。通常采用的是直头外圆车刀,还可以采用弯头外圆车刀。弯头外圆车刀不仅可用来纵车外圆,还可车端面和内外倒棱。当加工细长和刚性不足的轴类工件外圆,或者同时加工外圆和凸肩端面时,可以采用主偏角为 90° 的偏刀。

（2）端面车刀　它专门用来加工工件的端面。一般情况下,这种车刀都是由外圆向中心进给,主偏角小于 90°。加工带孔工件的端面时,这种车刀也可以由中心向外圆进给。

（3）切断车刀　它专门用于切断工件。为了能完全切断工件,车刀刀头必须伸出很长。同时,为了减少工件材料消耗,刀头宽度必须在满足其强度要求下,尽可能取得小一些。所以,切断车刀的刀头显得长而狭。切槽用的车刀,在形式上类似于切断车刀。其不同点在于,刀头伸出长度和宽度应根据工件上槽的深度和宽度来决定。

（4）镗孔刀　镗孔刀又称扩孔刀,用来加工内孔。它可以分为通孔刀和盲孔刀两种。通孔刀的主偏角小于 90°,盲孔刀的主偏角应大于 90°。

（5）螺纹车刀　它是用来在进行螺纹切削加工的一种刀具,分为内螺纹车刀和外螺纹车刀两大类。

（6）成形车刀　它是加工回转体成形表面的专用刀具,它的切削刃形状是根据工件的廓形设计的。用成形车刀加工零件时可一次形成零件表面,操作简便、生产效率高,主要用于加工批量较大的中、小尺寸带成形表面的零件。

2．铣削刀具

铣刀是一种用于铣削加工的、具有一个或多个刀齿的旋转多齿切削刀具。工作时各刀齿依次间歇地切去工件的余量。同时参与切削加工的切削刃总长度较长,并可以使用较高的切削速度,又无空行程。一般情况下,铣削加工的生产效率比用单刃刀具的切削加工要高,但是铣刀的制造和刃磨较复杂。

铣刀的种类很多,按照铣刀的安装方式可分为带孔铣刀和带柄铣刀。带孔铣刀多用于卧式铣床上,其共同特点是都有孔,以使铣刀安装到刀杆上。带孔铣刀的刀齿形状和尺寸可以适应所加工的工件形状和尺寸。带柄铣刀多用于立式铣床上,其共同特点是都有供夹持用的刀柄。带柄铣刀又分为直柄铣刀和锥柄铣刀。直柄立铣刀的直径较小,一般小于 20 mm,直径较大的为锥柄。常见的铣刀种类如图 5-13 所示。

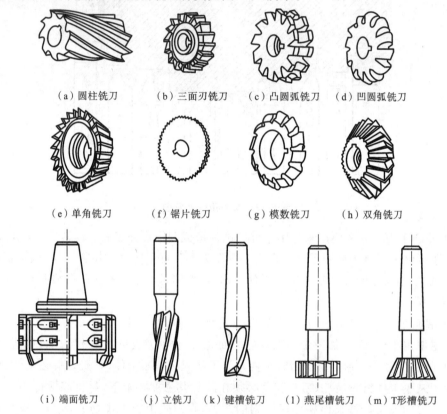

（a）圆柱铣刀　　　（b）三面刃铣刀　　　（c）凸圆弧铣刀　　　（d）凹圆弧铣刀

（e）单角铣刀　　　（f）锯片铣刀　　　（g）模数铣刀　　　（h）双角铣刀

（i）端面铣刀　　　（j）立铣刀　　（k）键槽铣刀　　　（l）燕尾槽铣刀　　　（m）T形槽铣刀

图 5-13　铣刀种类

带孔铣刀按外形主要分为以下几种。

（1）圆柱铣刀:用于铣削平面。

（2）圆盘铣刀:用于加工直沟槽,锯片铣刀用于加工窄槽或切断,如三面刃铣刀。

（3）角度铣刀:用于加工各种角度的沟槽,如单角铣刀、双角铣刀。

（4）成形铣刀:用于加工成形面,如凸圆弧铣刀、凹圆弧铣刀。

带柄铣刀按外形主要分为以下几种。

（1）端面铣刀:铣削较大平面。

（2）立铣刀:用于加工沟槽、小平面和曲面。

（3）键槽铣刀:只有两条刀刃,用于铣削键槽。

（4）T形槽铣刀:铣削 T形槽。

（5）燕尾槽铣刀:铣削燕尾槽。

3．刨削刀具

刨刀是用于刨削加工的、具有一个切削部分的刀具。刨刀的结构基本上与车刀类似，但刨刀工作时为断续切削，受冲击载荷。因此，在同样的切削截面下，刀杆断面尺寸较车刀大 1.25～1.5 倍。刨刀的刀杆有直杆和弯杆两种形式，由于刨刀在受到较大切削力时，刀杆会绕 O 点向后弯曲变形，如图 5-14 所示。弯杆刨刀变形时，刀尖不会啃入工件，而直杆刨刀的刀尖会啃入工件，造成刀具及加工表面的损坏，所以弯杆刨刀在刨削加工中应用较多。

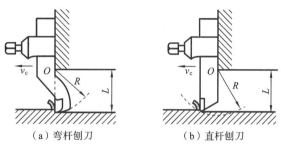

（a）弯杆刨刀　　　　　（b）直杆刨刀

图 5-14　刨刀的变形

刨刀的种类很多，由于刨削加工的形式和内容不同，采用的刨刀类型也不同。常用刨刀有平面刨刀、偏刀、切刀、弯头刀等。各种刨刀的用途如图 5-15 所示。

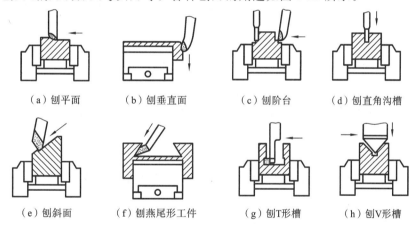

（a）刨平面　　（b）刨垂直面　　（c）刨阶台　　（d）刨直角沟槽

（e）刨斜面　　（f）刨燕尾形工件　　（g）刨T形槽　　（h）刨V形槽

图 5-15　刨刀的用途

（1）平面刨刀：用来刨平面。

（2）偏刀：用来刨削垂直面台阶面和外斜面等。

（3）切刀：用来刨削直角槽、沉割槽和切断作用。

（4）弯头刀：用来刨削 T 形槽和侧面割槽。

（5）角度刀：用来刨削角度形工件及燕尾槽和内斜槽。

（6）成形刨刀：用来刨削 V 形槽和特殊形状的表面。

4．磨削刀具

砂轮是磨具中用量最大、使用面最广的一种，使用时高速旋转，可对金属或非金属工件

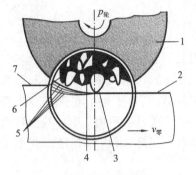

图 5-16　砂轮的组成
1—砂轮；2—已加工表面；3—磨粒；4—黏结剂；
5—加工表面；6—空隙；7—待加工表面

的外圆、内圆、平面和各种形面等进行粗磨、半精磨和精磨，以及开槽和切断等。它是由许多极硬的磨粒材料经过黏结剂黏结而成的多孔体，磨粒、黏结剂和空隙是构成砂轮的三要素，如图 5-16 所示。

1）砂轮的特性

表示砂轮特性的主要参数有磨料、粒度、硬度、黏结剂、组织、形状和尺寸等。

磨料直接担负着切削工作，必须硬度高、耐热性好，还必须有锋利的棱边和一定的强度。常用磨料有刚玉类、碳化硅类和超硬磨料。常用的几种刚玉类、碳化硅类磨料的代号、特点及用途见表 5-3。

表 5-3　常用磨料的代号、特点及用途

磨料名称	代号	特　点	用　途
棕刚玉	A	硬度高，韧性好，价格较低	适合于磨削各种碳钢、合金钢和可锻铸铁等
白刚玉	WA	比棕刚玉硬度高，韧性低，价格较高	适合于加工淬火钢、高速钢和高碳钢
黑色碳化硅	C	硬度高，有脆性而锋利，导热性好	用于磨削铸铁、青铜等脆性材料及硬质合金刀具
绿色碳化硅	GC	硬度比黑色碳化硅更高，导热性好	主要用于加工硬质合金、宝石、陶瓷和玻璃等

粒度是指磨粒颗粒的大小。粒度号越大，磨料越细，颗粒越小。可用筛选法或显微镜测量法来区别。粗磨或磨软金属时，用粗磨料；精磨或磨硬金属时，用细磨料。

硬度是指砂轮上磨料在外力作用下脱落的难易程度。磨粒易脱落，表明砂轮硬度低，反之则表明砂轮硬度高。砂轮的硬度与磨料的硬度无关。一般情况下，磨削较硬材料应选择软砂轮，可使磨钝的磨粒及时脱落，及时露出具有尖锐棱角的新磨粒，有利于切削顺利进行，同时防止磨削温度过高"烧伤"工件。磨削较软材料则采用硬砂轮，精密磨削应采用软砂轮。

黏结剂将磨粒黏结在一起，并使砂轮具有一定的形状。砂轮的强度、耐热性、耐冲击性及耐腐蚀性等性能都取决于黏结剂的性能。常用的黏结剂有陶瓷黏结剂（代号 V）、树脂黏结剂（代号 B）、橡胶黏结剂（代号 R）等。其中陶瓷黏结剂做成的砂轮耐蚀性和耐热性很高，应用广泛。

组织是指砂轮中磨料、黏结剂、空隙三者体积的比例关系。组织号是由磨料所占的百分比来确定的。组织号分 15 级，以阿拉伯数字 0～14 表示，组织号越大，磨粒所占砂轮体积的百分比越小，砂轮组织越松。砂轮气孔可以容纳切屑，使砂轮不易堵塞，并把切削液带入磨削区，使磨削温度降低，避免烧伤和产生裂纹，减少工件的热变形。但砂轮气孔太多，磨粒含量少，容易磨钝和失去正确的外形。一般磨削加工使用中等组织的砂轮，精密磨削应采用紧密组织砂轮，磨削较软的材料应选用疏松组织的砂轮。

根据机床结构与磨削加工的需要,砂轮制成各种形状和尺寸。为方便选用,在砂轮的非工作表面上印有特性代号,如代号 A 60KV6P300×40×75,表示砂轮的磨料为棕刚玉(A),粒度为 60#,硬度为中软(K),黏结剂为陶瓷(V),组织号为 6 号,形状为平形砂轮(P),尺寸外经为 300 mm,厚度为 40 mm,内径为 75 mm。

2)常用砂轮形状、代号和用途

常用砂轮形状、代号和用途见表 5-4。

表 5-4   常用砂轮形状、代号和用途

砂轮名称	代号	断面简图	基本用途
平形砂轮	P		根据不同尺寸,分别用于外圆磨、内圆磨、平面磨、无心磨、工具磨、螺纹磨和砂轮机上
双斜边一号砂轮	PSX₁		主要用于磨齿轮齿面和磨单线螺纹
双面凹砂轮	PSA		主要用于外圆磨削和刃磨刀具,还用作无心磨的磨轮和导轮
薄片砂轮	PB		主要用于切断和开槽等
筒形砂轮	N		用于立式平面磨床上
杯形砂轮	B		主要用其端面刃磨刀具,也可用其圆周磨平面和内孔
碗形砂轮	BW		通常用于刃磨刀具,也可用于磨机床导轨
碟形一号砂轮	D₁		适用磨铣刀、铰刀、拉刀等,大尺寸的一般用于磨齿轮的齿面

5. 孔加工刀具

钻床上常用的刀具分为两类:一类用于在实体材料上加工孔,如麻花钻;另一类用于对工件上已有的孔进行再加工,如扩孔钻、铰刀等。麻花钻是最常用的孔加工刀具。

1)麻花钻

麻花钻用高速钢制成,工作部分经热处理淬硬至 62～65HRC。麻花钻由钻柄、颈部和工作部分组成。

钻柄供装夹和传递动力用,钻柄形状有两种:一种是柱柄,传递扭矩较小,用于直径 13 mm 以下的钻头;另一种是锥柄,对中性好,传递扭矩较大,用于直径大于 13 mm 的钻头。

颈部是磨削工作部分和钻柄的退刀槽。钻头直径、材料、商标一般刻印在颈部。

工作部分担负导向与切削工作,它分成导向部分与切削部分。

导向部分依靠两条狭长的螺旋形的高出齿背 0.5~1 mm 的棱边。它的直径前大后小,略有倒锥度,可以减少钻头与孔壁间的摩擦。导向部分经铣、磨或轧制形成两条对称的螺旋槽,用以排除切屑和输送切削液。标准麻花钻头组成如图 5-17 所示。前端的切削部分有两条对称的主切削刃,两刃之间的夹角称为锋角,其值为 $2\varphi = 116° \sim 118°$。两个顶面的交线称为横刃,钻削时,作用在横刃上的轴向力很大,故大直径的钻头常采用修磨的方法,缩短横刃,以降低轴向力。

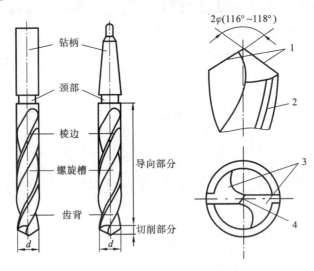

图 5-17　标准麻花钻头组成

1—主切削刃;2—刃带;3—主后刀面;4—横刃

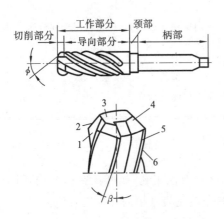

图 5-18　扩孔钻

1—前刀面;2—主切削刃;3—钻心;
4—后刀面;5—棱边(副后刀面);6—副切削刃

由于麻花钻刚性差、切削条件差,故钻孔精度低,尺寸公差等级一般为 IT12 左右,表面粗糙度 Ra 值为 $12.5\ \mu m$ 左右。

2)扩孔钻

扩孔钻的结构如图 5-18 所示。与麻花钻相似,但切削刃有 3~4 个,前端是平的,无横刃,螺旋槽较浅,钻体粗大结实,切削时刚性好,不易弯曲,扩孔尺寸公差等级可达 IT10~IT9,表面粗糙度 Ra 值可达 $3.2\ \mu m$。扩孔可作为终加工,也可作为铰孔前的预加工。

3)铰刀

铰刀有手用铰刀和机用铰刀两种。图 5-19(b)所示为手用铰刀。手用铰刀为直柄,工作部分较长。图 5-19(a)所示为机用铰刀。机用铰

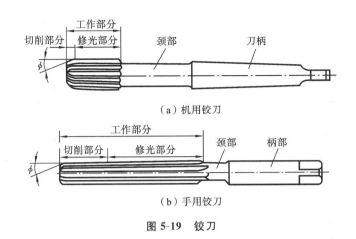

图 5-19　铰刀

刀多为锥柄,可装在钻床、车床或镗床上铰孔。铰刀的工作部分由切削部分和修光部分组成,切削部分呈锥形,担负着切削工作,修光部分起着导向和修光作用。铰刀有 6～12 个切削刃,每个刀刃的切削负荷较轻。铰孔时,选用的切削速度较低,进给量较大,并要使用切削液。一般加工精度可达 IT9～IT7,表面粗糙度 Ra 值为 $0.4～1.6\ \mu m$。

5.4　常用量具

加工出的零件是否符合图纸要求(包括尺寸精度、形状精度、位置精度和表面粗糙度),就要用测量工具进行测量,这些测量工具简称量具。由于测量和检验的要求不同,所用的量具也不尽相同。量具的种类很多,本节仅介绍几种常用量具。

5.4.1　游标卡尺

游标卡尺是一种比较精密的量具,它可以直接量出工件的内径、外径、宽度、深度等。按照读数的准确度,游标卡尺可分为 1/10、1/20、1/50 三种,它们的读数准确度分别是 0.1 mm、0.05 mm 和 0.02 mm。游标卡尺的组成及操作方法如图 5-20 所示。

游标卡尺的测量尺寸由整毫米数和小数两部分组成,具体读数方法如下。

(1) 整毫米数:尺身上游标 0 位以左的整数。

(2) 小数:游标上与尺身刻度线对准的刻度数乘以量具的分度值。测量时注意:应使卡脚逐渐与被测工件表面靠近,最后达到轻微接触,如果测量力过大,会使卡脚变形,从而使测量数据不可靠;另外,游标卡尺必须放正,切勿倾斜,以保证卡脚连线与被测尺寸平行或重合。游标卡尺测外尺寸时正确的操作方法如图 5-21(a)所示,错误的测量方法如图 5-21(b)所示。

5.4.2　深度游标卡尺

深度游标卡尺是利用游标原理对凹槽或孔的深度、梯形工件的梯层高度、长度等尺寸进行测量的工具,常被简称为"深度尺"。

深度游标卡尺的结构如图 5-22 所示。主要由尺身和尺框组成。尺身上有毫米刻度线,

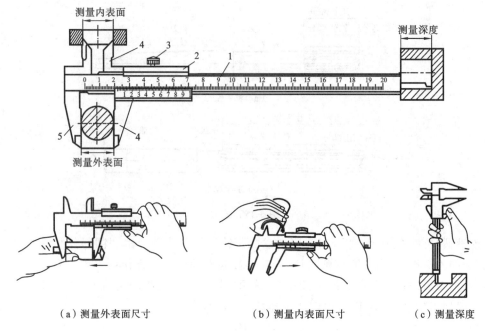

（a）测量外表面尺寸　　　　（b）测量内表面尺寸　　　　（c）测量深度

图 5-20　游标卡尺的组成及操作方法

1—尺身；2—游标；3—紧固螺钉；4—内外量爪；5—尺框

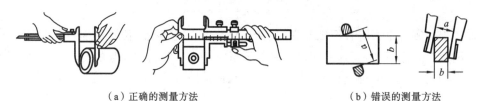

（a）正确的测量方法　　　　　　　（b）错误的测量方法

图 5-21　游标卡尺测外尺寸时正确与错误的位置

它的一端为测量端。为了提高测量面与被测量面的接触精度，测量面端被去掉了一个角。深度游标卡尺的分度值有 0.02 mm、0.05 mm 和 0.10 mm，其测量范围有 0～200 mm、0～300 mm 和 0～500 mm 三种。

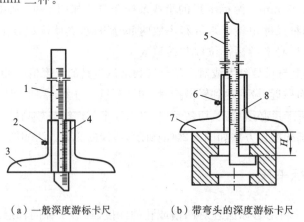

（a）一般深度游标卡尺　　　　（b）带弯头的深度游标卡尺

图 5-22　深度游标卡尺

1,5—尺身；2,6—紧固螺钉；3,7—尺框；4,8—游标测量时,尽量加大尺框测量面与被测表面的接触面积,最好两侧测量面都接触被测表面。向下推动尺身时,要压住尺框,推力要轻而稳,避免损坏测量面,同时防止尺框倾斜。当测量完需要离开测量面读数时,要用紧固螺钉将尺框锁紧后,再从游标深度尺上读数。

5.4.3　游标万能角度尺

游标万能角度尺是利用游标原理对两测量面相对分隔的角度进行读数的通用角度测量工具。游标万能角度尺主要用于测量各种形状工件与样板的内、外角度及角度划线。

游标万能角度尺的结构如图 5-23 所示。直角尺和直尺在卡块的作用下分别固定于扇形板部件和直角尺上,当转动卡块上的螺帽时,即可紧固或放松直角尺或直尺,在扇形板部件的后面有一与齿轮杆相连接的手把,而该齿轮杆又与固定在主尺上的弧形齿板相啮合,这个就是微动装置。当转动微动装置时就能使主尺和游标尺作细微的相对移动,以精确地调整测量值,但当把制动头上的螺帽拧紧后,则扇形板部件与主尺被紧固在一起,而不能有任何相对移动。

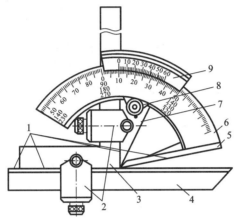

图 5-23　游标万能角度尺

1—测量面;2—卡块;3—直角尺;4—直尺;5—基尺;6—主尺;7—扇形板;8—制动头;9—游标

5.4.4　外径千分尺

外径千分尺是利用螺旋副原理,对尺架上两测量面间分隔的距离进行读数的外尺寸测量器具,其测量准确度为 0.01 mm。

外径千分尺结构如图 5-24 所示。测微螺杆和测微螺母是外径千分尺的主要零件,工作的时候测微螺杆在测微螺母内转动。测微螺杆尾部是一个锥体与微分筒内的锥孔连接,当转动微分筒时,测微螺杆在测微螺母内与微分筒同步转动,其移动量与微分筒的转动量成正比。由于测微螺杆的螺距为 0.5 mm,因此,微分筒转动一圈,测微螺杆在轴向上移动 0.5 mm。为了准确读出测微螺杆的轴向位移量,在微分筒上刻了 50 格等分刻度,微分筒每转过一格,测微螺杆就轴向移动 0.01 mm,所以外径千分尺的分度值为 0.01 mm。

外径千分尺的读数方法可分为如下三步。

(1) 先读毫米的整数部分和半毫米部分。微分筒的端面是毫米和半毫米读数的指示

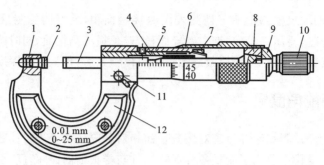

图 5-24 外径千分尺

1—尺架；2—测砧；3—测微螺杆；4—螺纹轴套；5—固定套管；6—微分筒；
7—调节螺母；8—弹簧套；9—垫片；10—测力装置；11—锁紧装置；12—隔热装置

线，读毫米和半毫米时，看微分筒端面左边固定套管上露出的刻线，就是被测工件尺寸的毫米和半毫米部分读数。

（2）再读小于半毫米的小数部分。固定套筒上的纵刻线是微分筒读数的指示线，读数时，从固定套管纵刻线所对正微分筒上的刻线，读出被测工件小于半毫米的小数部分。

（3）将以上两部分读数加起来即为总尺寸。使用外径千分尺前应先校对零点。将测砧与测微螺杆接触（先擦干净），看圆周刻度零线是否与中线零点对齐。若有误差，应记住此数值，在测量后根据原始误差修正读数。当测微螺杆快要接触工件时，必须旋拧端部棘轮，当棘轮发出"嘎嘎"打滑声时，表示压力合适，停止拧动。

5.4.5 塞规与卡规

卡规是测量外径或厚度的量具，塞规是测量内径或槽宽的量具。成批大量生产时使用卡规和塞规，测量准确、方便。卡规和塞规的结构及测量方法如图 5-25 所示。

卡规和塞规都有过端和止端。如测量时，能通过过端，不能通过止端，则工件在公差范围内，工件合格。卡规的过端尺寸等于工件的最大极限尺寸，而止端尺寸等于工件的最小极限尺寸。

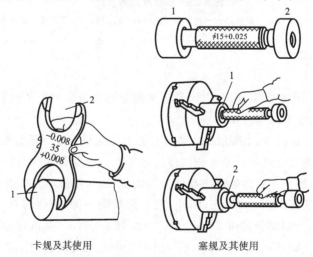

卡规及其使用　　　　　塞规及其使用

图 5-25 塞规与卡规

1—过端；2—止端

塞规的过端尺寸等于工件内径的最小极限尺寸,而止端尺寸等于工件内径的最大极限尺寸。

5.4.6 百分表

百分表是利用机械传动系统,将测量杆的直线位移转变为指针的角位移,并由刻度盘进行读数的测量器具,分度值为 0.01 mm。主要用于检验零件的形状、位置误差,校正工件的安装位置。如图 5-26 所示。

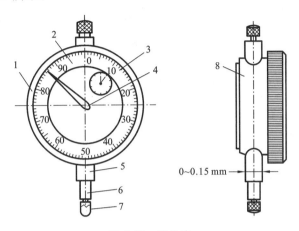

图 5-26 百分表

1—表圈;2—表盘;3—毫米指针;4—指针;5—装夹套筒;6—测杆;7—测头;8—表体

百分表的测量尺寸由整毫米数和小数两部分组成,具体读数方法如下。

(1) 整毫米数:毫米指针转过的刻度数。

(2) 小数:指针转过的刻度数乘以 0.01 mm。

使用前应检验测量杆活动是否灵活,保证测量杆与被测的平面或圆的轴线垂直。

5.4.7 内径百分表

内径百分表是利用机械传动系统,将活动测头的直线位移转变为指针在圆刻度盘上的角位移,并由刻度盘进行读数的内尺寸测量器具,如图 5-27 所示。当活动测头沿其轴向移动时,通过等臂直角杠杆推动推杆移动,使百分表的指针转动。

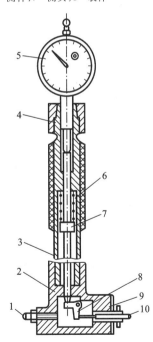

图 5-27 内径百分表

1—固定测头;2—表体;3—直管;
4—紧固螺母;5—百分表;6—弹簧;7—推杆;
8—等臂直角杠杆;9—定位护桥;10—活动测头

5.4.8 量具的保养

要保持精密量具的精度和工作的可靠性,除了在使用中要按照合理的使用方法进行操作以外,还必须做好量具的维护和保养工作。

（1）温度对量具精度的影响很大，量具不应放在阳光下或床头箱上，因为量具温度升高后，量不出正确尺寸。更不要把精密量具放在热源（如电炉，热交换器等）附近，以免使量具受热变形而失去精度。

（2）不要把精密量具放在磁场附近，例如，磨床的磁性工作台上，以免使量具感磁。

（3）发现精密量具有不正常现象时，如量具表面不平、有毛刺、有锈斑，以及刻度不准、尺身弯曲变形、活动不灵活等，应当主动送计量站检修，并经检定量具精度后再继续使用。

（4）量具是测量工具，绝对不能作为其他工具的代用品。例如，拿游标卡尺划线，拿百分尺当小榔头，拿钢直尺当起子旋螺钉，以及用钢直尺清理切屑等都是错误的。

（5）测量前应把量具的测量面和零件的被测量表面都要揩干净，以免因有脏物存在而影响测量精度。

（6）量具使用后，应及时揩干净，除不锈钢量具或有保护镀层者外，金属表面应涂上一层防锈油，放在专用的盒子里，保存在干燥的地方，以免生锈。

第6章 车削加工实训

【实训目的及要求】

(1) 通过实习,了解车削加工的工艺特点及加工范围。

(2) 初步了解车床的型号、结构,并能正确操作。

(3) 能正确使用常用的刀具、量具及夹具。

(4) 能独立加工一般的零件,具有一定的操作技能和车工工艺知识。

【安全操作规程】

(1) 穿戴合适的工作服,女同学的长发要压入帽内,严禁戴手套操作。

(2) 开车前要认真检查机床运动部位,电气开关是否在安全可靠位置。

(3) 工件和刀具装夹要牢固可靠,床面上不准放工夹、量具及其他物件。

(4) 工作时,头不可离工件太近,以防飞屑伤眼,必要时需戴防护目镜。

(5) 车床开动时,不得测量工件,不得用手触摸工件,不得用手直接清除切屑,停车时不得用手去刹住转动的卡盘。禁止开车后变换主轴转速。

(6) 自动横向或纵向进给时,严禁床鞍或中滑板超过极限位置,以防滑板脱落或撞卡盘而发生人身设备安全事故。

(7) 工作结束后,关闭电源、清除切屑、清洁机床、加油润滑,保持工作环境整洁,做到文明实习。

6.1 概述

在车床上,工件作旋转运动(主运动),刀具作平面直线或曲线运动(进给运动),完成机械零件切削加工的过程,称为车削加工。它是切削加工中最基本、最常见的加工方法,各类车床约占金属切削机床总数的一半,车削加工在生产中占有重要的地位。

车削适合加工回转零件,其切削过程连续平稳,可以加工各种内外回转体表面及端平面;可以完成上述表面的粗加工、半精加工甚至精加工;可以加工各种金属材料(很硬的材料除外)和尼龙、橡胶、塑料、石墨等非金属材料。所用刀具主要是车刀,也可用钻头、铰刀、丝锥、滚花刀等。

车床的种类很多,主要有卧式车床、转塔车床、立式车床、自动和半自动车床、仪表车床、仿形车床、数控车床等。表 6-1 所示为车床的运动及车削加工范围。

表 6-1　车床的运动及车削加工范围

加工类型	加工示意图	加工类型	加工示意图
车外圆	45° 外圆车刀　n　f　75° 外圆车刀　n　f	钻中心孔	n　中心孔　f
		钻孔	n　钻头　f
车端面	n　车端面刀　f	镗孔	n　镗孔刀　f
车外圆和台阶	n　右偏刀　f	铰孔	铰刀　f
车螺纹	n　螺纹车刀　f	车锥体	n　右偏刀　f
用样板刀车特型面	n　成型刀　f	滚花	n　滚花刀　f
车特型面	n　圆头刀　f	切断	n　切断刀　f

6.2　卧式车床

车床的型号很多,下面主要以实习中常用的 C6132 卧式车床为例进行介绍。

按 GB/T 15375—2008《金属切削机床型号编制方法》规定,卧式车床型号由汉语拼音字母和阿拉伯数字组成。

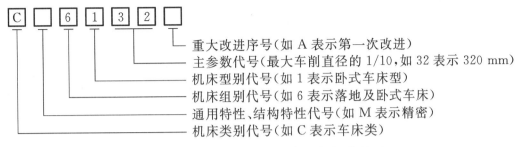

重大改进序号(如 A 表示第一次改进)
主参数代号(最大车削直径的 1/10,如 32 表示 320 mm)
机床型别代号(如 1 表示卧式车床型)
机床组别代号(如 6 表示落地及卧式车床)
通用特性、结构特性代号(如 M 表示精密)
机床类别代号(如 C 表示车床类)

实际使用中还有一些老标准型号,如 C616 相当于新标准的 C6132。

6.2.1　C6132 卧式车床主要组成部分的名称及功用

在实习中所使用的切削加工机床在结构、传动原理和操作方法上都有许多共性的地方,所以了解和熟练使用车床,对实习中其他各种切削加工机床的了解和操作是大有帮助的。C6132 卧式车床的主要组成部分有床身、变速箱、主轴箱、进给箱、光杠和丝杠、溜板箱、刀架和尾座等,如图 6-1 所示。

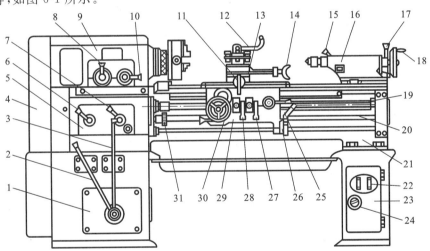

图 6-1　C6132 车床的结构和调整手柄

1—变速箱;2—主轴变速短手柄;3—主轴变速长手柄;4—挂轮箱;5—进给箱;6、7—进给量调整手柄;
8—换向手柄;9—主轴箱;10—主轴变速手柄;11—中滑板手柄;12—方刀架锁紧手柄;13—刀架;
14—小滑板手柄;15—尾座套筒锁紧手柄;16—尾座;17—尾座锁紧手柄;18—尾座手轮;19—丝杠;
20—光杠;21—床身;22—切削液泵开关;23—床腿;24—总电源开关;25—主轴启闭和变向手柄;
26—开合螺母手柄;27—横向自动手柄;28—纵向自动手柄;29—溜板箱;30—床鞍手轮;31—离合手柄

1. 床身

床身是车床精度要求很高的带有导轨(V 形导轨和平导轨)的大型基础部件,用来支承和连接各主要部件并保证各部件之间有严格、正确的相对位置。床身的上面有内、外两组平行的导轨。外侧的一组导轨用于大滑板的运动导向和定位,内侧的一组导轨用于尾座的移动导向和定位。床身的左右两端分别支承在左右床脚上,床脚固定在地基上。左右床脚内分别装有变速箱和电气箱。

2. 变速箱

电动机的运动通过变速箱内的变速齿轮,可变化成六种不同的转速从变速箱输出,并传递至主轴箱。车床主轴的变速主要在这里进行。这样的传动方式称为分离传动,其目的在于减小机械传动中产生的振动及热量对主轴的不良影响,提高切削加工质量。

3. 主轴箱(又称床头箱)

主轴箱安装在床身的左上端。主轴箱内装有一根空心的主轴及部分变速机构。变速箱传来的六种转速通过变速机构,使主轴能够获得十二种不同的转速。主轴的通孔中可以放入工件棒料。主轴右端(前端)的外锥面用来装夹卡盘等附件,内锥面用来装夹顶尖。车削过程中主轴带动工件实现旋转(主运动)。

4. 进给箱(又称走刀箱)

进给箱内装有进给运动的变速齿轮。主轴的运动通过齿轮传入进给箱,经过变速机构带动光杠或丝杠以不同的转速转动,最终通过溜板箱而带动刀具实现直线的进给运动。

5. 光杠和丝杠

光杠和丝杠将进给箱的运动传给溜板箱。车外圆、车端面等自动进给时,用光杠传动;车螺纹时用丝杠传动。丝杠的传动精度比光杠高。光杠和丝杠不能同时使用。

6. 溜板箱

溜板箱与床鞍连在一起,它将光杠或丝杠传来的旋转运动通过齿轮、齿条机构(或丝杠、螺母机构)带动刀架上的刀具作直线进给运动。

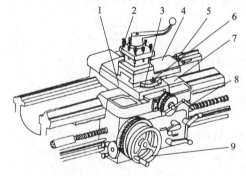

图 6-2　C6132 车床刀架结构

1—中滑板;2—方刀架;3—转盘;4—小滑板;
5—小滑板手柄;6—螺钉;7—床鞍;
8—中滑板手柄;9—床鞍手轮

7. 刀架

刀架是用来装夹刀具的,能够带动刀具做多个方向的进给运动。为此,刀架做成多层结构,如图 6-2 所示,从下往上分别是床鞍、中滑板、转盘、小滑板和方刀架。

床鞍可带动车刀沿床身上的导轨作纵向移动。中滑板可以带动车刀沿床鞍上的导轨(与床身上导轨垂直)作横向移动。转盘与中滑板用螺栓相连,松开螺母,转盘可在水平面内转动任意角度。小滑板可沿转盘上的导轨作短距离移动。当转盘转过一个角度,其上导轨也转过一个角度,此时小滑板便可以带动刀具沿相应的方向作斜向进给运动。最上面的方刀架专门用来夹持车刀,最多可装四把车刀。逆时针松开锁紧手柄,可带动方刀架旋转,选择所用刀具,顺时针旋转时方刀架不动,并将方刀架锁紧,以承受加工中作用在刀具上的各种切削力。

8. 尾座

尾座装在床身内侧导轨上,可以沿导轨移动到所需位置。尾座由底座、尾座体、套筒等部分组成。套筒装在尾座体上。套筒前端有莫氏锥孔,用于安装顶尖支承工件或用来装锥柄钻头、铰刀、钻夹头。套筒后端由螺母与一轴向固定的丝杠相连接,摇动尾座上的手轮使丝杠旋转,可以带动套筒向前伸出或向后退回。当套筒退至终点位置时,丝杠的头部可将装在锥孔中的刀具或顶尖顶出。移动尾座或尾座套筒前,均需松开各自锁紧手柄,移到所需位置后再锁紧。松开尾座体与底座的固定螺钉,用调节螺钉调整尾座体的横向位置,可以使尾座顶尖中心与主轴顶尖中心对正,也可以使它们偏离一定距离,用来车削小锥度长锥面。

6.2.2　C6132 车床的传动系统

车床的传动系统由两部分组成,主运动传动系统和进给运动传动系统。图 6-3 所示为 C6132 车床的传动系统简图。

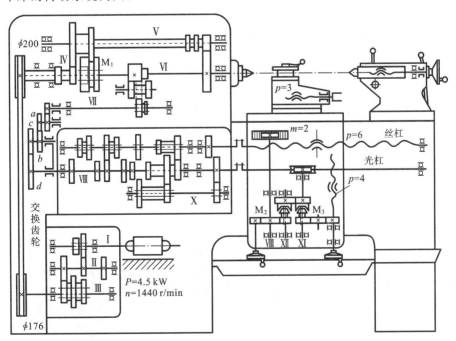

图 6-3　C6132 车床传动系统简图

1. 运动传动系统

从电动机经变速箱和主轴箱使主轴旋转,称为主运动传动系统。电动机的转速是不变的,为 1 440 r/min。通过变速箱后可获得 6 种不同的转速。这 6 种转速通过带轮可直接传给主轴,也可再经主轴箱内的减速机构获得另外 6 种较低的转速。因此,C6132 车床的主轴共有 12 种不同的转速。另外,通过电动机的反转,主轴还有与正转相适应的 12 种反转转速。

2. 进给运动传动系统

主轴的转动经进给箱和溜板箱使刀架移动,称为进给运动传动系统。车刀的进给速度是与主轴的转速配合的,主轴转速一定,通过进给箱的变速机构可使光杠获得不同的转速,再通过溜板箱又能使车刀获得不同的纵向或横向进给量;也可使丝杠获得不同的转速,加工出不同螺距的螺纹。另外,调节正反走刀手柄可获得与正转相对应的反向进给量。

6.3 车床附件及工件的安装

车床主要用于加工回转表面。装夹工件时,应使要加工表面回转中心和车床主轴的中心线重合,同时还要把工件夹紧,以承受工件重力、切削力、离心惯性力等,还要考虑装夹方便,以保证加工质量和生产效率。车床上常用的装卡附件有三爪自定心卡盘、四爪单动卡盘、顶尖、中心架、跟刀架、心轴、花盘等。

6.3.1 三爪自定心卡盘及工件的安装

三爪自定心卡盘是车床上最常用的附件,其构造如图 6-4 所示。将方头扳手插入卡盘三个方孔中的任意一个转动时,小锥齿轮带动大锥齿轮转动,它背面的平面螺纹(阿基米德螺线)使三个卡爪同时作径向移动,从而卡紧或松开工件。由于三个卡爪同时移动,所以夹持圆形截面工件时可自行对中(故称三爪自定心卡盘),其对中精度为 0.05~0.15 mm。三爪自定心卡盘主要用来装夹截面为圆形、正六边形的中小型轴类、盘套类工件。当工件直径较大用正爪不便装夹时,可换上反爪进行装夹。

工件用三爪自定心卡盘装夹时必须装正夹牢,夹持长度一般不小于 10 mm。在车床开

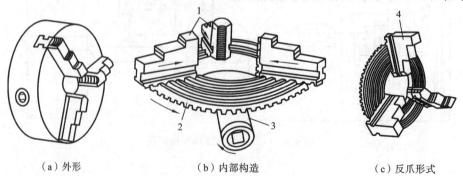

(a) 外形   (b) 内部构造   (c) 反爪形式

图 6-4 三爪自定心卡盘构造

1—卡爪;2—大锥齿轮;3—小锥齿轮;4—反爪

动时,工件不能有明显的摇摆、跳动,否则要重新装夹或找正。图 6-5 所示为工件装夹的几种形式。

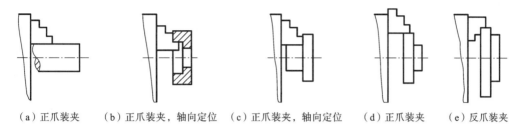

（a）正爪装夹　　（b）正爪装夹，轴向定位　　（c）正爪装夹，轴向定位　　（d）正爪装夹　　（e）反爪装夹

图 6-5　三爪自动心卡盘装夹工件举例

6.3.2　四爪单动卡盘及工件的安装

四爪单动卡盘结构如图 6-6(a)所示。四个卡爪可独立移动,它们分别装在卡盘体的四个径向滑槽内,当扳手插入某一方孔内转动时,就带动该卡爪作径向移动。四爪单动卡盘比三爪自定心卡盘夹紧力大,装夹工件时,需四个卡爪分别调整,所以安装调整困难,但调整好时精度高于三爪自定心卡盘装夹。如图 6-6(b)所示,四爪单动卡盘适合装夹方形、椭圆形及形状不规则的较大工件。安装工件时需仔细找正。常用的找正方法有划线盘找正或百分表找正。当使用百分表找正时,定位精度可达 0.01 mm。

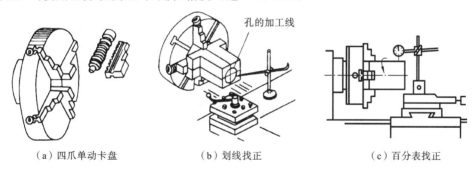

（a）四爪单动卡盘　　　　　（b）划线找正　　　　　　（c）百分表找正

图 6-6　四爪单动卡盘及其找正

在四爪卡盘上进行找正时应注意以下事项。

（1）工件夹持部分不宜过长,通常为 20～30 mm,以便于找正。

（2）装夹已加工表面时应包上一层薄铜皮,防止夹伤已加工表面。

（3）找正时应在床面导轨上垫一块木板,防止工件掉下砸伤导轨。

（4）找正时主轴应拨至空挡位置,以便用手转动卡盘。

（5）装夹较重、较大或较长的工件时,应增加后顶尖辅助支承。

（6）找正夹紧后,四个爪卡的夹紧力要一致,以防在加工过程中工件产生松动。

6.3.3　顶尖安装工件

在车床上加工较长或工序较多的轴类工件时,常使用顶尖装夹工件,如图 6-7 所示。

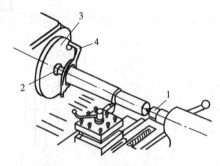

图 6-7　用前、后顶尖装夹工件

1—前顶尖；2—后顶尖；3—拨盘；4—鸡心夹头

工件装在前后顶尖间，由卡箍、拨盘带动其旋转，前顶尖装在主轴锥孔中，后顶尖装在尾座套筒中，拨盘同三爪自定心卡盘一样装在主轴端部，卡箍套在工件的端部，靠摩擦力带动工件旋转。生产中也常用一段钢料夹在三爪自定心卡盘中，车成 60°圆锥体作为前顶尖，用三爪自定心卡盘代替拨盘，卡箍则通过卡爪带动旋转。

用双顶尖装夹工件，由于两端都是锥面定位，定位精度高，因而能保证在多次装夹中所加工的各回转表面之间具有较高的同轴度。

用顶尖装夹轴类零件的一般步骤如下。

（1）车平两端面和钻中心孔　先用车刀将两端面车平，再用中心钻钻中心孔，常用的中心孔有 A、B 两种类型，如图 6-8 所示。A 型中心孔由 60°锥孔和里端小圆柱孔形成，60°锥孔与顶尖的 60°锥面配合。里端的小孔用以保证锥孔与顶尖锥面配合贴切，并可储存润滑油。B 型中心孔的外端比 A 型中心孔多一个 120°的锥面，用以保证 60°锥孔的外缘不被碰坏。另外也便于在顶尖处精车轴的端面。此外还有带螺孔的 C 型中心孔，当需要将其他零件轴向固定在轴上时，可采用这种类型。

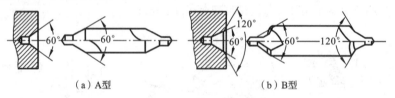

（a）A型　　　　　　　　　　　（b）B型

图 6-8　中心钻与中心孔

（2）顶尖的选用与装夹　常用的顶尖有普通顶尖（死顶尖）和活顶尖两种，如图 6-9 所示。车床上的前顶尖装在主轴锥孔内随主轴及工件一起旋转，与工件无相对运动，采用死顶尖。后顶尖可采用活顶尖或死顶尖，活顶尖能与工件一起旋转，不存在顶尖与工件中心孔摩擦发热问题，但准确度不如死顶尖高，一般用于粗加工或半精加工。轴的精度要求比较高时，采用死顶尖，但由于工件是在死顶尖上旋转，所以要合理选用切削速度，并在顶尖上涂黄油。当工件轴端直径很小不便钻中心孔时，可将工件轴端车成 60°圆锥，顶在反顶尖的中心

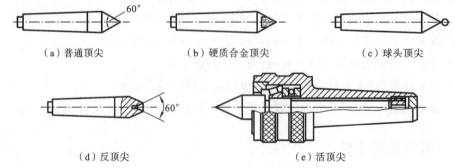

（a）普通顶尖　　　　（b）硬质合金顶尖　　　　（c）球头顶尖

（d）反顶尖　　　　　　　　（e）活顶尖

图 6-9　顶尖

孔中,如图 6-9(d)所示。

（3）工件的装夹 工件靠主轴箱的一端应装上卡箍。顶尖与工件的配合松紧应当适度,过松会导致定心不准,甚至使工件飞出,太紧会增加与后死顶尖的摩擦,并可能将细长工件顶弯。当加工温度升高时,应将后顶尖稍许松开一些。装夹过程如图 6-10 所示。

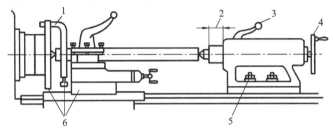

图 6-10 装夹过程

1—拧紧卡箍；2—调整套筒伸出长度；3—锁紧套筒；4—调节工件顶尖松紧；
5—将尾座固定；6—刀架移至车削行程左端,用手转动拨盘,检查是否会碰撞

6.3.4 工件安装的其他方法

1. 用一夹一顶安装工件

用两顶尖安装工件虽然精度高,但刚性较差。对于较重的工件如果采用两顶尖安装会很不稳固,难以提高切削效率,因此在加工中常采用一端用卡盘夹住,另一端用顶尖顶住的装夹方法,如图 6-10 所示。为防止工件由于切削力的作用而产生位移,一般会在卡盘内装一个限位支承,或者利用工件的台阶作限位。这种装夹方法比较安全,能承受较大的轴向切削力,刚性好,轴向定位比较准确,因此车轴类零件时常采用这种方法。但是装夹时要注意,卡爪夹紧处长度不宜太长,否则会产生过定位,扭弯工件。

2. 用心轴安装工件

盘套类零件的外圆、内孔往往有同轴度要求,与端面有垂直度要求,保证这些形位公差的最好的加工方法就是采用一次装夹全部加工完,但在实际生产中往往难以做到。此时,一般先加工出内孔,以内孔为定位基准,将零件安装在心轴（也称胎模）上,再把心轴安装在前、后顶尖之间来加工外圆和端面,一般也能保证外圆轴线和内孔轴线的同轴度要求。

根据工件的形状和尺寸精度的要求及加工数量的不同,应采用不同结构的心轴。一般圆柱孔定位常用圆柱心轴和小锥度心轴;对于带有锥孔、螺纹孔、花键孔的工件定位,常用相应的锥体心轴、螺纹心轴和花键心轴。

圆柱心轴是以其外圆柱面定心、端面压紧来装夹工件的,如图 6-11 所示。心轴与工件孔一般用 $\dfrac{H7}{h6}$、$\dfrac{H7}{g6}$ 的间隙配合,因此工件能很方便地套在心轴上,但由于配合间隙较大,一般只能保证同轴度

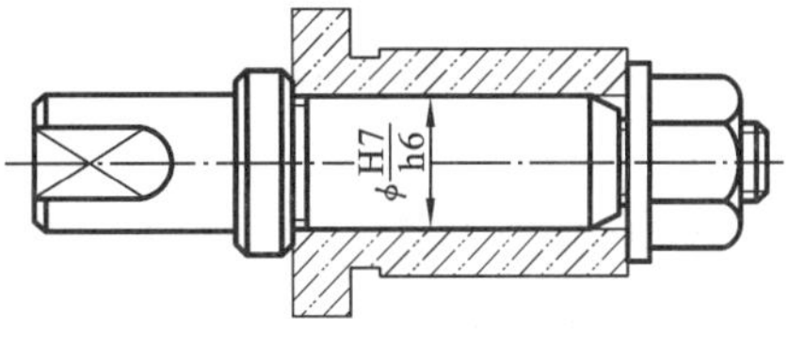

图 6-11 零件在圆柱心轴上定位

在 0.02 mm 左右。

为了消除间隙,提高心轴定位精度,心轴可以做成锥体,但锥体的锥度很小,否则工件在心轴上会产生歪斜,如图 6-12(a)所示。心轴常用的锥度 $C=1/5\,000\sim1/1\,000$,定位时工件楔紧在心轴上,楔紧后孔会产生弹性变形,如图 6-12(b)所示,从而使工件不致倾斜。圆柱心轴适用于较大直径的盘套类零件粗加工的装夹。

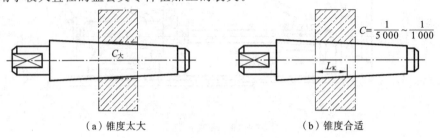

（a）锥度太大　　　　　　　　　　　（b）锥度合适

图 6-12　圆锥心轴安装工件的接触情况

小锥度心轴的优点是靠楔紧产生的摩擦力带动工件,不需要其他夹紧装置;定心精度高,可达 $0.005\sim0.01$ mm。其缺点是工件的轴向无法定位。锥度心轴适用于车削力不大的精加工装夹。

3. 花盘、弯板

对于车削形状不规则、无法使用三爪或四爪卡盘装夹的零件,或者要求零件的一个面与安装面平行或内孔、外圆面与安装面有垂直度要求时,可以用花盘装夹。

花盘是安装在车床主轴上的一个大圆盘,盘面上有许多长槽用以穿放螺栓,工件可以用螺栓和压板直接安装在花盘上,如图 6-13 所示。也可以把辅助支承角铁(弯板)用螺栓牢固地夹持在花盘上,工件则安装在弯板上,图 6-14 所示为加工一轴承座端面和内孔时用弯板在花盘上装夹工件的情况。用花盘和弯板安装工件时,找正比较费时。同时,要用平衡铁平衡工件和弯板等,以防止旋转时产生振动。

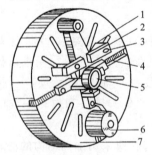

图 6-13　在花盘上安装工件

1—垫铁;2—压板;3—螺栓;4—螺栓槽;
5—工件;6—平衡铁;7—花盘

图 6-14　在花盘上用弯板安装工件

1—花盘;2—平衡铁;3—工件;4—弯板

4. 跟刀架和中心架

当工件的长度与直径之比大于 25($L/d>25$)时,由于工件本身的刚性差,加工过程中工件受横向切削力、自重、离心力等因素影响,容易产生弯曲、振动,严重影响圆柱度和表面粗糙度,常会出现两头细中间粗的腰鼓形。在切削过程中,工件受热伸长产生弯曲变形,严重时会使工件在顶尖间卡住。因此,必须采用跟刀架或中心架作为附加支承。

1）用中心架支承车细长轴

在车削细长轴时,一般用中心架来增加工件的刚性。当工件可以进行分段切削时,中心架支承在工件中间,如图 6-15 所示。在工件装上中心架之前,必须在毛坯中部车出一段支承于中心架支承爪的沟槽,其表面粗糙度值及圆柱度偏差要小,并需在支承爪与工件接触处经常加润滑油。为提高工件精度,车削前应将工件轴线调整到与机床主轴回转中心同轴。当车削支承于中心架的沟槽比较困难或对于一些中段不需要加工的细长轴时,可用过渡套筒,使支承爪与过渡套筒的外表面接触。过渡套筒的两端各装有四个螺钉,用这些螺钉夹住毛坯表面,并调整套筒外圆的轴线与主轴旋转轴线相重合。

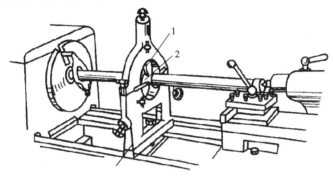

图 6-15 用中心架支承车细长轴

1—可调节支承爪;2—预先车出的外圆面

2）用跟刀架支承车细长轴

对不适宜调头车削的细长轴,不能用中心架支承,而要用跟刀架支承进行车削,以增加工件的刚性,如图 6-16 所示。跟刀架固定在床鞍上,一般有两个支承爪,它可以跟随车刀移动,抵消径向切削力,提高车削细长轴的形状精度并减小表面粗糙度值。

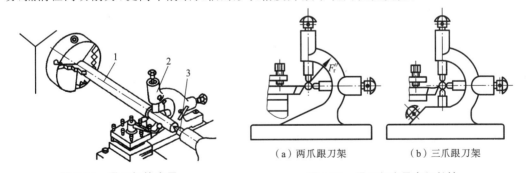

（a）两爪跟刀架　　　　（b）三爪跟刀架

图 6-16 跟刀架的应用

1—工件;2—跟刀架;3—后顶尖

图 6-17 跟刀架支承车细长轴

图 6-17(a)所示为两爪跟刀架,此时车刀给工件的切削抗力 F_r'' 使工件贴在跟刀架的两个支承爪上,但由于工件本身的重力及偶然的弯曲,车削时工件会瞬时离开和接触支承爪,因而产生振动。比较理想的中心架是三爪跟刀架,如图 6-17(b)所示。此时,由三爪和车刀抵住工件,使之上下、左右都不能移动,车削时工件就比较稳定,不易产生振动。

6.4　刻度盘及刻度手柄的应用

中滑板的刻度盘紧固在丝杠轴头上,中滑板和丝杠螺母紧固在一起。当中滑板手柄带着刻度盘转一周时,丝杠也转一周,这时螺母带动中滑板移动一个螺距。所以中滑板移动的距离可根据刻度盘上的格数来计算。

$$\text{刻度盘每转一格中滑板带动刀架横向移动距离} = \frac{\text{丝杠螺距}}{\text{刻度盘格数}}（\text{mm}）$$

例如,C6132 车床中滑板丝杠螺距为 4 mm。中滑板刻度盘等分为 200 格,故每转一格,中滑板移动的距离为 4/200＝0.02 mm。刻度盘转一格,中滑板带着车刀移动 0.02 mm,即径向背吃刀量为 0.02 mm,零件直径减少了 0.04 mm。

小滑板刻度盘主要用于控制零件长度方向的尺寸,其刻度原理及使用方法与中滑板相同。

加工外圆时,车刀向零件中心移动为进刀,远离中心为退刀。而加工内孔时则与其相反。进刀时,必须慢慢转动刻度盘手柄使刻度线转到所需的格数。当手柄摇过了头或试切后发现直径太小需退刀时,由于丝杠与螺母之间存在间隙,会产生空行程(即刻度盘转动而溜板并未移动),因此不能将刻度盘直接退回到所需的刻度,此时一定要向相反方向全部退回,以消除空行程,然后再转到所需要的格数。如图 6-18(a)所示,要求手柄转至 30 刻度,但摇过头成 40 刻度,此时不能将刻度盘直接退回到 30 刻度。如果直接退回到 30 刻度,则是错误的,如图 6-18(b)所示;而应该反转约一周后,再转至 30 刻度,如图 6-18(c)所示。

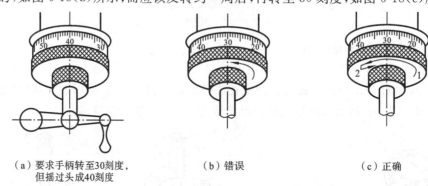

（a）要求手柄转至30刻度,　　　　　　（b）错误　　　　　　　（c）正确
但摇过头成40刻度

图 6-18　手柄摇过头后的纠正方法

6.5　车刀的刃磨及安装

车刀是保证车削加工质量的重要因素之一,车刀的各种角度主要靠手工刃磨,因此初步掌握车刀的刃磨方法及在刀架上安装的技能是必要的。

6.5.1　车刀的刃磨

未经使用的新车刀或用钝后的车刀需要进行刃磨,得到所需的锋利刀刃后才能进行车削。车刀的刃磨一般在砂轮机上进行,也可以在工具磨床上进行。刃磨高速钢车刀时应选用白色氧化铝砂轮,刃磨硬质合金车刀时应选用绿色碳化硅砂轮,刃磨步骤如图6-19所示。

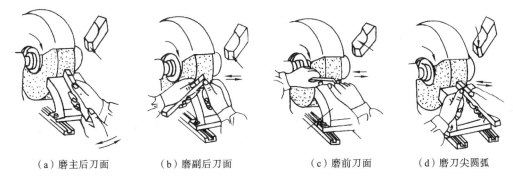

（a）磨主后刀面　　　（b）磨副后刀面　　　　（c）磨前刀面　　　　（d）磨刀尖圆弧

图 6-19　车刀刃磨步骤

(1) 磨主后刀面。磨出车刀的主偏角 κ_r 和后角 α_0。

(2) 磨副后刀面。磨出车刀的副偏角 κ_r' 和副后角 α_0'。

(3) 磨前刀面。磨出车刀的前角 γ_0 及刃倾角 λ_s。

(4) 磨刀尖圆弧。在主、副刀刃之间磨刀尖圆弧。

经过刃磨的车刀,可用油石加少量机油对切削刃进行研磨,可以提高刀具的耐用度和加工工件的表面质量。

刃磨车刀时应注意以下几个方面。

(1) 启动砂轮机刃磨车刀时,磨刀者应站在砂轮侧面,以防砂轮破碎伤人。

(2) 刃磨时,两手握稳车刀,刀具轻轻接触砂轮,接触过猛会导致砂轮碎裂或因手拿车刀不稳而飞出。

(3) 被刃磨的车刀应在砂轮圆周上左右移动,使砂轮磨耗均匀,不出现沟槽;避免在砂轮侧面用力粗磨车刀。

(4) 刃磨高速钢车刀时,发热后应将刀具置于水中冷却,以防车刀升温过高而回火软化,而磨硬质合金车刀时不能沾水,以免产生热裂纹。

6.5.2　车刀的安装

车刀使用时必须正确装夹,如图 6-20(a)所示,基本要求如下。

(1) 车刀刀尖应与车床的主轴轴线等高,可根据尾架顶尖的高度来进行调整。

(2) 车刀刀杆应与车床轴线垂直,否则将改变主偏角和副偏角的大小。

(3) 车刀刀体悬伸长度一般不超过刀柄厚度的两倍,否则刀具刚性下降,车削时容易产生振动。

(4) 垫刀片要平整,并与刀架对齐,垫刀片一般使用 2～3 片,太多会降低刀柄与刀架的接触刚度。

(5) 交替拧紧,至少压紧两个螺钉。

(6) 车刀装夹好后,应检查车刀运动到工件的加工极限位置时,是否会产生运动干涉或碰撞。方法是在加工前手动移动床鞍,使车刀处于加工的极限位置进行检查。

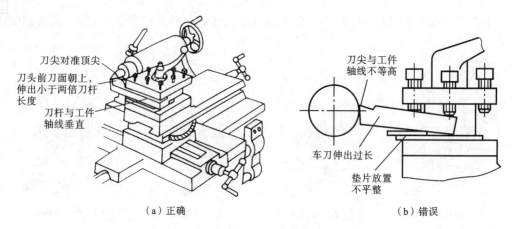

刀尖对准顶尖

刀头前刀面朝上,
伸出小于两倍刀杆
长度

刀杆与工件
轴线垂直

刀尖与工件
轴线不等高

车刀伸出过长

垫片放置
不平整

（a）正确   （b）错误

图 6-20 车刀的装夹

6.6 零件车削

利用车床的各种附件,选用不同的车刀,可以加工端面、外圆、内孔及螺纹面等各种回转面。

1. 车削的一般操作步骤

（1）调整车床 根据零件的加工要求和选定的切削用量,调整主轴转速 n 和进给量 f。车床的调整或变速必须在停车时进行。

（2）选择和装夹车刀 根据工件的加工表面和材料的具体情况,将选好的车刀正确而牢固地装夹在刀架上。

（3）装夹工件 根据零件类型合理地选择工件的装夹方法,稳固夹紧工件。

（4）开车对刀 首先启动车床,使刀具与旋转工件的最外点接触,以此作为调整背吃刀量的起点,然后向右退出刀具,调整背吃刀量。

（5）进刀 根据零件的加工要求,合理确定进给次数,并尽可能采用自动进给切削。

2. 试切的方法与步骤

由于刻度盘和横向进给丝杠都有误差,往往不能满足较高进刀精度的要求。为了准确定出背吃刀量,保证工件的加工尺寸精度,单靠刻度盘进刀是不可靠的,需采用试切方法。

试切方法及步骤如图 6-21 所示。

6.6.1 车外圆

将工件车削成圆柱形外表面的方法称为车外圆。车外圆是车削加工中最基本、最常见的工序,外圆车削的几种情况如图 6-22 所示。

左刃直头外圆车刀主要用于粗车外圆和没有台阶或台阶不大的外圆。弯头车刀用于车外圆（端面、倒角的外圆）。偏刀的主偏角为 $90°$,车外圆时径向力很小,常用来车削有垂

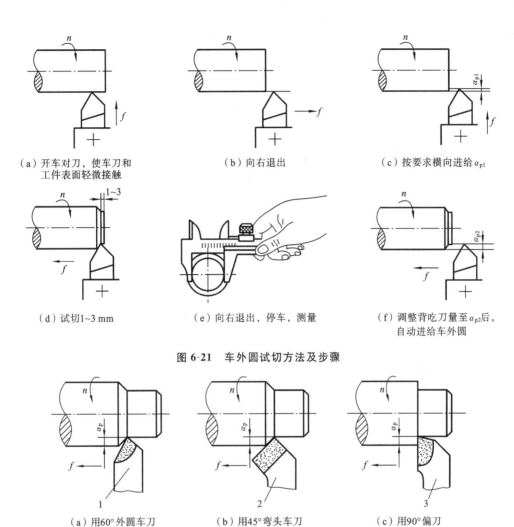

图 6-21　车外圆试切方法及步骤

（a）开车对刀，使车刀和工件表面轻微接触
（b）向右退出
（c）按要求横向进给 α_{p1}
（d）试切1~3 mm
（e）向右退出，停车，测量
（f）调整背吃刀量至 α_{p2} 后，自动进给车外圆

（a）用60°外圆车刀
（b）用45°弯头车刀
（c）用90°偏刀

图 6-22　外圆车削

1—左刃直头外圆车刀；2—弯头车刀；3—偏刀

直台阶的外圆和细长轴。

6.6.2　车端面和台阶

对工件端面进行车削的方法称为车端面。车端面应用端面车刀，开动车床使工件旋转，移动床鞍（或小滑板）控制切深，中滑板横向走刀进行车削，如图 6-23 所示。

车端面有以下几个注意要点。

（1）刀尖要对准工件中心，以免车出端面留下小凸台。

（2）因端面从边缘到中心的直径是变化的，故切削速度也在变化，不易车出较好的表面粗糙度，因此工件转速可比车外圆时高一些，最后一刀可由中心向外进给。

（3）若端面不平整，应检查车刀和方刀架是否锁紧。为使车刀准确地横向进给而无纵向移动，应将床鞍锁紧在床面上，用小滑板调整切深。

台阶是有一定长度的圆柱面和端面的组合，很多轴、盘、套类零件上有台阶，台阶的

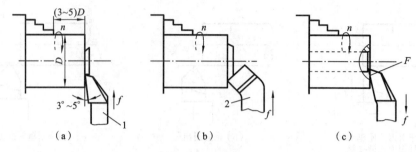

图 6-23 车端面

1—偏刀;2—弯头车刀

高低由相邻两段圆柱体的直径所决定。如图 6-24 所示,高度小于 5 mm 的为低台阶,加工时可用 $\kappa_r = 90°$ 的偏刀在车外圆时一次车出;高度大于 5 mm 的为高台阶,高台阶在车外圆几次后,用 $\kappa_r > 90°$ 的偏刀沿径向向外走刀车出。台阶长度的控制与测量方法如图 6-25 所示。

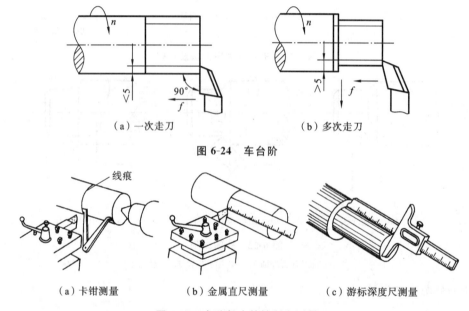

（a）一次走刀　　　　　　　（b）多次走刀

图 6-24 车台阶

（a）卡钳测量　　　　　（b）金属直尺测量　　　　　（c）游标深度尺测量

图 6-25 台阶长度的控制和测量

6.6.3 车槽与切断

1. 车槽

在工件表面上车削出沟槽的方法称为车槽,车槽的形状及加工如图 6-26 所示。轴上的外槽和孔的内槽多属于退刀槽或越程槽,其作用是车削螺纹时便于退刀或磨削时便于砂轮越程,否则无法加工;同时往轴上或孔内装配其他零件时,便于确定其轴向位置。端面槽的主要作用是为了减轻质量。有些槽用于安装弹性挡圈或密封圈等。车槽使用切槽刀,如图6-27所示,车槽和车端面很相似,如同左右偏刀并在一起同时车左右两个端面。

车削宽度为 5 mm 以下的窄槽时,可采用主切削刃尺寸与槽宽相等的切槽刀一次车出,

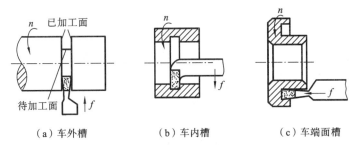

（a）车外槽　　　　　（b）车内槽　　　　　（c）车端面槽

图 6-26　车槽的形状及加工

宽度大于 5 mm 时,一般采用分段横向粗车,最后一次横向切削后,再进行纵向精车的方法,如图 6-28 所示。当工件上有几个同一类型的槽时,槽宽应一致,以便用同一把刀具切削,提高生产效率。

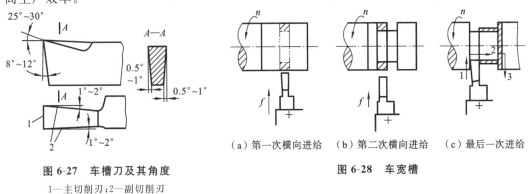

图 6-27　车槽刀及其角度

1—主切削刃;2—副切削刃

（a）第一次横向进给　　（b）第二次横向进给　　（c）最后一次进给

图 6-28　车宽槽

2. 切断

切断是将坯料或工件从夹持端上分离下来,主要用于圆棒料,按尺寸要求下料或把加工完毕的工件从坯料上切下来,如图 6-29 所示。常用的切断方法有直进法和左右借刀法两种。

切断要选用切断刀,切断刀的形状与切槽刀相似,只是刀头更加窄长,所以刚性也更差,容易折断,因此切断时应注意以下几点。

（1）切断时,刀尖必须与工件等高,否则切断处将留有凸台,容易损坏刀具。

（2）切断处应靠近卡盘,增加工件刚性,减小切削时的振动。

（3）切断刀伸出不宜过长,以增强刀具刚性。

图 6-29　切断

（4）切断时,切削速度要低,采用缓慢均匀的手动进给,且即将切断时必须放慢进给速度,以免刀头折断。

（5）切断钢件时应适当使用切削液,以加快切断过程的散热。

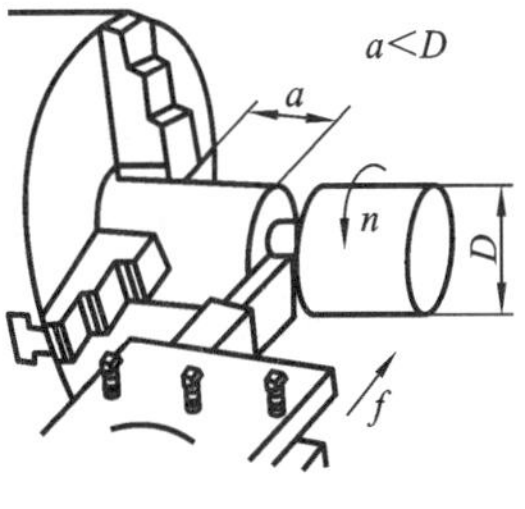

6.6.4　车圆锥面

在各种机械结构中,广泛存在圆锥体和圆锥孔的配合,如顶尖尾柄与尾座套筒的配合;顶尖与被支承工件中心孔的配合;锥销与锥孔的配合等。圆锥面配合紧密,装拆方便,经多次拆卸后仍能保证有准确的定心作用。车削圆锥面常用的方法有宽刀法、小滑板转位法、偏移尾座法、靠模法和数控法等。

（1）宽刀法是靠刀具的刃形（角度及长度）横向进给切出所需圆锥面的方法，如图 6-30 所示。此法径向切削力大，容易引起振动，适合加工刚性好、锥面长度短的圆锥面。

（2）小滑板转位法如图 6-31 所示，松开固定小滑板的螺母，使小滑板随转盘转动半锥角 α，然后紧固螺母。车削时，转动小滑板手柄，即可加工出所需圆锥面。这种方法简单，不受锥度大小的限制，但由于受小滑板行程的限制，不能加工较长的圆锥面，且表面粗糙度值的大小受操作技术影响，用手动进给，劳动强度大。

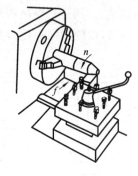

图 6-30　宽刀法

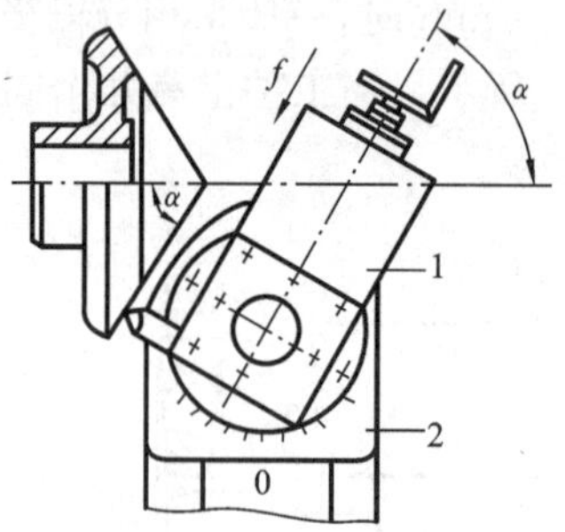

图 6-31　小滑板转位法

1—小滑板；2—中滑板

（3）偏移尾座法是将工件安装在前后顶尖上，松开尾座底板的紧固螺母，将其横向移动一个距离 A，使工件轴线与主轴轴线的交角等于锥面的半锥角 α，如图 6-32 所示。

尾座偏移量 A 按下式计算：

$$A = L\sin\alpha$$

当 α 很小时

$$A = L\tan\alpha = \frac{L(D-d)}{2l}$$

式中：α 为半锥角；

　　　L 为前后顶尖距离（mm）；

　　　l 为加工圆锥长度（mm）；

　　　D 为圆锥大端直径（mm）；

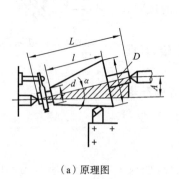

（a）原理图　　　　　　　　　（b）工作图

图 6-32　偏移尾座法

d 为圆锥小端直径(mm)。

为克服工件轴线偏移后中心孔与顶尖接触不良的状况,宜采用球形头的顶尖。偏移尾座法能切削较长的圆锥面,并能自动走刀,但因受到尾部偏移量的限制,只能加工小锥角($<$ $8°$)的圆锥面。

6.6.5 车螺纹

1. 螺纹的基本要素

在圆柱表面上沿着螺旋线形成的具有相同剖面的连续凸起和沟槽称为螺纹。在各种机械中,带有螺纹的零件很多,应用很广。常用的螺纹按用途可分为连接螺纹和传动螺纹两类,前者起连接作用(如螺栓与螺母),后者用于传递运动和动力(如丝杠和螺母);按牙型分,有三角形螺纹、梯形螺纹和方牙螺纹等;按标准分,有米制螺纹和英制螺纹两种。米制三角形螺纹的牙型角为 $60°$,用螺距或导程来表示其主要规格;英制三角形螺纹的牙型角为 $55°$,用每英寸牙数作为主要规格。每种螺纹有左旋、右旋、单线、多线之分,其中以米制三角形螺纹应用最广,又称为普通螺纹。普通螺纹的名称和要素如图 6-33 所示。

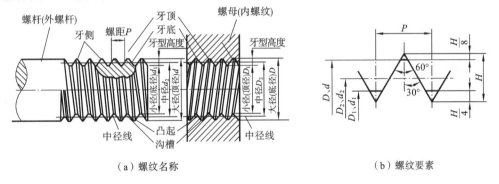

(a)螺纹名称   (b)螺纹要素

图 6-33 普通螺纹的名称和要素

D_2、d_2—中径;P—螺距;D_1、d_1—小径;D、d—大径;H—原始三角形高度

大径、螺距、中径、牙型角是最基本要素。内、外螺纹只有当这几个参数一致时才能配合好,它们是螺纹车削时必须控制的部分。车螺纹时,为了获得准确的螺距,必须用丝杠带动刀架进给,使工件每转一周,刀具移动的距离等于工件螺距,经过多次螺纹车刀横向进给,走刀后完成整个加工过程。

图 6-38 所示是在车床上用螺纹车刀车削螺纹示意图。当工件旋转时,车刀沿工件轴线方向作等速移动形成螺旋线,经多次进给后形成螺纹。下面介绍加工中是如何控制这些要素的。

1)牙型

为了使车出的螺纹形状准确,必须使车刀刀刃部的形状与螺纹轴向截面形状相吻合,即牙型角等于刀尖角。装刀时,精加工的刀具一般前角为零,前刀面应与工件轴线共面;粗加工时可有一小前角,以利于切削。且牙型角的角平分线应与工件轴线垂直,一般常用样板对刀校正,如图 6-34 所示。

螺纹的牙型是经过多次走刀而形成的,如图 6-35 所示。进刀方式主要有三种:一种是直进法,如图 6-35(a)所示,即用中滑板垂直进刀,两个切削刃同时进行切削,此法适用于小螺距螺纹或最后精车;另一种是左右切削法(又称借刀法),如图 6-35(b)所示,即除用中滑板垂直进刀外,同时用小滑板使车刀左、右微量进刀,只有一个刀刃切削,因此车削比较平衡,但操作复杂,适用于塑性材料和大螺距螺纹的粗车;第三种是斜进法,如图 6-35(c)所示,用于粗车,除了用中滑板横向进给外,还利用小滑板使车刀向一个方向微量进给。

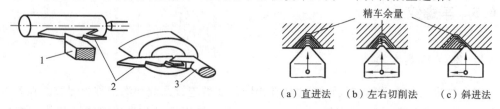

图 6-34 用样板对刀校正

1—外螺纹车刀;2—样板;3—内螺纹车刀

图 6-35 车螺纹的进给方式

(a)直进法　(b)左右切削法　(c)斜进法

2）直径

螺纹的直径是靠控制背吃刀量来保证各径尺寸精度的,如图 6-33 所示。

对于内螺纹:小径为 $D_1=D-1.082P$;中径为 $D_2=D-0.6495P$。

对于外螺纹:小径为 $d_1=d-1.082P$;中径为 $d_2=d-0.6495P$。

3）导程 P_h 和螺距 P。

对于圆柱螺纹,导程是同一条螺旋线上相邻两牙在中径线上对应两点之间的轴向距离;螺距是相邻两牙在中径线上对应两点之间的轴向距离。对单线普通螺纹,螺距即为导程。车螺纹时,工件每转一周,刀具移动的距离应等于工件的螺距。主轴与丝杠、刀架的传动路线如图 6-36 所示。由图可见,丝杠转速($n_丝$)与丝杠螺距($P_丝$)和被加工工件转速($n_工$)与螺距(P)之间关系为

$$n_丝 P_丝 = n_工 P$$

车削前,根据工件的螺距,检查机床上的进给量表,然后调整进给箱上的手柄(车标准螺距的螺纹)或更换配换齿轮(车特殊螺距的螺纹),即可改变丝杠转速,从而车削出不同螺距的螺纹。在车床上能用米制螺纹传动链车削普通螺纹;用英制螺纹传动链车削管螺纹和英制螺纹;用模数螺纹传动链车削米制蜗杆;用径节螺纹传动链车削英制蜗杆。

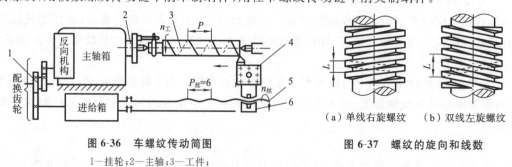

图 6-36 车螺纹传动简图

1—挂轮;2—主轴;3—工件;
4—车刀;5—丝杠;6—开合螺母

图 6-37 螺纹的旋向和线数

(a)单线右旋螺纹　(b)双线左旋螺纹

4）线数

由一条螺旋线形成的螺纹称为单线螺纹,由两条或多条螺旋线形成的螺纹称为多线螺纹。图 6-37(a)所示为单线螺纹,图 6-37(b)所示为双线螺纹。由图可知,当多线螺纹的线

数为 n 时,导程、螺距的关系为:导程 P_h 等于螺距 P 乘以线数 n(即 $P_h = Pn$)。加工多线螺纹时,当车好一条螺旋线上的螺纹后,将螺纹车刀退回到车削的起点位置,将百分表靠在刀架上,利用小滑板将车刀沿进给方向移动一个螺距,再车另一线螺纹。

5）旋向

图 6-37(a)所示为右旋螺纹,图 6-37(b)所示为左旋螺纹。螺纹旋向常用左(右)手定则来判定,即用手的四指弯曲方向表示螺旋线和转动方向,拇指竖直表示螺旋线沿自身轴线移动的方向,若四指和拇指的方向与右(左)手相合,则称为右(左)旋。螺纹的旋向可用改变螺纹车刀的进给方向来实现,向左进给为右旋,向右进给为左旋。

2. 车螺纹操作步骤

除直径较小的外,内螺纹可用板牙、丝锥等工具在车床上加工(板牙、丝锥可看成钳工部分)。这里只介绍普通螺纹的车削加工,加工时要选用车床的最低转速,车螺纹操作过程如图 6-38 所示。车螺纹时,要选择好切削用量,一般粗车选切削速度 $v_c = 13 \sim 18$ m/min,每次背吃刀量为 0.15 mm 左右,计算好吃刀次数,留精车余量 0.2 mm 左右;精车选切削速度 $v_c = 5 \sim 10$ m/min,每次背吃刀量为 0.02 ～ 0.05 mm。车螺纹时,要不断用切削液冷却、润滑工件。加工一个工件后,要及时清除工具内的切屑。

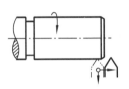

（a）开车，使车刀与工件
轻微接触，记下刻度
读数，向右退出车刀

（b）合上对开螺母，在工件表
面上车出一条螺旋线，横
向退出车刀，停车

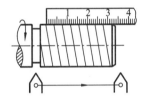

（c）开反车使车刀退到工件右
端，停车；用金属直尺检
查螺距是否正确

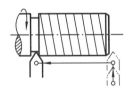

（d）利用刻度盘调整切深，
开车切削

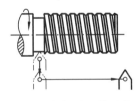

（e）车刀将进至行程终了时，应
做好退刀停车准备，先快速
退出车刀，然后停车，开反
车退回刀架

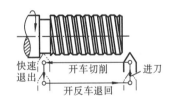

（f）再次横向进给切深，继续
切削，其切削过程的路线
如图所示

图 6-38　车螺纹的操作过程

在车削过程中和退刀时不得脱开传动系统中任何齿轮或对开螺母,以免车刀与螺纹槽对不上而产生"乱扣",而应采用开反车退刀的方法。但如果车床丝杠螺距是工件导程的整数倍时,可抬起开合螺母,手动退刀。注意:严禁用手触摸工件,或者用棉纱揩擦转动的螺纹。

3. 螺纹的测量

螺纹的测量主要是测量螺距、牙型角和中径。因为螺距是由车床的运动关系来保证的,所以用金属直尺测量即可;牙型角是靠车刀的刀尖角及正确安装来保证的,可用螺纹样板测量,如图 6-39 所示。螺纹中径可用螺纹千分尺测量,如图 6-40 所示。

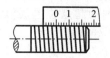

（a）用金属直尺测量

螺纹样板

（b）用螺纹样板测量

图 6-39 测量螺距和牙型角

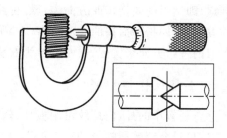

图 6-40 测量螺纹中径

成批大量生产时,常用螺纹量规进行综合测量。外螺纹用环规,内螺纹用塞规(各有止规、过规一套),如图 6-41 所示。

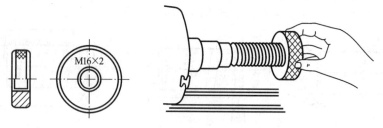

（a）环规及检测方法

（b）塞规

图 6-41 螺纹量规检测法

6.6.6 车成形面

有些零件如手柄、手轮等,为了使用方便、美观、耐用等原因,它们的表面不是平直的,而是做成以母线为曲线的回转表面,这些表面称为成形面。成形面的车削方法主要有以下几种。

图 6-42 双手控制法车成形面

（1）手动法 如图 6-42 所示,双手同时操纵中滑板纵、小滑板纵、横向移动刀架,或者一个方向自动进给,另一个方向手动控制,使刀尖运动轨迹与工件成形面母线轨迹一致。车削过程中要经常用成形样板检验,通过反复加工、检验、修正,最后形成要加工的成形表面。手动法加工简单方便,但对操作者技术水平要求高,而且生产效率低、加工精度低,一般用于单件小批量生产。

（2）成形车刀法和靠模法　成形车刀法和靠模法分别与圆锥面加工中的宽刀法和靠模法类似。只是要分别将主切削刃、靠模板制成所需回转成形面的母线形状。

（3）数控法　数控法是按工件轴向剖面的成形母线轨迹编制成数控程序后输入数控车床而加工出成形面的方法。成形面的形状可以很复杂,且质量好,生产效率也高。

6.6.7　钻孔

在车床上可以用钻头、镗刀、扩孔钻头、铰刀进行钻孔、镗孔、扩孔和铰孔。下面介绍钻孔和镗孔的方法。

在实体材料上用钻头进行孔加工的方法称为钻孔。钻孔的刀具为麻花钻,钻孔的公差等级为IT10级以下,表面粗糙度值 Ra 为 $12.5~\mu m$,多用于粗加工孔。

在车床上钻孔如图 6-43 所示,将工件装夹在卡盘上,钻头安装在尾架套筒锥孔内。钻孔前先车平端面并车出一个中心孔或先用中心钻钻中心孔作为引导。钻孔时,摇动尾架手轮使钻头缓慢进给。注意:要经常退出钻头进行排屑;钻孔进给不能过猛,以免折断钻头;钻钢料时应加切削液。

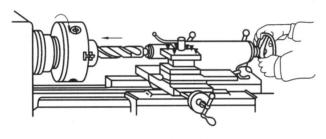

图 6-43　在车床上钻孔

6.6.8　镗孔

在车床上对工件上的孔进行车削的方法称为镗孔（又称为车孔）。镗孔可以作粗加工,也可以作精加工。镗孔分为镗通孔和镗不通孔,如图 6-44 所示。镗通孔基本上与车外圆相同,只是进刀和退刀方向相反。粗镗和精镗内孔时也要进行试切和试测,其方法与车外圆相同。注意通孔镗刀的主偏角为 $45^\circ \sim 75^\circ$,不通孔镗刀的主偏角大于 90°。

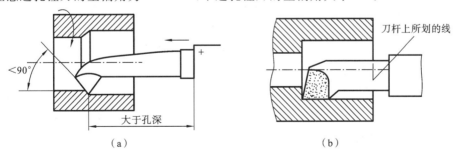

（a）　　　　　　　　　　　　　　　　　（b）

图 6-44　在车床上镗孔

6.6.9 滚花

一些工具和机器零件的手握部分,为了便于握持,防止打滑,使造型美观,常在表面上滚压出各种不同花纹,如千分尺套管、铰杠扳手等。这些花纹可在车床上用滚花刀滚压而成,如图 6-45 所示。

(1) 花纹种类 有直纹和网纹两种花纹,每种又有粗纹、中纹和细纹之分。花纹的粗细取决于节距 t(即花纹间距)。t 为 1.6 mm 和 1.2 mm 的是粗纹,t 为 0.8 mm 的是中纹,t 为 0.6 mm 的是细纹。工件直径或宽度大时选粗纹;反之选细纹。

(2) 滚花刀 滚花刀由滚轮与刀体组成,滚轮的直径为 20~25 mm。滚花刀有单轮、双轮和六轮三种(见图 6-45)。单轮滚花刀用于滚直纹;双轮滚花刀有一个左旋滚轮和一个右旋滚轮,用于滚网纹;六轮滚花刀是在同一把刀体上装有三对粗细不等的斜纹轮,使用时根据需要选用合适的节距。

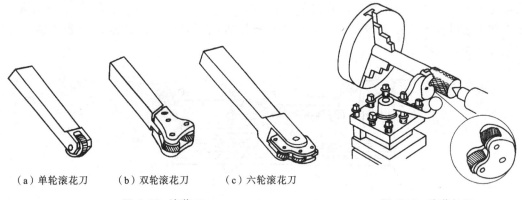

（a）单轮滚花刀 　　（b）双轮滚花刀 　　（c）六轮滚花刀

图 6-45　滚花刀 　　　　　　　　　**图 6-46　滚花加工**

(3) 滚花方法 由于滚花后工件直径大于滚花前的直径,其增大值为 $(0.25\sim0.5)t$,所以滚花前需根据工件材料的性质把工件待滚花部分的直径车小 $(0.25\sim0.5)t$。把滚花刀安装在车床方刀架上,使滚轮圆周表面与工件平行接触(见图 6-46)。滚花时,工件低速旋转,滚花轮径向挤压后再作纵向进给。来回滚压几次,直到花纹凸出高度符合要求。工件表面因受滚花刀挤压后产生塑性变形而形成了花纹,因此,滚花时的径向力很大。为了减小开始时的径向压力,可先只让滚轮宽度的一半接触工件表面,或者安装滚花刀时使滚轮圆周表面略倾斜于工件表面,这样比较容易切入。为防止研坏滚花刀和由于细屑淤塞在滚轮刀齿隙内而影响花纹清晰程度,滚压中应充分加注切削液。

(4) 乱纹及其防止方法 滚花操作不当时很容易产生乱纹。其原因有以下几个方面:工件外径周长不能被滚花节距 t 除尽;滚花刀齿磨损或被细屑堵塞;工件转速太高,滚轮与工件表面产生滑动;滚花开始时压力不足,或者滚轮与工件接触面积太大。针对以上原因可相应采取以下措施预防乱纹:把工件外圆略微车小;更换或清洁滚轮;降低工件转速;滚花开始时,可使用较大压力或把滚花刀装偏一个很小的角度。

第 7 章　铣削加工实训

【实训目的及要求】

(1) 了解铣削加工的基本知识。

(2) 了解常用铣床的型号、结构及使用范围。

(3) 掌握常用铣床附件(平口钳、分度头、回转工作台)的功能及应用。

(4) 掌握基本的铣削方法——铣平面、斜面、直沟槽。

(5) 了解其他铣削方法——铣 T 形槽、齿形铣削。

(6) 能独立在铣床上正确安装工件、刀具,以及按照实训图纸完成铣削加工。

【安全操作规程】

(1) 实训时应穿好工作服,女同学要戴工作帽(长发要用发卡固定),防止头发或衣角被铣床转动部分卷入发生安全事故。严禁戴手套操作。、

(2) 铣床机构比较复杂,操作前必须熟悉铣床性能及其调整方法。

(3) 操作时,头不能过分靠近铣削部位,防止切屑烫伤眼睛或皮肤。必要时应戴防护眼镜。

(4) 铣床运转时不得调整速度(扳动手柄)。不得随意更改切削用量,如需调整铣削速度,应报告指导教师,并在停车后进行。

(5) 铣削进行中,不准用手抚摸旋转着的刀具、主轴或测量工件;停机后,不准用手制动铣刀旋转。

(6) 学生一般只准使用逆铣法。

(7) 用分度头分度铣削齿轮时,必须等铣刀完全离开工件后,才能转动分度头手柄进行分齿。

(8) 不准用手清除切屑,必须使用毛刷,严禁用手抓或嘴吹,以免铁屑伤人。

(9) 装卸工件和调整部件时必须停机操作。

7.1　概述

在铣床上使用铣刀对工件进行切削加工的方法称为铣削,铣削是机械加工中最常用的切削加工方法之一。

7.1.1　铣削加工的特点

(1) 铣削质量　由于铣削时容易产生振动,切削不平稳,使铣削质量的提高受到了一定

的限制。铣削加工的精度一般可达 IT9～IT7 级，表面粗糙度 Ra 值可达 6.3～1.6 μm。

（2）铣削生产率　铣刀是多刃刀具，有几个刀齿同时参加切削，利用镶装有硬质合金的刀具，可采用较大的切削用量，且切削运动连续，故生产效率较高。

（3）铣削加工成本　由于铣床和铣刀比刨床、刨刀复杂，因此铣削成本比刨削高。铣削适用于单件小批量生产，也适用于大批大量生产。

7.1.2　铣削加工范围

铣削加工广泛应用于机械制造及修理部门，可以加工平面（水平面、垂直面、斜面等）、圆弧面、台阶、沟槽（键槽、T 形槽、V 形槽、燕尾槽、螺旋槽等）、成型面、齿轮及切断等。常见的铣削加工范围如图 7-1 所示。

7.2　铣床

铣床类型很多，如卧式升降台铣床、立式升降台铣床、龙门铣床、平面铣床、仿形铣床和工具铣床等。其中，常用的是卧式升降台铣床、立式升降台铣床和龙门铣床。下面分别进行介绍。

7.2.1　万能升降台铣床

万能升降台铣床是卧式升降台铣床的一种，在铣削加工中应用最为广泛。铣床的主轴水平布置，与工作台面平行。X6132 万能升降台铣床主要由床身、横梁、主轴、工作台、升降台和底座等部分组成，其外形如图 7-2 所示。在型号 X6132 中，X 为铣床类别代号（铣床类），61 为万能升降台铣床的组别和系别代号（万能升降台铣床组系别），32 为主参数代号，表示工作台台面宽度的 1/10，即工作台台面宽度为 320 mm。

（1）床身　用于支承和连接各主要部件。顶面上有供横梁移动用的水平导轨，前壁有燕尾形的垂直导轨，供升降台上、下移动。电动机、主轴及主轴变速机构等安装于床身内部。

（2）横梁　用于安装吊架，以便于支承铣刀刀杆外端，减少刀杆的弯曲和振动，从而提高刀杆的刚性。横梁可沿床身的水平导轨移动，以便于调整其伸出长度。

（3）主轴　用于安装铣刀刀杆并带动铣刀旋转。主轴为空心轴，前端有锥度为7：24的精密锥孔（与铣刀刀杆的锥柄相配合）。

（4）工作台　用于安装夹具和工件，安装于转台的导轨上，由纵向丝杠带动做纵向移动，并带动台面上的工件做纵向进给。

（5）床鞍　安装于升降台上面的水平导轨上，可带动工作台一起做横向进给。

（6）转台　安装于工作台和床鞍之间，可将工作台在水平面内转动一定角度（正、反方向均为 0°～45°），以便于铣削螺旋槽。

（7）升降台　使整个工作台沿床身的垂直导轨上、下移动，以便于调整工作台台面至铣刀的距离，并带动台面上的工件做垂直进给。

（8）底座　用于支承床身和升降台，并提供装切削液的空间。

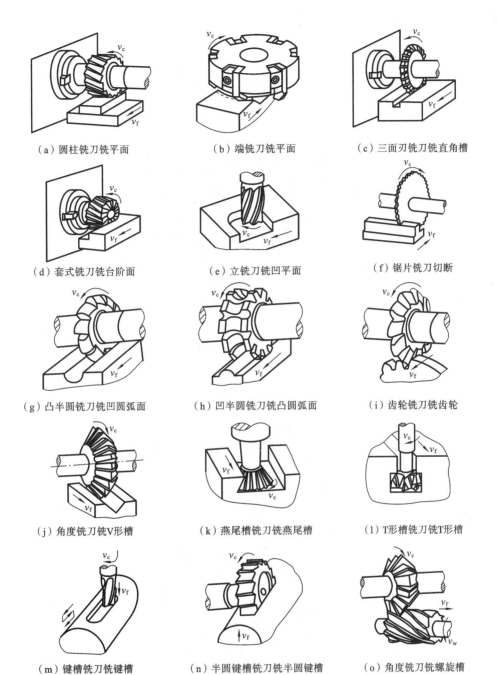

（a）圆柱铣刀铣平面　　　　（b）端铣刀铣平面　　　　（c）三面刃铣刀铣直角槽

（d）套式铣刀铣台阶面　　　　（e）立铣刀铣凹平面　　　　（f）锯片铣刀切断

（g）凸半圆铣刀铣凹圆弧面　　（h）凹半圆铣刀铣凸圆弧面　　（i）齿轮铣刀铣齿轮

（j）角度铣刀铣V形槽　　　　（k）燕尾槽铣刀铣燕尾槽　　　（l）T形槽铣刀铣T形槽

（m）键槽铣刀铣键槽　　　　（n）半圆键槽铣刀铣半圆键槽　　（o）角度铣刀铣螺旋槽

图 7-1　常见的铣削加工范围

7.2.2　立式升降台铣床

　　立式升降台铣床主要由床身、立铣头、主轴、工作台、升降台和底座等部分组成,其外形如图 7-3 所示。在型号 X5032 中,50 为立式升降台铣床的组别和系别代号,32 为主参数代号,表示工作台台面宽度的 1/10,即工作台台面宽度为 320 mm。铣削时,铣刀安装于主轴

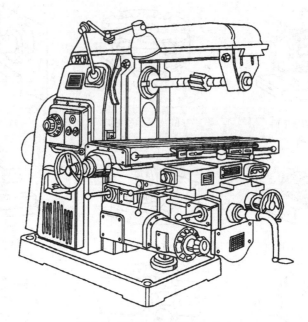

图 7-2　X6132 万能升降台铣床

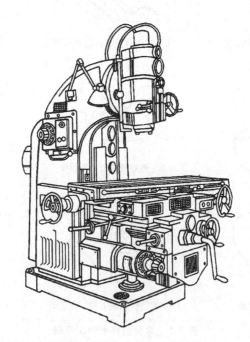

图 7-3　X5032 立式升降台铣床

上,由主轴带动作旋转主运动,工作台带动工件作纵向、横向和垂直进给运动。

　　立式升降台铣床与卧式升降台铣床的主要区别在于其主轴与工作台台面垂直,没有横梁、吊架和转台。根据加工的需要,有时可以将立式升降台铣床的立铣头(主轴头架)转动一定角度,以便于铣削斜面。在万能升降台铣床上,将横梁移至床身后面,安装上立铣头,可作为立式升降台铣床使用。

7.3　常用铣床附件

铣床的主要附件有机用虎钳、回转工作台、分度头和万能铣头。其中,前三种附件用于工件装夹,万能铣头用于刀具装夹。

7.3.1　机用虎钳

机用虎钳(简称为虎钳)是一种通用夹具,也是铣床常用的附件之一。如图 7-4 所示为带转台的机用虎钳的外形。机用虎钳主要由底座、钳身、固定钳口、活动钳口、钳口铁和螺杆等部分组成。底座下镶有定位键,安装时,将定位键放入工作台的 T 形槽内,即可在铣床上获得正确的位置。松开钳身上的压紧螺母,并扳转钳身,可使其沿底座转动一定角度。工作时,应先校正虎钳在工作台上的位置,保证固定钳口与工作台台面的垂直度和平行度。

机用虎钳安装简单,使用方便,适用于装夹尺寸较小、形状简单的支架、盘套类、板块和轴类工件。

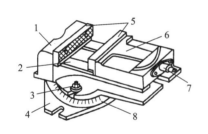

图 7-4　机用虎钳

1—固定钳口;2—钳身;3—压紧螺母;4—底座;
5—钳口铁;6—活动钳口;7—螺杆;8—刻度盘

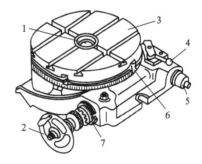

图 7-5　回转工作台

1—定位孔;2—手轮;3—回转台;
4—离合器手柄;5—传动轴;6—挡铁;7—偏心环

7.3.2　回转工作台

如图 7-5 所示为回转工作台的外形。回转工作台内部有蜗轮蜗杆传动机构,手轮与蜗杆同轴连接,回转台与蜗轮连接。转动手轮,通过蜗杆传动,带动回转台转动。回转台周围标有 0°～360°刻度,用于观察和确定回转台位置。回转工作台中央的定位孔可以安装心轴,以便于找正和确定工件的回转中心。当回转工作台底座上的槽和铣床工作台的 T 形槽对正后,即可用螺栓将回转工作台紧固于铣床工作台上。回转工作台有手动和机动两种方式。机动时,合上离合器手柄,由传动轴带动回转台转动。

回转工作台适用于工件的分度工作和非整圆弧面的加工。分度时,在回转工作台上安装三爪卡盘(自定心),可以铣削四方、六方等工件;铣削圆弧槽时,工件装夹于回转工作台上,铣刀旋转,用手均匀缓慢地转动手轮,即可铣出圆弧槽。

7.3.3 分度头

分度头是铣床的重要附件之一。根据 GB/T 2554—2008《机械分度头》标准，一般用途、机床用机械分度头(简称为分度头)的类型分为万能型和半万能型。半万能型比万能型缺少差动分度挂轮连接部分。万能分度头的规格有 F11100、F11125、F11160、F112000 和 F11250 等。其中，F 表示机床附件分度盘的类代号，11 表示机床附件组系代号(万能分度头)，100、125 等为主参数，表示分度头中心高。

1. 万能分度头的功用

(1)可以使工件实现绕自身的轴线转动一定角度及作任意圆周等分。

(2)利用分度头主轴上的卡盘装夹工件，可以使工件轴线在相对于铣床工作台台面上倾 95°至下倾 5°的范围内调整所需角度，以便于加工各种位置的沟槽、平面等，如铣圆锥齿轮。

(3)与机床工作台纵向进给运动配合，通过交换齿轮(挂轮)能使工件连续转动，可以加工螺旋沟槽和斜齿轮等。

利用分度头可以在铣床上完成齿轮、多边形和花键等铣削工作。

2. 万能分度头的结构

如图 7-6 所示为万能分度头的外形。万能分度头主要由底座、回转体、主轴和分度盘等部分组成。

主轴安装于回转体内，回转体由两侧的轴颈支承于底座上，并可绕其轴线转动，使主轴(工件)轴线相对于铣床工作台台面上倾 95°至下倾 5°的范围内调整所需角度。调整时，先松开底座上靠近主轴后端的两个紧固螺母，用撬棒插入主轴孔内扳动回转体，调整后再拧紧紧固螺母。

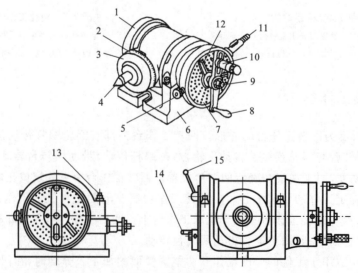

图 7-6　万能分度头

1—回转体；2—刻度环；3—主轴；4—顶尖；5—分度盘锁紧螺钉；6—底座；7—分度盘；8—分度手柄；
9—锁紧螺母；10—定位锁；11—挂轮轴；12—分度叉；13—压紧螺母；14—蜗杆脱落手柄；15—主轴锁紧手柄

底座底面槽内镶有两个定位键,可与铣床工作台上的 T 形槽相配合,以便于精确定位。

分度头主轴为空心轴,两端均为莫氏锥孔(3 号、4 号或 5 号,取决于分度头规格,如 F11250 为 5 号莫氏锥孔)。前锥孔用于安装带有拨盘的顶尖;后锥孔可安装心轴,作为差动分度或作直线移距分度时安装交换挂轮用。主轴前端的短圆锥用于安装卡盘或拨盘,前端的刻度环可在分度手柄转动时随主轴一起旋转,刻度环上标有 0°～360°刻度,用于直接分度。

分度盘套于分度手柄轴上,盘上正面和反面有若干圆周均布而孔数不同的定位孔圈,作为分度计算和实现分度的依据。分度盘用于配合分度手柄完成不是整数的分度。定位销可在分度手柄的长槽内沿分度盘径向调整位置,以便于定位销插入选择孔数的定位孔圈内。松开分度盘锁紧螺钉,可使分度手柄随分度盘一起作微量转动调整,或者完成差动分度和螺旋面加工。分度叉用于防止分度差错和方便分度,其开合角度大小根据计算的孔距数进行调整。挂轮轴用于在分度头与铣床工作台纵向丝杠之间安装交换齿轮,以便于进行差动分度和螺旋面加工。蜗杆脱落手柄用于脱开蜗杆蜗轮的啮合,以便于进行直接分度。主轴锁紧手柄用于分度后锁紧主轴,使铣削力直接作用于蜗杆蜗轮上,减少铣削时的振动,保持分度头的分度精度。

不同型号的分度头均配有一块或二块分度盘,例如,带两块分度盘的 F11250 型万能分度头的各孔圈的孔数分别如下。

第一块:正面,24、25、28、30、34、37;反面,38、39、41、42、43。

第二块:正面,46、47、49、52、53、54;反面,57、58、59、62、66。

万能分度头一般均配有尾座、顶尖、拨叉、分度盘、法兰盘、三爪卡盘和 T 形槽螺栓等附件,以保证其基本使用功能。

3. 分度方法

如图 7-7(a)所示为 F11250 万能分度头的传动系统原理图。分度时,从分度盘定位孔内拔出定位销,转动分度手柄,通过传动比为 1∶1 的直齿轮及 1∶40 的蜗杆传动,使主轴带动工件转动。此外,在分度头内还有一对传动比为 1∶1 的螺旋齿轮,铣床工作台纵向丝杠的运动可以经交换齿轮带动挂轮轴转动,再通过该螺旋齿轮传动使分度手柄所在轴转动,从而使主轴带动工件转动。

利用分度头可进行直接分度、简单分度、角度分度、差动分度和直线移距分度等,下面仅介绍简单分度法。

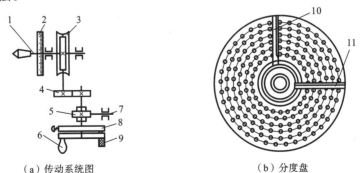

（a）传动系统图　　　　　　　　　　　（b）分度盘

图 7-7　F11250 万能分度头的传动系统及分度盘

1—主轴;2—刻度盘;3—1∶40 蜗杆传动;4—1∶1 直齿轮传动;5—1∶1 螺旋齿轮传动;
6—分度手柄;7—挂轮轴;8—分度盘;9—定位销;10,11—分度叉由万能分度头传动系统可知,分度手柄每转动 1 周,则主轴转动 1/40 周。如果要将工件的圆周等分为 z 份,则每次分度,工件应转动 $1/z$ 周。假设每次分度时手柄的转数为 n,则手柄转数 n 与工件等分数 z 之间的关系如下

$$1:40=\frac{1}{z}:n \quad 则 \quad n=\frac{40}{z}$$

例如,铣削齿数 $z=19$ 的直齿圆柱齿轮,其等分数 $z=19$,则手柄的转数应为 $n=40/19$,即每铣完一个齿,分度手柄需要转动如下周数进行分度

$$n=\frac{40}{19}=\frac{38+2}{19}=2+\frac{2}{19}=2+\frac{4}{38}$$

也就是说,每一次分度时,分度手柄应转动 $(2+2/19)$ 周。而 2/19 周是通过分度盘来控制的,此时,分度手柄转动 2 周后,再沿第一块分度盘反面孔数为 38 的孔圈附加转动 4 个孔距。

为了确保手柄转动的孔距数可靠,可调整分度盘上分度叉之间的夹角,使之正好等于需附加转过的孔距数,这样可以准确无误地依次分度。用简单分度法分度时,应用分度盘锁紧螺钉将分度盘紧固。

7.3.4　万能铣头

在卧式铣床上装上万能铣头,不仅能完成各种立铣的工作,而且还可以根据铣削的需要,将铣头主轴偏转成任意角度。万能铣头的底座用四个螺栓紧固于铣床的垂直导轨上,铣床主轴的运动通过铣头内的两对锥齿轮传至铣头主轴上,如图 7-8(a)所示。铣头壳体可绕铣床主轴轴线偏转任意角度,如图 7-8(b)所示。而铣头的主轴壳体还可在铣头壳体上偏转任意角度,如图 7-8(c)所示。因此,铣头主轴可以在空间偏转成所需要的任意角度。

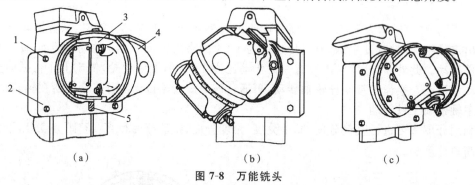

$$(a) \qquad\qquad (b) \qquad\qquad (c)$$

图 7-8　万能铣头

1—螺栓;2—底座;3—主轴壳体;4—铣头壳体;5—铣刀

7.4　铣削加工的基本操作

7.4.1　铣削方式

1. 周边铣削与端面铣削

周边铣削是用铣刀周边齿刃进行加工的铣削方式,如图 7-1(a)所示。端面铣削是用铣

刀端面齿刃进行加工的铣削方式,如图 7-1(b)所示。用铣刀周边齿刃和端面齿刃同时进行加工的铣削方式称为周边—端面铣削,如图 7-1(c)、图 7-1(d)、图 7-1(e)所示。

2. 逆铣与顺铣

逆铣是在铣刀与工件已加工面的切点处,铣刀旋转齿刃的运动方向与工件进给方向相反的铣削方式,如图 7-9(a)所示。顺铣是在铣刀与工件已加工面的切点处,铣刀旋转齿刃的运动方向与工件进给方向相同的铣削方式,如图 7-9(b)所示。逆铣时,工作台的进给力与铣刀对工件的切削力相反,进给力需要克服切削力工作台才能运动;而顺铣时这两个力同方向,作用在工件上的切削力有带动工作台移动的趋势。

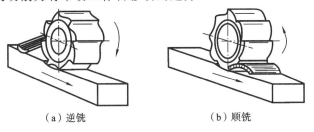

（a）逆铣　　　　　　　　　　（b）顺铣

图 7-9　逆铣与顺铣

7.4.2　铣平面

铣平面可用周边铣削或端面铣削两种方式。由于端面铣削方式具有刀具刚性好、切削平稳(同时参与切削的齿刃数较多)、加工表面粗糙度值较小以及生产效率高(可以用镶装硬质合金刀片进行高速切削)等优点,因此,一般应优先采用端面铣削方式。

周边铣削有逆铣和顺铣两种方式。逆铣与顺铣相比,顺铣有利于高速铣削,可以提高工件表面的加工质量,并有助于工件夹持稳固,但其只能应用于可消除工作台进给丝杠与螺母之间间隙的铣床上。对没有硬皮的工件进行加工,一般采用逆铣方式。

1. 用圆柱铣刀铣平面

圆柱铣刀有直齿和螺旋齿两种,一般适用于在卧式升降台铣床上铣平面,如图 7-10 所示。由于直齿切削不如螺旋齿切削平稳,因此,螺旋齿圆柱铣刀应用较多。

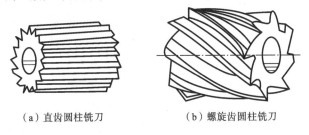

（a）直齿圆柱铣刀　　　　　　　（b）螺旋齿圆柱铣刀

图 7-10　圆柱铣刀的分类

周边铣削时,铣刀的宽度应大于所铣平面的宽度,螺旋齿圆柱铣刀的螺旋线方向应使铣削时所产生的轴向力将铣刀推向铣床主轴轴承方向。

在万能升降台铣床上,铣平面的一般操作过程如下。

(1)根据工件待加工表面尺寸选择和装夹铣刀。

(2)根据工件大小和形状确定工件装夹方法并装夹工件。

(3)开车使铣刀旋转,升高工作台,将铣刀与工件待加工表面稍微接触,记录下刻度盘读数,如图 7-11(a)所示。

(4)纵向退出工件台(工件),如图 7-11(b)所示。

(5)利用刻度盘调整背吃刀量(侧吃刀量),将工作台升高至规定位置,如图 7-11(c)所示。

(6)转动纵向进给手轮使工作台作纵向进给,当工件被稍微切入后,改为自动进给(一般采用逆铣方式),如图 7-11(d)所示。

(7)铣完一遍(即一次走刀)后,停车,降下工作台让刀,如图 7-11(e)所示。

(8)纵向退回工作台,测量工件尺寸,并观察表面粗糙度,重复铣削至规定要求,如图 7-11(f)所示。

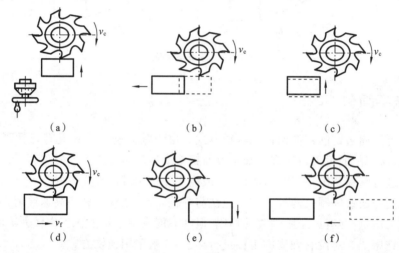

图 7-11　铣平面的基本操作

2.用端铣刀铣平面

端铣刀一般适用于在立式铣床上铣平面,有时也用于卧式铣床上铣侧面,如图 7-1(b)所示。与用圆柱铣刀铣平面相比,用端铣刀铣平面(端面铣削)具有以下特点。

(1)切削厚度变化较小,同时参与切削的齿刃数较多,切削过程比较平稳。

(2)端铣刀的主切削刃担负主要的切削工作,副切削刃有修光作用,加工表面质量好。

(3)端铣刀齿刃易于镶装硬质合金刀片,且其刀杆比圆柱铣刀的刀杆短,刚性较好,能减少加工中的振动,有利于提高铣削质量,可以采用高速铣削。

因此,用端铣刀铣平面生产效率高,加工表面质量好,在铣削平面中被广泛采用。

7.4.3　铣斜面

铣斜面的方法主要有倾斜刀轴法、倾斜工件法和角度铣刀法等三种,加工时,应视具体情况选用。

（1）倾斜刀轴法铣斜面　如图 7-12 所示，利用万能铣头改变刀轴空间位置，转动铣头使刀具相对于工件倾斜一个角度来铣斜面。

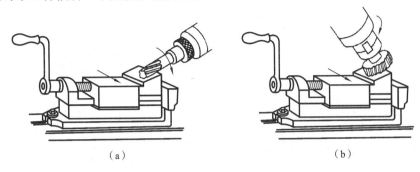

（a）　　　　　　　　　　　　　　（b）

图 7-12　倾斜刀轴法铣斜面

（2）倾斜工件法铣斜面　先将工件倾斜适当的角度，使待加工斜面处于水平位置，然后采用铣平面的方法来铣斜面。可以采用多种方法装夹工件，如图 7-13 所示。

（3）角度铣刀法铣斜面　在有角度相符的角度铣刀时，可以直接用来铣斜面，如图 7-14 所示。

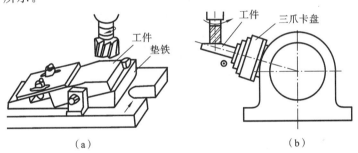

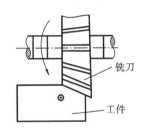

（a）　　　　　　　　　　（b）

图 7-13　倾斜工件法铣斜面　　　　　图 7-14　角度铣刀法铣斜面

7.4.4　铣沟槽

在铣床上利用不同的铣刀可以加工出键槽、直角槽、T 形槽、V 形槽、燕尾槽和螺旋槽等各种沟槽。下面仅介绍键槽、T 形槽和燕尾槽的加工。

1. 铣键槽

常见的键槽有开口键槽、封闭键槽和花键槽等三种。

（1）铣开口键槽　一般用三面刃铣刀在卧式升降台铣床上加工，如图 7-15 所示，其基本操作步骤如下。

① 选择和装夹铣刀。三面刃铣刀的宽度应根据键槽的宽度选择，铣刀必须正确装夹，不得左右摆动，否则铣出的槽宽将不准确。

② 装夹工件。轴类工件一般用虎钳装夹。为使铣出的键槽平行于轴的中心线，虎钳钳口（固定钳口）必须与工作台纵向进给方向平行；装夹工件时，应将轴端伸出钳口外，以便于对刀和检测键槽尺寸。

③ 对刀。铣削时,三面刃铣刀的中心平面应与轴的中心线对准,铣刀对准后必须将铣床床鞍紧固。

④ 铣床调整和加工。调整方法与铣平面时相同,先试切检测槽宽,然后铣出键槽全长。铣削较深的键槽时,应分几次走刀切削。

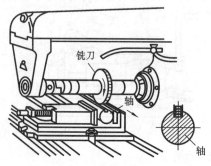

图 7-15　铣开口键槽

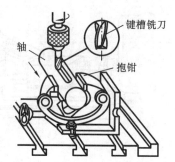

图 7-16　铣封闭键槽

(2) 一般用键槽铣刀在立式升降台铣床上加工封闭键槽,如图 7-16 所示。铣削时,键槽铣刀一次轴向进给不能过大,切削时应逐层切下。如果用普通立铣刀加工,由于普通立铣刀端面中心处无切削刃,不能轴向进刀,因此,必须预先在键槽的一端钻一个落刀孔,才能用立铣刀铣键槽。对于直径为 3～20 mm 的直柄立铣刀,可用弹簧夹头装夹;对于直径为 10～50 mm的锥柄铣刀,可用变锥套装入机床主轴孔内。

(3) 花键槽(外花键)的加工,在单件小批量生产时,一般用成形铣刀在卧式升降台铣床上加工;在大批大量生产时,一般用花键滚刀在专用的花键铣床上加工。

2. 铣 T 形槽和铣燕尾槽

铣 T 形槽或铣燕尾槽时,应先用立铣刀或三面刃铣刀铣出直角槽,然后用 T 形槽铣刀或燕尾槽铣刀铣削成形,如图 7-17、图 7-18 所示。

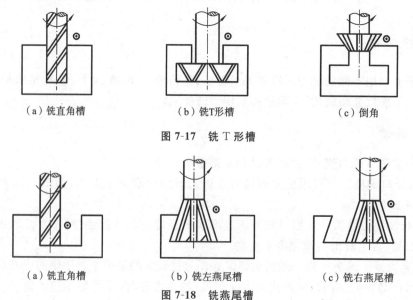

(a) 铣直角槽　　　　　　(b) 铣T形槽　　　　　　(c) 倒角

图 7-17　铣 T 形槽

(a) 铣直角槽　　　　　(b) 铣左燕尾槽　　　　　(c) 铣右燕尾槽

图 7-18　铣燕尾槽

7.4.5　铣成形面和曲面

1. 铣成形面

铣成形面一般用成形铣刀在卧式升降台铣床上加工,如图 7-1(g)和图 7-1(h)所示。成形铣刀的形状应与成形面的形状吻合。

2. 铣曲面

铣曲面一般用立铣刀在立式升降台铣床上加工,其方法有以下三种。

(1) 按划线铣曲面。对于质量要求不高的曲面,可以在工件上划线,按照划线痕迹,由操作者手动移动工作台进行加工。

(2) 回转工作台铣曲面。对于圆弧曲面,可以将工件装夹于回转工作台上的回转台中心,转动回转工作台手轮进行铣削加工,一般采用逆铣方式,如图 7-19 所示。

(3) 靠模法铣曲面。对于大批大量生产,可用靠模法铣曲面。靠模安装于工件的上方,将铣床工作台的纵向(或横向)进给丝杠副拆卸掉,铣削时,依靠弹簧或重锤的恒定压力,迫使立铣刀上端圆柱部分始终与靠模接触,从而铣削出与靠模形状相同的曲面。

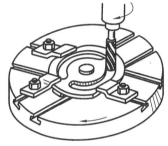

图 7-19　回转工作台铣曲面

7.4.6　齿形铣削

齿形加工的方法很多,按照齿形(一般为渐开线齿形)成形原理,可以分为成形法和展成法两大类。用与被加工齿轮齿槽形状相符的成形铣刀来加工齿形的方法称为成型法;展成法是利用齿轮刀具与被加工齿轮的互相啮合运动而加工出齿形的方法,例如插齿和滚齿。在这里简单介绍成形法加工齿轮的方法。

在铣床上铣齿形是属于成形法加工,与铣成形面的加工方法相同,即用与被切齿形(如齿轮齿槽)形状相符的成形铣刀加工。所用铣刀为模数铣刀,用于卧式铣床的是盘状(模数)铣刀,用于立式铣床的是指状(模数)铣刀,如图 7-20 所示。铣齿形的基本操作步骤如下。

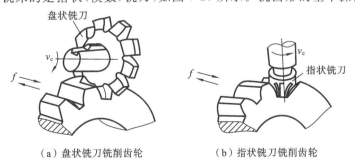

(a) 盘状铣刀铣削齿轮　　　(b) 指状铣刀铣削齿轮

图 7-20　成形法铣削齿轮

（1）选择并装夹铣刀。选择盘状模数铣刀时，除模数应与被切齿形的模数相同外，还应根据被切齿形齿数选用相应刀号的铣刀。

（2）装夹并校正工件。采用双顶尖＋心轴的方式装夹工件。

（3）调整铣床和加工。调整方法与铣平面时相同。当一个齿形（齿槽）铣好后，利用分度头进行一次分度，再铣下一个齿形，直至铣完每一个齿形。铣齿深（即齿高）为工作台的升高量 H（$H=2.25\,m$，m 为模数，单位为 mm）。

7.5　铣削加工的工艺过程示例

图 7-21 所示为 V 形块零件图，毛坯材料为 45 钢，毛坯类型为锻件，毛坯尺寸为 66 mm×55 mm×90 mm，生产数量为 10 件，采用铣削加工。为了保证各加工表面之间的相互垂直和平行，必须以先加工的平面为基准，再加工其他各个表面。由于生产批量小，因此，应尽量采用通用夹具（如机用虎钳）装夹工件，其具体加工工艺过程见表 7-1。

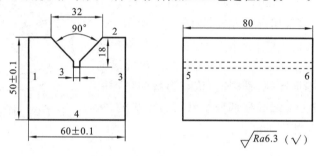

图 7-21　铣削加工 V 形块零件图

表 7-1　V 形块铣削加工工艺

序号	加工内容	加工简图	加工说明	刀具
1	以平面 1 为基准，铣削平面 2 至尺寸 52		采用机用虎钳装夹工件，按照铣平面的操作步骤铣削平面 2	圆柱铣刀
2	以平面 2 为基准，铣削平面 3 至尺寸 62		将平面 2 紧贴固定钳口，在平面 4 和活动钳口间垫上一圆棒，夹紧工件，按照铣平面的操作步骤铣削平面 3	圆柱铣刀

续表

序号	加工内容	加工简图	加工说明	刀具
3	以平面 2 为基准,铣削平面 1 至尺寸 60		将平面 2 紧贴固定钳口,在平面 4 和活动钳口间垫上一圆棒,夹紧工件,铣削平面 1	圆柱铣刀
4	以平面 3 为基准,铣削平面 4 至尺寸 50		将平面 2 放置于平行垫铁上,平面 3 紧贴固定钳口,夹紧工件,铣削平面 4,平面 1 与活动钳口之间无需垫圆棒	圆柱铣刀
5	铣削平面 5、6,使 5、6 两平面之间尺寸至 80		将平面 2 紧贴固定钳口,用直角尺校平面 1 或平面 3 的垂直,铣平面 5、6	圆柱铣刀
6	铣直槽,槽宽 3,深 18		将平面 4 放置于平行垫铁上,平面 1 紧贴固定钳口,夹紧工件,按照划线找正铣直槽	锯片铣刀
7	铣 V 形槽至尺寸 32		将平面 4 放置于平行垫铁上,平面 1 紧贴固定钳口,夹紧工件,按照划线找正铣 V 形槽	角度铣刀

第 8 章 刨削加工实训

【实训目的及要求】

（1）了解刨削加工的基础知识。

（2）了解牛头刨床的型号、结构及使用范围并能正确操作。

（3）掌握基本的刨削方法（刨平面、斜面、直沟槽、燕尾槽、T 形槽）。

（4）能独立按照实训图纸完成刨削加工。

【安全操作规程】

（1）实训时应穿戴好工作服，女同学长发要压入工作帽内。

（2）装夹刨刀、工件应安全可靠，工作台和横梁上不准堆放任何物品。

（3）刨刀须牢固装夹在刀架上，不能装得太长，以防损坏刨刀。吃刀量要合适，当遇到吃力困难时应立即停车。

（4）刨床运行时，禁止进行变速、调整刨床、清除切屑、测量工件等操作。清除切屑要用刷子，不可直接用手，以免刺伤。

在刨床上用刨刀对工件进行切削加工称为刨削加工。刨削加工是单刃切削，是以刀具和工件的相对往复直线运动进行金属切削的一种加工方式，主运动为刨刀或工件的往复直线运动，进给运动是间隙的，因此切削过程不连续。刨削加工具有通用性好、成本低等特点，但生产效率低、加工质量中等。

8.1 刨削加工范围与精度

在刨床上可以刨削平面（水平面、垂直面、斜面）、沟槽（直槽、燕尾槽、T 形槽、V 形槽），也可以刨削孔、齿轮和齿条等，如图 8-1 所示。

刨削加工的精度一般为 IT9～IT7，表面粗糙度 Ra 值为 6.3～1.6 μm。

8.2 牛头刨床与插床

牛头刨床是一种卧式刨床，而插床是一种立式刨床，它们的结构原理相似，属于同一类型，它们的主运动都是刀具作往复直线运动，工件作横向的间歇进给运动，主要应用于单件或小批生产。本节主要介绍 B665 型牛头刨床，而对于插床只作简单介绍。

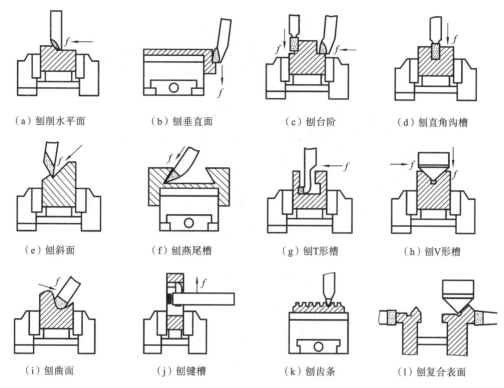

（a）刨削水平面	（b）刨垂直面	（c）刨台阶	（d）刨直角沟槽
（e）刨斜面	（f）刨燕尾槽	（g）刨T形槽	（h）刨V形槽
（i）刨曲面	（j）刨键槽	（k）刨齿条	（l）刨复合表面

图 8-1 刨削的工作内容

8.2.1 牛头刨床的结构

如图 8-2 所示,B665 型牛头刨床主要由床身、滑枕、摇臂机构、变速机构、刀架、工作台、横梁和进给机构等组成。

1. 床身

床身是一个固定在铸铁底座上的箱形铸铁件,底座用地脚螺栓固定在水泥地基上。刨床的零件几乎全部装在床身上。床身内部装有变速机构和摆杆机构。床身上部装有带斜面的长条形压板,与床身的上平面组成燕尾形导轨,供滑枕往复移动之用。左侧的压板可用螺钉调整滑枕与导轨间的间隙,以减小滑枕往复移动时的摆动,从而可以提高机床的加工精度。

2. 滑枕

滑枕由摆杆机构驱动,它的作用是带着刨刀作往复直线主运动。滑枕是长条形空心铸件,内部装有由丝杆、滑块螺母、一对伞齿轮等组成的滑枕行程调整装置,用来调整滑枕的起始位置。滑枕的上面有长条形槽,装有螺栓,用以连接和紧固滑枕与摆杆机构。滑枕的下部是燕尾块形导轨,与床身上部的燕尾槽导轨相配合,保证往复直线运动可靠。滑枕前端面有T 形环槽,用于安装刀架转盘。

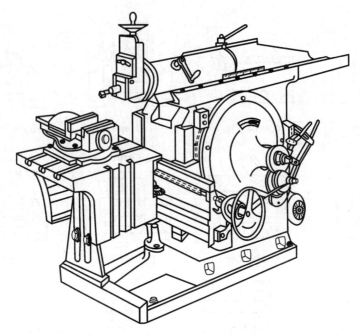

图 8-2　B665 牛头刨床外形图

3. 刀架

刀架主要由刻度转盘、拖板、刀箱、舌块和吃刀手轮等组成,如图 8-3 所示。刀架是用来装夹刨刀并使刨刀沿一定方向移动;刻度转盘用螺栓装在滑枕前端的 T 形环槽里,并可作 60°回转;刻度盘的前面是燕尾形导轨,与拖板上的燕尾形相配合,只要转动吃刀丝杠上端的吃刀手轮,就可使拖板沿刻度转盘上的导轨方向移动;舌块上有夹刀座,刨刀就装夹在这里,舌块用铰链连接在刀箱内。可以将舌块向前上方抬起,这样可避免滑枕回程时刨刀与工件发生摩擦。刀箱可以在拖板上作±15°偏转,便于刨削侧面时保护刨刀和已加工表面。吃刀手轮下面有刻度环,能够掌握吃刀深度。

刀架吃刀原理如图 8-4 所示,手轮装在吃刀丝杠上,丝母固定在刻度转盘上,拖板和吃刀丝杠连在一起,转动吃刀手轮时,丝杠便在丝母中转动,因为丝母是固定不动的,所以丝杠在转动的同时,它本身还要移动,于是拖板和刨刀与丝杠一起移动,这就实现了刨刀的吃刀或退刀。

4. 工作台和横梁

图 8-5 所示为工作台,它的顶面有 T 形槽,一侧面有 T 形槽和 V 形槽,另一侧面有圆孔。这些孔和槽都是用来装夹各种工件或夹具。图 8-6 所示为鞍板,它的一侧有 T 形槽和直槽,直槽用于工作台在鞍板上的定位,再用螺栓把工作台锁紧在鞍板上;另一侧与两块压板分别组成燕尾形导轨和平导轨,用于与横梁上对应的导轨相配合,这样工作台便可在横梁上左右移动。

横梁装在床身前面的两条垂直导轨上,如图 8-7 所示。横梁的空腔里装有转动横梁升降丝杠用的一对伞齿轮和工作台横向进刀丝杠。转动升降方头可使横梁升降,调整工作台

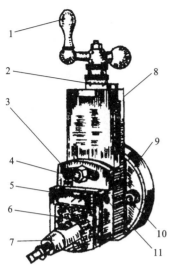

图 8-3 刀架

1—吃刀手轮;2—刻度环;3—刀箱;
4—扳紧螺栓;5—舌块;6—刀垫;
7—夹刀座;8—拖板;9—刻度转盘;
10—转盘扳紧螺栓;11—铰链销

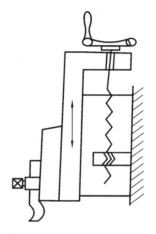

图 8-4 刀架吃刀原理图

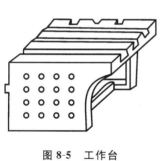

图 8-5 工作台

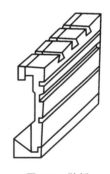

图 8-6 鞍板

高度;转动工作台横向进刀丝杠端头的手轮(图中未划出),可使工作台(鞍板)作横向移动,
实现进给运动。

5. 进刀机构

在牛头刨床上进行刨削加工时,其主运动是刨刀的直线往复运动;而进给运动是工作台
的横向移动,它由进刀机构来实现。进刀机构大多数是采用棘轮棘爪机构,图 8-8 所示为
B6065 型牛头刨床棘轮棘爪机构,做往复运动的连杆使棘爪架往复摆动,往复摆动一次,棘
爪使棘轮转过一个角度 ϕ,棘轮装在横向进刀丝杆上,因此带动丝杆一起转动,工作台便实
现了横向间歇的自动进刀运动。当把棘爪提起,脱离棘轮,自动进刀运动便停止,此时可以
手动进刀。

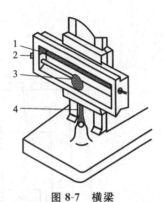

图 8-7　横梁
1—工作台横向进刀丝杠；2—升降方头；
3—伞齿轮；4—横梁升降丝杠

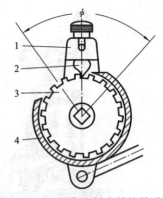

图 8-8　B665 型牛头刨床棘轮棘爪机构
1—棘爪架；2—棘爪；3—棘轮；4—棘轮罩

8.2.2　牛头刨床传动系统简介

牛头刨床传动系统简图如图 8-9 所示。牛头刨床的主运动为滑枕带动刨刀作直线往复运动，其传动路线为电动机→皮带轮→齿轮变速机构→曲柄摆动机构。

进给运动为工作台做水平或垂直运动，其传动路线为电动机→皮带轮→齿轮变速机构→连杆→棘轮棘爪进刀机构→进给丝杆→工作台。

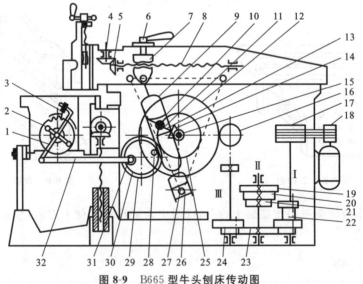

图 8-9　B665 型牛头刨床传动图
1—摇杆；2—棘轮；3—棘爪；4,5—锥齿轮；6—锁紧手柄；7—滑块螺母；8—丝杆；
9—摆杆；10—滑块；11—曲柄销；12—摆杆齿轮；13—丝杠；14,15—伞齿轮；16—小齿轮；
17—大皮带轮；18—小皮带轮；19,20,21—变速齿轮；22,24—滑动齿轮；23—齿轮；
25,29—齿轮；26—滑块；27—下支点；28—销；30—圆盘；31—销轴；32—连杆

牛头刨床的传动机构主要由以下几种机构组成。

1. 变速机构

齿轮变速机构由几组滑动齿轮组成，通过调整齿轮的不同组合来改变齿轮变速机构的

传动比,使刨床可以获得不同的切削速度,以适应不同尺寸、不同材料和不同技术条件的加工要求。

2. 摆杆机构

这是刨床上的主要机构,它的作用是把电动机的转动变成滑枕的往复直线运动。摆杆机构主要由摆杆、滑块、曲柄销、摆杆齿轮、丝杠和一对伞齿轮等零件组成。摆杆中间有空槽,上端用铰链与滑枕中的滑块螺母连接。下端通过开口滑槽用铰链连接在床身上的滑块上。曲柄销的一端插在滑块的孔内,另一端插在丝杠上的丝母上,丝杠固定在齿轮的端面支架上。当摆杆齿轮转动时,便带动曲柄销和滑块一起转动,而滑块又是装在摆杆内,因此,摆杆齿轮的转动就引起了摆杆下支点的摆动,于是,就实现了滑枕的往复直线运动。滑枕的运动分前进运动和后退运动,前进运动为工作行程,后退运动称为回程。牛头刨床滑枕的工作行程速度比回程速度慢得多,这是符合加工要求的,也有利于提高生产效率。

8.2.3　牛头刨床的调整

1. 主运动的调整

(1) 调整滑枕行程长度。刨削时的主运动行程根据待加工工件尺寸大小和加工要求进行调整,调整时使滑枕行程长度略大于工件加工表面的刨削长度。它是通过改变滑块在大齿轮上的径向位置来实现行程长度的调节。

(2) 滑枕起始位置调整。滑枕起始位置应和工作台上工件的装夹位置相适应。调整方法是松开锁紧手柄,转动手柄改变滑块位置,使刨刀在加工表面的相应长度范围内往复运动。调整完毕,再拧紧锁紧手柄。

(3) 滑枕速度的调整。通过变速机构调整两组滑动齿轮的啮合关系,速度会相应改变。

2. 进给运动的调整

(1) 横向进给运动的调整。进给量是指滑枕往复一次时工作台的水平移动量。进给量的大小取决于滑枕往复一次时棘爪能拨动的棘轮齿数。可通过改变棘爪实际拨动(拨过)的棘爪轮齿数,即可调整横向进给量的大小。

(2) 横向进给方向的变换。进给方向即工作台水平移动方向,将棘轮爪转动 180°,使棘轮爪的斜面与原来反向,棘爪拨动棘轮的方向相反,使工作台换向移动。

8.2.4　插床简介

插床实际上是一种立式刨床,如图 8-10 所示。它的结构原理与牛头刨床属于同一类型。滑枕的上下往复运动为主运动。工作台由下拖板、上拖板和圆工作台三部分组成。下拖板可横向进给,上拖板可作纵向进给,圆工作台可带动工件回转。工作台除工作回转进给外,还可以进行圆周分度。

插床主要用于加工工件内表面,如方孔、多边形孔、键槽及成形内表面等。插床上使用的装夹工具,除牛头刨床常用的装夹工具外,还有三爪卡盘、四爪卡盘和插床分度头等。

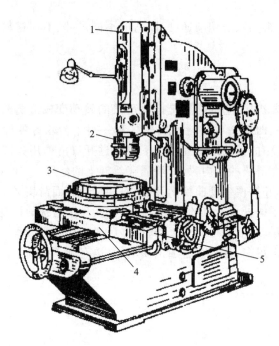

图 8-10 B5020 插床

1—滑枕；2—刀架；3—工作台；4—上拖板；5—下拖板

插床的生产效率也较低,其加工质量受操作工人的技术水平影响较大,所以插床常用于单件小批生产的工具车间及修配车间。

8.3 刨削加工

刨削加工时应根据工件的形状和尺寸来选择机床和考虑工件的装夹方法。较小的工件可用平口钳装夹在工作台上;较大的工件可用压板、螺栓及挡块直接装夹在工作台上,大型工件则应安装在龙门刨床上加工。

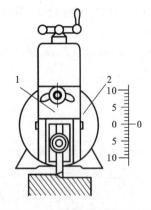

图 8-11 刨平面时刀架和拍板座及刨刀的位置

1—拍板座；2—刀架

8.3.1 刨水平面

刨水平面是最基本的刨削加工,可按下列步骤进行。

（1）刨刀的选择及安装 平面刨削分粗刨、精刨两种,刨刀也应根据刨削特点选用粗刨刀或精刨刀。

刨削水平面时,刀架和拍板座都应保持在中间垂直位置,如图 8-11 所示。装卸刨刀时,左手扶住刨刀,右手使用扳手。扳手置放位置要合造,用力方向必须由上而下或倾斜向下扳螺钉将刀具压紧或松开,用力方向不准由下而上,以免拍板翘起或扳手滑脱而碰伤或夹伤手指。

（2）装夹工件 在平口虎钳或刨床工作台上进行。

（3）调整机床 根据工件尺寸将工作台升降到适当位

置。调整滑枕行程长度和行程起始位置。

（4）选择切削用量　根据工件尺寸、技术要求及工件材料、刀具材料等确定滑枕每分钟的往复次数和工作台的进给量。

（5）开车刨削　先使用手轮手动进给。试切出 0.5～1 mm 宽度,停车测量尺寸,根据测量结果用刀架刻度盘调整刨削深度,再使工作台带动工件作水平自动进给进行刨削。

（6）刨削完毕　先停车进行检验,检测合格后再卸下工件。

8.3.2　刨垂直面

刨垂直面就是用刀架垂直走刀来加工平面。此法用于不便采用水平走刀而采用垂直走刀更为容易的情况下,如长工件的端面用垂直走刀的方法刨削较为方便。

刨垂直面的工作顺序与刨水平面相似。为保证刨出的平面和工作台面垂直,其机床刀架转盘的刻度值应在零位,可用图 8-12 所示的方法找正刀架。刨垂直面常用偏刨刀,刀座偏转一定角度如图 8-13 所示。安装偏刀时,偏刀伸出长度要大于垂直面高度或台阶的深度 15～20 mm,以防刀架与工件相碰。切削深度用横向移动工作台来调整。

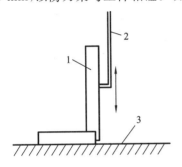

图 8-12　找正刀架垂直的方法
1—角尺;2—装在刀架中的弯头划针;3—工作台

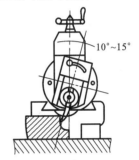

图 8-13　刨垂直面刀座倾斜的方向

8.3.3　刨斜面

在刨床上加工斜面,通常有正夹斜刨法、斜夹正刨法和用样板刀刨削斜面几种方法。

1. 正夹斜刨法

正夹斜刨法也称倾斜刀架法,该法与刨垂直面方法相似,所不同的是刀架转盘不是对准零刻线,而是必须转过一定角度。刀架的倾斜角度等于工件待加工斜面与机床纵向铅垂面的夹角。使用的刨刀为偏刀或角度偏刀。该法适用于加工燕尾槽、V 形槽及有一定要求的斜面。

2. 斜夹正刨法

斜夹正刨法即将零件按预定角度倾斜夹紧在平口钳或专用夹具上,刀架不转角度,刨刀作水平运动刨削出与工件基面倾斜的平面。图 8-14 是用斜垫铁在平口钳内装夹工件刨削斜面法刨斜面的典型例子,图 8-15 是用夹具斜夹正刨法刨斜面的典型例子。

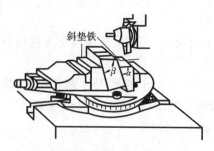

图 8-14　用斜垫铁在平口钳内装夹
工件刨削斜面法

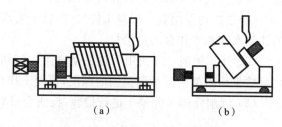

图 8-15　用夹具斜夹正刨法刨斜面

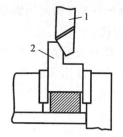

图 8-16　用样板刀刨斜面
1—样板刀；2—工件

3. 用样板刀刨削斜面

此法需先将样板刀磨削成所需角度，然后用样板刀来加工斜面，如图 8-16 所示。此法常用于所刨斜面很窄且加工要求较高时，其生产效率较高，质量也较好，但要求切削速度及进给量较小，刀具刃磨的角度应正确。

此外，也可转动工作台、转动夹具斜装工件，用水平走刀或转动钳口垂直走刀等方法加工斜面。

8.3.4　刨销加工示例

1. 刨长方形垫铁

长方形垫铁要求相邻面垂直、面对面平行，如图 8-17 所示。材料为 HT150，毛坯尺寸为 104 mm×53 mm×43 mm，技术要求如图中所示。

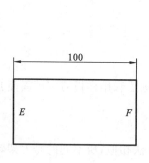

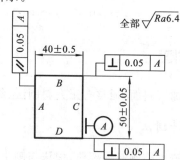

图 8-17　长方形垫铁零件图

该零件尺寸不大，可在平口钳上装夹加工。为保证平行度和垂直度要求，应先找正钳口，使钳口与工作台面垂直并与滑枕行程方向一致。A～D 面加工步骤如图 8-18 所示。

在刨削加工过程中，应注意以下几点。

（1）以较为平整和较大的毛坯面 C 作粗基准，刨出大平面 A，作为精基准面。

（2）在活动钳口与工件之间垫一根圆棒，减少活动钳口与毛面的接触面积，使夹紧力集中于钳口中部，以利于精基面与固定钳口可靠地贴紧。

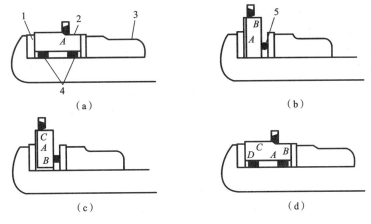

图 8-18 长方形垫铁刨削步骤

1—固定钳口;2—工件;3—活动钳口;4—平行垫铁;5—圆棒

（3）在刨平面 C 和 D 之前,应使一个基准面贴紧固定钳口,再用手锤轻轻敲打工件,使另一个基准面贴紧两块平行垫铁或平口钳底面。

最后可在不松开工件的情况下,将平口钳转 90°角,用偏刀刨垂直面 E 和 F。

2. 刨燕尾槽

燕尾槽的形状和刀具装夹如图 8-19 所示,其燕尾部分是两个对称的内斜面。刨削方法是刨直角槽和内斜面的结合,但需要专门刨燕尾的左右偏刀。在其他各面刨好的基础上,可按下列步骤刨燕尾槽,如图 8-20 所示。

（1）用平面刨刀刨顶面。用切刀刨直角槽。槽宽小于燕尾槽口宽度,槽底留 0.3~0.6 mm 的加工余量。

（2）用左角度偏刀刨左侧斜面 C 及槽底面 B 左边一部分。

（3）用右角度偏刀刨右侧斜面 C 及槽底面 B 剩余部分。

（4）在燕尾槽的内角和外角的夹角处切槽和倒角。

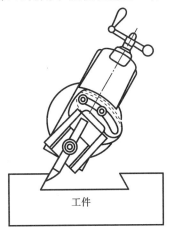

图 8-19 刨燕尾槽

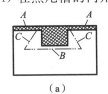 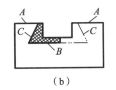 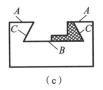 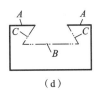

图 8-20 刨燕尾槽的步骤

3. 刨 T 形槽

刨削 T 形槽可看成在水平面上切出直角槽,又在垂直面上切出直角槽的综合加工。刨削 T 形槽前,其余外部尺寸应先加工好,并在其两端部划出 T 形槽外形线,如图 8-21 所示。其加工步骤如图 8-22 所示。

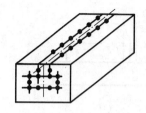

图 8-21 T形槽工件的划线

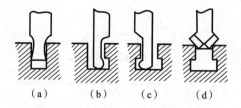

图 8-22 T形槽的刨削加工步骤

（1）安装并校正工件，用切刀刨直角槽，其宽度等于 T 形槽口宽，深度至尺寸要求。

（2）用弯切刀刨一侧的凹槽至尺寸要求。

（3）换用方向相反的弯切刀，刨另一侧凹槽至尺寸要求。

（4）用倒角刨刀刨外顶角倒角，使槽口两侧角大小一致。

第9章 磨削加工实训

【实训目的及要求】

(1) 了解磨削加工的基本知识。

(2) 了解常用磨床的种类、主要结构和用途。

(3) 熟悉砂轮的选用、安装与修整。

(4) 能独立操作磨床完成磨削加工。

【安全操作规程】

(1) 穿戴合适的工作服，女同学长发要压入帽内，严禁戴手套操作。

(2) 磨削时砂轮转速很高，必须正确安装和紧固砂轮，装好砂轮防护罩。砂轮线速度不应超过允许线速度。使用前应仔细检查砂轮有无裂缝，如有裂缝须更换后才能使用。

(3) 磨削前，砂轮应经过两分钟的空转试验，才能开始工作。磨削时应站在砂轮侧面，以防砂轮飞出伤人。

(4) 磨削前，必须仔细检查工件的安装是否正确，紧固是否可靠，磁性吸盘是否失灵，以免工件飞出伤人或损坏设备。

(5) 摇动工作台或确定行程时，要特别注意避免砂轮碰撞夹头或尾座。

(6) 实训结束或完成一个段落时，应将磨床有关操作手柄置于"空挡"位置上，以免再开机时部件突然运动而发生事故。

9.1 磨削加工特点

磨削就是利用高速旋转的磨具如砂轮、砂带、磨头等，从工件表面切削下细微切屑的加工方法。磨削加工的范围很广，可用不同类型的磨床分别加工内外圆柱面、内外圆锥面、平面、成形表面（如花键、齿轮、螺纹等）及刃磨各种刀具等，如图 9-1 所示。

磨削是机械零件精密加工的主要方法之一，与其他切削方式相比，具有许多独特之处。

(1) 多刃、微刃切削。磨削用的砂轮是由许多细小坚硬的磨粒用结合剂黏结在一起经焙烧而成的疏松多孔体。砂轮表面每平方厘米的磨粒数量为 $60 \sim 1\,400$ 颗，每个磨粒的尖角相当于一个切削刀刃，在砂轮高速旋转的条件下，切入工件表面，故磨削是一种多刃、微刃切削过程。

(2) 加工精度高，表面质量好。磨削的切削厚度极薄，每个磨粒的切削厚度可小到微米，故磨削的尺寸公差等级可达 IT6～IT5，表面粗糙度 Ra 值达 $0.8 \sim 0.1\ \mu m$。高精度磨

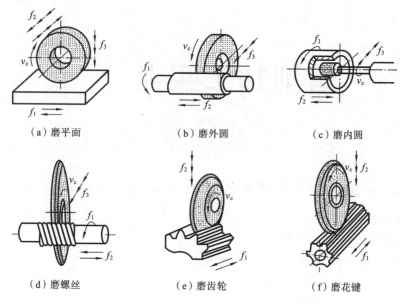

| （a）磨平面 | （b）磨外圆 | （c）磨内圆 |

| （d）磨螺丝 | （e）磨齿轮 | （f）磨花键 |

图 9-1　磨削加工范围

削时,尺寸公差等级可高于 IT5,表面粗糙度 Ra 值可达 $0.008 \sim 0.1\ \mu m$。

（3）磨粒硬度高。砂轮的磨粒材料通常采用 Al_2O_3、SiC、人造金刚石等硬度极高的材料,因此,磨削不仅可加工一般金属材料,如碳钢、铸铁等,还可加工一般刀具难以加工的高硬度材料,如淬火钢、各种切削刀具材料及硬质合金等。

（4）磨削温度高。磨削过程中,由于切削速度很高,产生大量切削热,工件加工表面温度可达 $1\,000\ ℃$ 以上。为防止工件材料性能在高温下发生改变,在磨削时应使用大量的冷却液,降低切削温度,保证加工表面质量。

9.2　磨床

磨床应用范围非常广泛,种类很多,有外圆磨床、内圆磨床、平面磨床和刀具刃具磨床、工具磨床等。本节只介绍几种常用磨床。

9.2.1　外圆磨床

常用的外圆磨床分为普通外圆磨床和万能外圆磨床。在普通外圆磨床上可磨削零件的外圆柱面和外圆锥面;万能外圆磨床的砂轮架上附有内圆磨削附件,砂轮架和头架都能绕竖直轴线调整一个角度,头架上除拨盘旋转外,主轴也能旋转。所以万能外圆磨床除可磨削外圆柱面和外圆锥面外,还可磨削内圆柱面、内圆锥面及端平面,故万能外圆磨床较普通外圆磨床应用更广。图 9-2 所示为 M1432A 型万能外圆磨床,主要用于磨削精度 IT6～IT7 的圆柱形或圆锥形的外圆或内孔,表面粗糙度 Ra 值在 $0.08 \sim 1.25\ \mu m$ 之间。

M1432A 型万能外圆磨床主要由以下几部分组成。

（1）床身　床身用来固定和支承磨床上所有部件,为了提高机床刚度,磨床床身一般为箱型结构,内部装有液压传动装置,上部有纵向和横向两组导轨以安装工作台和砂轮架。

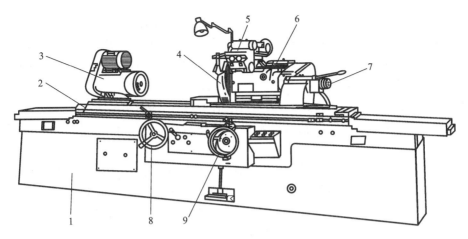

图 9-2　M1432A 型万能外圆磨床外形

1—床身；2—工作台；3—头架；4—砂轮；5—内圆磨头；

6—砂轮架；7—尾座；8—工作台手动手轮；9—砂轮横向手动手轮

（2）工作台　由上、下两层组成，上层工作台可相对下层工作台在水平面偏转一定的角度，以便磨削小锥度的圆锥面。工作台下装有液压缸体，双活塞杆固定在床身上，可通过液压机构使工作台沿纵向导轨作直线往复运动。图 9-3 所示为液压传动简图，该机构由活塞、液压缸、换向阀、节流阀、油箱、液压泵、开停阀等元件组成。当液压泵启动处于工作状态时，压力油流向换向阀，流入液压缸右腔，从而推动液压缸体带动工作台向右运动；液压缸左腔的油液通过换向阀、节流阀流回到油箱；调节节流阀的大小可以改变液压油的流量，从而改变工作台的运动速度。液压传动使工作台上工件实现纵向进给，并可由液压传动实现快速

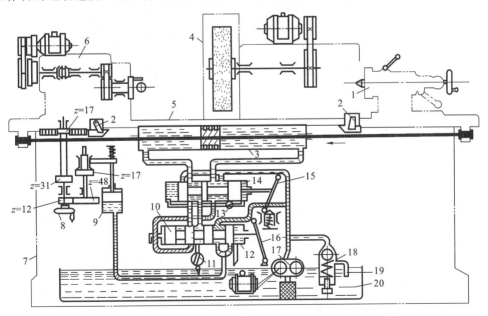

图 9-3　外圆磨床液压传动示意图

1—尾座；2—行程挡块；3—工作液压缸；4—砂轮罩；5—工作台；6—头架；7—床身；

8—手轮；9—液压缸；10—开停阀阀芯；11、13—节流阀；12—开停阀；14—换向阀；

15—推杆；16—开停阀推杆；17—液压泵；18—安全阀；19—回油管；20—油槽

进退和自动周期进给。此外,也可用手轮操作实现工作台移动。

（3）砂轮架　砂轮安装在砂轮架主轴上,由单独的电动机通过皮带传动砂轮高速旋转,实现切削主运动。砂轮架安装在床身的横向导轨上,可沿导轨作横向进给,还可水平旋转一定角度,用来磨削较大锥度的圆锥面。

（4）头架　安装在上层工作台上,头架内装有主轴,主轴前端可安装卡盘、顶尖、拨盘等附件,用于装夹工件。主轴由单独的电动机经变速机构带动旋转,实现工件的圆周进给运动。

（5）内圆磨头　安装在砂轮架上,其主轴前端可安装内圆砂轮,由单独电动机带动旋转,用于磨削内圆表面。内圆磨头可绕其支架旋转,使用时放下,不使用时向上翻起。

（6）尾座　它安装在工作台右端,尾架套筒内装有顶尖,可与主轴顶尖一起支承工件。它在工作台上的位置可根据工件长度任意调整。

9.2.2　内圆磨床

内圆磨床可以磨削圆柱形或圆锥形的通孔、盲孔、阶梯孔。M2120 型内圆磨床如图 9-4 所示。

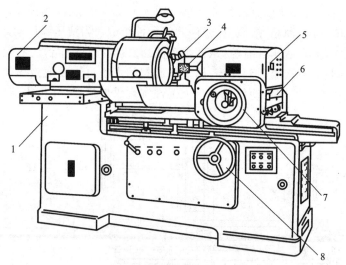

图 9-4　M2120 型内圆磨床

1—床身;2—头架;3—砂轮修整器;4—砂轮;5—砂轮架;
6—工作台;7—砂轮横向手动手轮;8—工作台手动手轮

加工时,工件安装在卡盘内,砂轮架安装在工作台上,可绕垂直轴转动一个角度,以便磨削圆锥孔。磨孔时,砂轮尺寸受到孔径尺寸限制,砂轮轴径一般为孔径的 0.5～0.9 倍,因此刚性较差,影响内圆磨孔质量和生产效率。内圆磨削时,因为砂轮尺寸小,若使砂轮的圆周速度达到一般的 25～30 m/s,就需要极高的转速。

9.2.3　平面磨床

平面磨削加工是用砂轮的端面或外周边进行磨削零件上的平面的加工方式。中小型工件平面磨削时的安装,常采用电磁吸盘工作台的吸力来固定工件。平面磨床可分为四类:卧轴矩台式、立轴矩台式、立轴圆台式和卧轴圆台式。平面磨床加工示意图如图 9-5 所示。

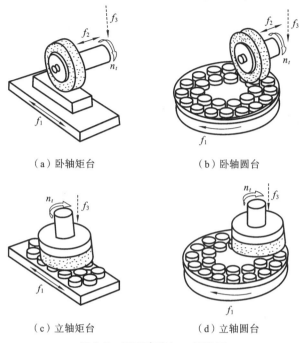

（a）卧轴矩台　　　　　　　　　（b）卧轴圆台

（c）立轴矩台　　　　　　　　　（d）立轴圆台

图 9-5　平面磨床加工示意图

M7120A 型平面磨床如图 9-6 所示,磨头沿滑板的水平导轨可作横向进给运动,这可由液压驱动或砂轮横向手动手轮操纵。滑板可沿立柱的导轨垂直移动,以调整磨头的高低位

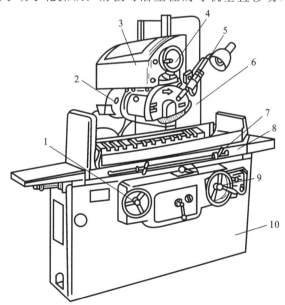

图 9-6　M7120A 型平面磨床外形

1—工作台手动手轮;2—磨头;3—滑板;4—砂轮横向手动手轮;5—砂轮修整器;

6—立柱;7—行程挡块;8—工作台;9—砂轮升降手动手轮;10—床身

置及完成垂直进给运动,该运动也可通过操纵砂轮升降手动手轮来实现。砂轮由装在磨头壳体内的电动机直接驱动旋转。安装在工作台的工件随工作台作往复直线运动。

9.3 砂轮的选用、安装与修整

砂轮是保证磨削加工质量的关键因素之一,必须选用合理,仔细安装。

9.3.1 砂轮的选用

选用砂轮时,应综合考虑工件的形状、材料性质及磨床条件等各种因素,可根据表 9-1 的推荐加以选择。

表 9-1 砂轮的选用

磨削条件	粒度		硬度		组织		结合剂			磨削条件	粒度		硬度		组织		结合剂		
	粗	细	软	硬	松	紧	V	B	R		粗	细	软	硬	松	紧	V	B	R
外圆磨削		•				•				磨削软金属	•			•		•			
内圆磨削			•			•				磨韧性、延展性大的材料	•			•			•		
平面磨削			•			•				磨硬脆材料				•	•				
无心磨削			•							磨削薄壁工件	•		•						
粗磨、打磨毛刺	•		•							干磨									
精密磨削		•		•	•		•			湿磨						•			
高精密磨削		•		•		•	•			成形磨削		•		•		•	•	•	
超精密磨削		•		•	•		•			磨热敏性	•				•				
镜面磨削		•		•	•		•			材料刀具刃磨									
高速磨削		•								钢材切断								•	•

9.3.2 砂轮的安装与修整

因为砂轮在高速下工作,安装时应首先检查外观没有裂纹后,再用木槌轻敲,如果声音嘶哑,则禁止使用,否则砂轮破裂后会飞出伤人。通常采用法兰盘安装砂轮,两侧的法兰盘直径必须相等,其尺寸一般为砂轮直径的一半。砂轮和法兰之间应垫上 0.5~3 mm 厚的皮革或耐油橡胶弹性垫片,砂轮内孔与法兰盘之间要有适当间隙,以免磨削时主轴受热膨胀而将砂轮胀裂,如图 9-7 所示。

由于砂轮在制造和安装中的多种原因,砂轮的重心与其旋转中心往往不重合,这样会造成砂轮在高速旋转时产生振动,轻则影响加工质量,严重时会导致砂轮破裂和机床损坏。为使砂轮工作平稳,一般直径大于 125 mm 的砂轮都要进行平衡试验,如图 9-8 所示,将砂轮装在心轴上,再将心轴放在平衡架的平衡轨道的刃口上。若不平衡,较重部分总是转到下面。这时可移动法兰盘端面环槽内的平衡铁进行调整。经反复平衡试验，直到砂轮可在刃口上任意位置都能静止，即说明砂轮各部分的质量分布均匀。这种方法称为静平衡。

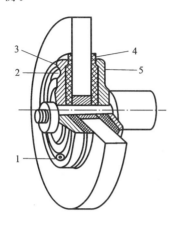

图 9-7　砂轮的安装
1—平衡块；2—环形槽；3,5—法兰盘；
4—弹性垫片

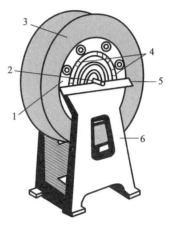

图 9-8　砂轮的平衡
1—砂轮套筒；2—心轴；3—砂轮；
4—平衡铁；5—平衡轨道；6—平衡架

砂轮工作一定时间后，磨粒逐渐变钝，砂轮工作表面空隙被堵塞，使之丧失切削能力。同时，由于砂轮硬度不均匀及磨粒工作条件不同，使砂轮工作表面磨损不匀，形状被破坏，这时必须修整。砂轮常用金刚石笔进行修整，修整时要使用大量的冷却液，以免金刚石因温度急剧升高而破裂。

9.4　磨削加工

最常用的磨削加工是外圆磨削、内圆磨削和平面磨削。

9.4.1　外圆磨削

外圆磨削是一种基本的磨削方法，它适于轴类及外圆锥零件的外表面磨削。在外圆磨床上磨削外圆常用的方法有纵磨法、横磨法和综合磨法三种。

1. 纵磨法

如图 9-9 所示，纵向磨削时，砂轮高速旋转，工件作圆周进给运动，工作台作纵向进给运动，每次纵向行程或往复行程结束后，砂轮作一次小量的横向进给，当工件尺寸达到要求时，在无横向进给的工况下，再纵向往复磨削几次，直至火花消失，然后停止磨削。

纵磨法的磨削深度小，磨削力小，磨削温度低，最后几次无横向进给的光磨行程，能消除由机床、工件、夹具弹性变形而产生的误差，所以磨削精度较高。并且一个砂轮可磨削长度不同、直径不等的各种零件。目前生产中，特别是单件、小批生产及精磨时广泛采用这种方法，尤其适用于细长轴的磨削。

2. 横磨法

如图 9-10 所示,横磨时,选用砂轮的宽度大于工件表面的长度,工件无纵向进给运动,而砂轮以很慢的速度连续地或断续地向工件作横向进给,直至余量被全部磨掉为止。横磨法的生产效率高,但砂轮的形状误差直接影响工件的形状精度,所以加工精度较低,而且由于磨削力大,且磨削温度高,工件容易变形和烧伤,磨削时应使用大量冷却液。所以该法适于磨削长度较短、刚性较好的工件。

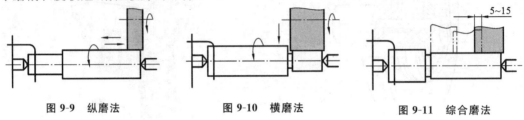

图 9-9 纵磨法　　　　　　图 9-10 横磨法　　　　　　图 9-11 综合磨法

3. 综合磨法

如图 9-11 所示,先采用横磨法对工件外圆表面进行分段磨削,每段都留下 $0.01 \sim 0.03$ mm 的精磨余量,然后用纵磨法进行精磨。综合磨法集纵磨、横磨法的优点于一身,既能提高生产效率,又能提高磨削质量。适合于磨削加工余量较大、刚性较好的工件。

9.4.2　内圆磨削

内圆磨削方法与外圆磨削相似,只是砂轮的旋转方向与磨削外圆时相反,磨削方法以纵磨法应用最广,但生产效率较低,磨削质量较低。因为砂轮直径受工件孔径限制,一般较小,而悬伸长度又较大,刚性差,磨削用量不能高,所以生产效率较低;又由于砂轮直径较小,砂轮的圆周速度较低,加上冷却排屑条件不好,所以表面光洁度不易提高。因此,磨削内圆时,为了提高生产效率和加工精度,砂轮和砂轮轴应尽可能选用较大的直径,砂轮轴伸出长度应尽可能缩短。由于磨孔具有万能性,不需要成套的刀具,故在小批及单件生产中应用较多,特别是对于淬硬工件,磨孔仍是精加工孔的主要方法。常见内圆磨削方法见表 9-2。

表 9-2　常见内圆磨削方法

磨削表面特征	砂轮工作表面	简　图	砂轮运动	工件运动	备　注
通孔	1		① 旋转 ② 纵向往复 ③ 横向进给	旋转	
锥孔	1		① 旋转 ② 纵向往复 ③ 横向进给	旋转	磨头架偏转1/2锥角或工作用专用夹具支持,偏转1/2锥角

续表

磨削表面 特征	砂轮工 作表面	简 图	砂轮运动	工件运动	备 注
盲孔	1、2		① 旋转 ② 纵向往复 ③ 靠端面	旋转	
台阶孔	1、2		① 旋转 ② 纵向往复 ③ 靠端面	旋转	

9.4.3 平面磨削

平面磨床主要用于磨削各种平面。如图 9-12 所示,平面磨削常用两种方法:一种是周磨法,指在卧轴矩台或卧轴圆台平面磨床上,用砂轮的外圆柱面进行磨削;另一种称为端磨法,指在立轴圆台或立轴矩台平面磨床上,用砂轮的端面进行磨削。

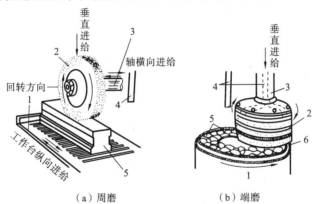

（a）周磨   （b）端磨

图 9-12 平面磨削方法

1—磁性吸盘;2—砂轮;3—砂轮轴;4—冷却液管;5—工件;6—砂轮端面

周磨时,砂轮与工件接触面积少,发热少、散热快,排屑和冷却容易,可以得到较高的加工精度和表面粗糙度等级,但生产效率较低。端磨时,磨头主轴伸出长度短,刚性好,可采用较大的切削用量,磨削面积大,生产效率高。但由于砂轮与工件接触面积大,发热多,排屑和冷却困难,故加工精度和表面粗糙度等级较低,在大批量生产中多用于粗加工和半精加工。

第 *10* 章 钳工实训

【实训目的及要求】

（1）了解钳工工作在机械制造及维修中的作用。

（2）掌握划线、锯削、锉削、钻孔、攻螺纹和套螺纹的方法及应用。

（3）掌握钳工常用工具、量具的使用方法，独立完成钳工作业。

（4）了解刮削、研磨的方法和应用。

（5）了解钻床的组成、运动和用途，了解扩孔、铰孔及锪孔的方法。

（6）了解机械装配的基本知识，能装拆简单部件。

【安全操作规程】

（1）钳台应放在光线适宜、便于操作的地方。

（2）钻床、砂轮机应安放在场地边缘。操作钻床时，不允许戴手套；使用砂轮机时，要戴防护眼镜，以保证安全。

（3）零件或坯料应平稳整齐地放在规定区域，并避免碰伤已加工表面。

（4）工具安放应整齐，取用方便。不用时，应整齐地收藏于工具箱内，以防止损坏。

（5）量具应单独放置和收藏，不要与工件或工具混放，以保持精确度。

（6）清除切屑时要用刷子，不要用嘴吹，更不要用手直接去抹擦、拉切屑，以免划伤手。

（7）要经常检查所用的工具是否有损坏，发现有损坏不得使用，须修好后再用。

（8）使用电动工具时，应有绝缘防护和安全接地措施。

10.1 概述

钳工是目前机械制造和修理工作中不可缺少的重要工种，其基本工艺包括划线、锯削、锉削、錾削、钻孔、扩孔、铰孔、锪孔、攻螺纹与套螺纹和刮削等。钳工的主要特点如下。

（1）钳工工具简单，制造、刃磨方便，材料来源充足，成本低。

（2）钳工大部分是手持工具进行操作，加工灵活、方便，能够加工复杂的形状。

（3）能够加工质量要求较高的零件。

（4）钳工劳动强度大，生产效率低，对技术水平要求较高。

10.1.1 钳工的工作范围

钳工工具简单，操作灵活，可以完成目前采用机械设备不能加工或不适于机械加工的某些零件的加工,因此钳工的工作范围很广、工作种类繁多。随着生产的发展,钳工工种已有了明显的专业分工,如普通钳工、划线钳工、模具钳工、装配钳工、修理钳工、工具样板钳工、钣金钳工等。一般来说,钳工的工作范围如下。

(1) 加工前的准备工作,如清理毛坯、在工件上划线等。

(2) 精密零件的加工,如锉样板、刮削机器和量具的配合表面,以及夹具、模具的精加工等。

(3) 零件装配成机器时配合零件的修整,整台机器的组装、试车和调整等。

(4) 机器设备的养护维修等。

10.1.2　钳工工作台和台虎钳

钳工的大多数操作是在钳工工作台上进行的。钳工工作台一般是用木材制成的,也有用铸铁件制成的,要求坚实平稳,台面高度为800～900 mm,其上装有防护网,如图 10-1 所示。

台虎钳是夹持工件的主要工具,其规格用钳口宽度表示,常用的钳口宽度为 100～150 mm,如图 10-2 所示。

使用台虎钳时应注意以下事项。

(1) 工件应夹在钳口中部以使钳口受力均匀。

(2) 夹紧后的工件应稳固可靠,便于加工,并且不产生变形。

(3) 当转动手柄夹紧工件时,手柄上不准用套管接长手柄或用锤敲击手柄,以免损坏虎钳丝杆或螺母。

(4) 不要在活动钳口的光滑表面进行敲击作业,以免降低它与固定钳口的配合性能。敲击应在砧面上进行。

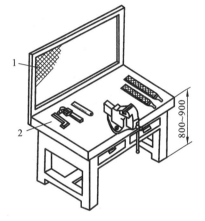

图 10-1　钳工工作台

1—防护网;2—量具单独放

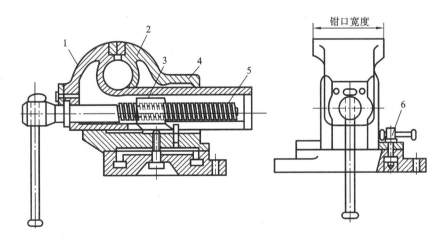

图 10-2　台虎钳

1—活动钳口;2—固定钳口;3—螺母;4—砧面;5—丝杠;6—紧固螺钉

钳工工作场地除了有钳工工作台和台虎钳外,另外还配有划线平台、钻床和砂轮机等。

10.2 划线

划线是根据图样要求在工件的毛坯或半成品上划出加工界限的一种操作。划线的作用如下:① 在毛坯上明确地表示出加工余量、加工位置线,作为加工、安装工件的依据;② 通过划线来检查毛坯的形状和尺寸是否符合图样要求,避免不合格的毛坯投入机械加工而造成浪费;③ 合理分配各加工表面的余量,保证不出或少出废品。

划线分为平面划线和立体划线两类:在工件的一个平面上划线称为平面划线;在工件的几个表面上(即在长、宽、高方向上)划线称为立体划线,如图 10-3 所示。

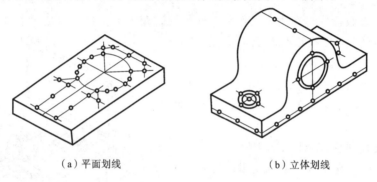

（a）平面划线　　　　　　（b）立体划线

图 10-3　平面划线和立体划线

10.2.1 划线工具

划线工具按用途分为三类:基准工具、支撑工具和直接划线工具。

1. 基准工具

划线平台是划线的主要基准工具,如图 10-4 所示。安放划线平台时要平稳牢固,工作平面应保持水平。平面各处要均匀使用,以免局部磨凹。不准碰撞划线平台,不准在其表面上敲击,要经常保持划线平台清洁。

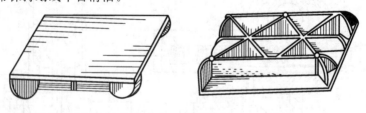

图 10-4　划线平台

2. 支撑工具

常用的支撑工具有以下三种。

（1）方箱　用于划线时夹持较小的工件,如图 10-5 所示。通过在平台上翻转方箱,即

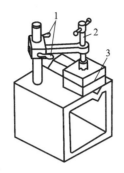 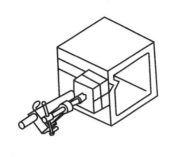

图 10-5 用方箱夹持工件

1—固紧手柄；2—压紧螺栓；3—划出的水平线

可在工件上划出相互垂直的线来。

（2）千斤顶 在较大的工件上划线时，用它来支撑工件，通常用三个千斤顶，其高度可以调整，以便找正工件，如图 10-6 所示。

（3）V 形铁 用于支撑圆柱形的工件，使工件轴线与平板平行，图 10-7 所示。

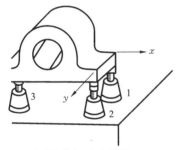 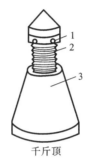 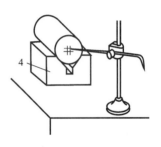

1、2支点连线与y方向平行

图 10-6 用千斤顶支撑工件

千斤顶

图 10-7 用 V 形铁支撑工件

1—扳手孔；2—丝杠；3—千斤顶座；4—V 形铁

3. 直接划线工具

（1）划针 它用来在工件上划线，其用法如图 10-8 所示。

（2）划规 它是用来划圆或弧线、等分线段及量取尺寸的工具，如图 10-9 所示。

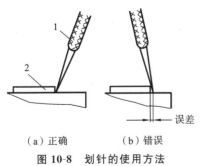 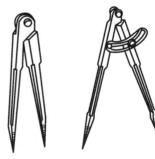

（a）正确　　　（b）错误

图 10-8 划针的使用方法

1—划针；2—钢直尺

图 10-9 划规

（3）划卡 划卡是用来确定工件上孔及轴的中心位置的工具，如图 10-10 所示。

（4）划线盘 划线盘是立体划线和校正工件位置时常用的工具，如图 10-11 所示。

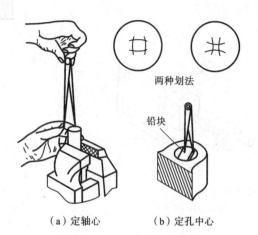

（a）定轴心　　　（b）定孔中心

图 10-10　划卡及其用法

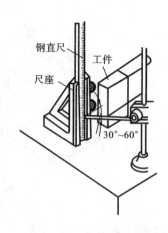

图 10-11　用划线盘划线

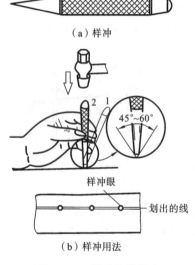

（a）样冲

（b）样冲用法

图 10-12　样冲及其用法

（5）样冲　样冲是用来在工件的划线上打出样冲眼，以备所划的线模糊后仍能找到原先的位置，如图 10-12 所示。

10.2.2　划线基准

划线时为了正确地划出确定工件的各部分尺寸、几何形状和相对位置的点、线或面，必须选定工件上的某个点、线或面作为划线基准。

基准的选择一般遵循以下原则：如工件已有加工表面，则应以已加工表面作为划线基准，这样才能保证待加工表面和已加工表面的位置和尺寸精度；如工件为毛坯，则应选重要孔的中心线作为基准；如毛坯上没有重要孔，则应以较大的平面作为划线基准。

划线基准选择举例如下：

（1）以两个互相垂直的平面（或线）为基准，如图 10-13（a）所示；

（2）以一个面与一个对称平面（或线）为基准，如图 10-13（b）所示；

（3）以两个互相垂直的中心平面（或线）为基准，如图 10-13（c）所示。

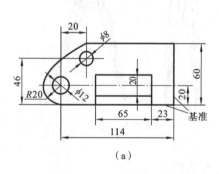

（a）

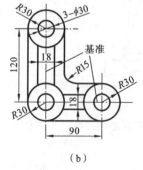

（b）

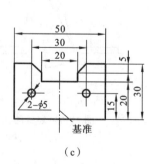

（c）

图 10-13　划线基准

10.2.3　划线操作

划线方法分为平面划线和立体划线两种。平面划线是在工件的一个平面上划线,与平面作图方法类似,用划针、划规、90°角尺、钢直尺等在工件表面上划出图形的线条。立体划线是平面划线的复合,现以立体划线为例说明划线步骤,如图 10-14 所示。

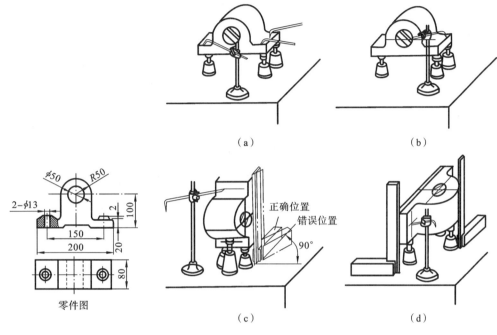

图 10-14　立体划线示例

1. 划线步骤

(1) 分析图样,确定要划出的线及划线基准,检查毛坯是否合格。

(2) 清理毛坯上的氧化皮、毛刺等,在划线部位涂一层涂料,铸锻件涂上白浆,已加工表面涂上紫色或绿色。带孔的毛坯用钳块或木块堵孔,以便确定孔的中心位置。

(3) 支承及找正工件,如图 10-14(a)所示。先划出划线基准,再划出其他水平线,如图10-14(b)所示。

(4) 翻转工件,找正,划出互相垂直的线及其他圆、圆弧、斜线等,如图 10-14(c)、(d)所示。

(5) 检查校对尺寸,然后打样冲眼。

2. 划线操作的注意事项

(1) 工件夹持要稳固,以防滑倒或移动。

(2) 在一次支承中,应把需要划出的平行线划全,以免再次支承补划造成误差。

(3) 应正确使用划线工具,以免产生误差。

10.3　钳工加工

10.3.1　锯削

锯削是用手锯切断金属材料或在工件上切槽的操作。锯削的工作范围：分割各种材料或半成品，如图 10-15(a) 所示；锯掉工件上多余部分，如图 10-15(b) 所示；在工件上锯槽，如图 10-15(c) 所示。

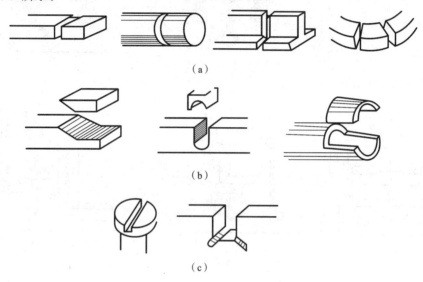

（a）

（b）

（c）

图 10-15　锯削的工作范围

1. 手锯

手锯包括锯弓和锯条两部分。

（1）锯弓　锯弓是用来夹持和拉紧锯条的工具，分为固定式和可调式两种。固定式锯弓只能安装一种规格的锯条；可调式锯弓可安装几种规格的锯条，如图 10-16 所示。

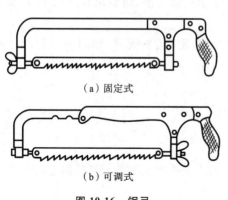

（a）固定式

（b）可调式

图 10-16　锯弓

（2）锯条　锯条多用碳素工具钢制成。常用的锯条约长 300 mm、宽 12 mm、厚 0.8 mm。锯条切削部分是由许多锯齿组成的，其形状如图 10-17 所示。

锯齿按齿距 t 的大小，可分为粗齿（$t=1.6$ mm）、中齿（$t=1.2$ mm）及细齿（$t=0.8$ mm）三种。粗齿锯条适于锯铜、铅等软金属及厚的工件；细齿锯条适用于锯硬钢、板料及薄壁管子等；加工普通钢、铸铁及中等厚度的工件多用中齿锯条。锯齿的排列多为波形，如图 10-18 所示，以减少锯口两侧与锯条间的摩擦。

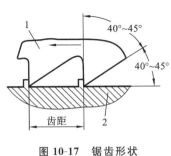

图 10-17　锯齿形状

1—锯齿;2—工件

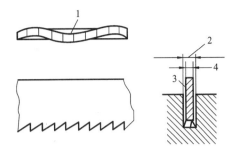

图 10-18　锯齿波形排列

1—波形;2—锯口;3—锯条截面;
4—波形锯齿形成的间隙

2. 锯削方法及注意事项

(1) 锯条应根据工件材料及厚度进行选择。

(2) 锯条安装在锯弓上时锯齿应向前。锯条的松紧要合适,否则锯削时易折断锯条。

(3) 工件应尽可能夹在台虎钳左边,以免操作时碰伤左手。工件伸出要短,以防锯削时产生颤动。

(4) 起锯姿势要正确,起锯时左手拇指应靠住锯条,右手稳握手柄,起锯角 α 要稍小于 15°,如图 10-19 所示。锯削时,锯弓作直线往复运动,锯条要与工件的表面垂直,前推时轻压,用力要均匀,返回时从工件表面轻轻滑过。

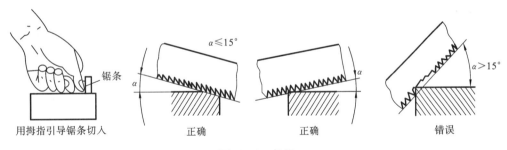

用拇指引导锯条切入　　　　正确　　　　正确　　　　错误

图 10-19　起锯

10.3.2　锉削

锉削与錾削都是对工件表面进行加工的操作。锉削的工具是锉刀。

1. 锉刀

锉刀是锉削时使用的工具,它由碳素工具钢制成,其锉齿多是在剁锉机上剁出,并经淬火、回火处理,其各部分结构如图 10-20 所示。锉刀的锉纹多制成双纹,这样锉削时不仅省力而且不易堵塞锉面。

锉刀按形状不同可分为平锉(又称板锉)、半圆锉、方锉、三角锉等,如图 10-21 所示。

锉刀按其齿纹的粗细(以每 10 mm 长的锉面上锉齿的齿数划分)又可分为以下几种:

粗锉刀(4~12 齿),齿间大,不易堵塞,适于粗加工或锉铜、铝等软金属;细锉刀(13~24

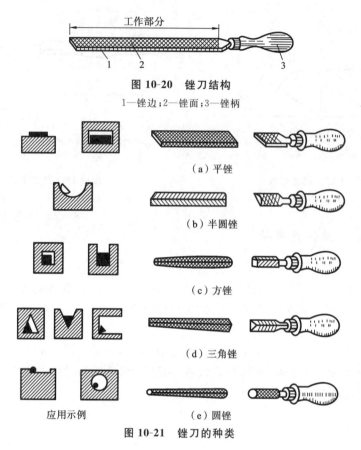

图 10-20 锉刀结构

1—锉边；2—锉面；3—锉柄

（a）平锉

（b）半圆锉

（c）方锉

（d）三角锉

应用示例　　　　　　（e）圆锉

图 10-21 锉刀的种类

齿），适于锉钢或铸铁等；光锉刀（30～40 齿），又称油光锉，只适用于最后修光表面。

2. 锉刀的使用及锉平面的方法

1）锉刀的使用方法

锉削时应正确掌握锉刀的握法及施力的变化。使用大型锉刀时，右手握住锉柄，左手压在锉刀前端，使其保持水平，如图 10-22（a）所示；使用中型锉刀时，应用较小的力，可用左手的拇指和食指握住锉刀的前端部，以引导锉刀水平移动，如图 10-22（b）所示。

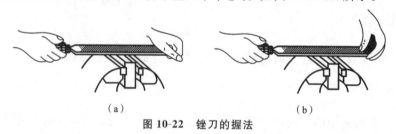

（a）　　　　　　　　　　（b）

图 10-22 锉刀的握法

锉削时应始终保持锉刀水平移动，因此要特别注意两手施力的变化。开始推进锉刀时，左手压力大于右手压力；锉刀推到中间位置时，两手的压力相等；再继续推进锉刀，左手的压力逐渐减小，右手的压力逐渐增大。锉刀返回时不加压力，以免磨钝锉齿和损伤已加工表面。

2）锉平面的方法和步骤

（1）选择锉刀　锉削前应根据金属的软硬、加工表面和加工余量的大小、工件的表面粗糙度要求等来选择锉刀,加工余量小于 0.2 mm 时宜用细锉。

(2) 装夹工件 工件必须牢固地夹在台虎钳钳口中部,并略高于钳口,夹持已加工工作表面时,应在钳口与工件间垫以铜制或钳制的垫片。

(3) 锉削 常用的锉削方法有顺锉法、交叉锉法、推锉法和滚锉法四种,前三种方法用于平面锉削,最后一种方法用于弧面锉削,如图 10-23 所示。

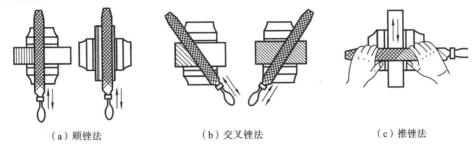

(a) 顺锉法 　　　　　(b) 交叉锉法 　　　　　(c) 推锉法

图 10-23 锉削方法

粗锉时可用交叉锉法,这样不仅锉得快,而且可利用锉痕判断加工部分是否锉到所需的尺寸。在平面基本锉平后,可用细锉和光锉以推锉法修光。

(4) 检验 锉削时,工件的尺寸可用钢直尺和卡钳(或用卡尺)检查。工件的平直度及直角可用 90°角尺根据是否能透过光线来检查,如图 10-24 所示。

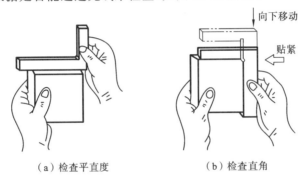

(a) 检查平直度 　　　　　(b) 检查直角

图 10-24 检查平直度和直角

3) 锉削操作时应注意事项

(1) 锉削操作时,锉刀必须装柄使用,以免刺伤手心。

(2) 由于台虎钳钳口经淬火处理过,所以不要锉到钳口上,以免磨钝锉刀和损坏钳口。

(3) 锉削过程中不要用手抚摸工件表面,以免再锉时打滑。

(4) 锉面堵塞后,用钢丝刷顺着锉纹方向刷去切屑。

(5) 锉下来的屑末要用毛刷清除,不要用嘴吹,以免屑末进入眼内。

(6) 铸件上的硬皮和黏砂应先用砂轮磨去或錾去,然后再锉削。

(7) 锉刀放置时不应伸出工作台台面外,以免碰落摔断或砸伤人脚。

10.3.3 錾削

錾削可加工沟槽、切断金属及清理铸件、锻件的毛刺等。錾削的工具是錾子。

1. 錾子

錾子一般用碳素工具钢锻造而成,刃部经过淬火和回火处理,具有一定的硬度和韧性。錾子刃部形状是根据錾削的需要而制成的,常用的錾子有平錾、槽錾和油槽錾,如图 10-25 所示。平錾用于錾削平面和錾断金属,其刃长一般为 10～20 mm;槽錾用于錾槽,其刃宽根据槽宽决定,一般为 5 mm;油槽錾用于錾油沟,它的錾刃磨成与油沟形状相符的圆弧形。

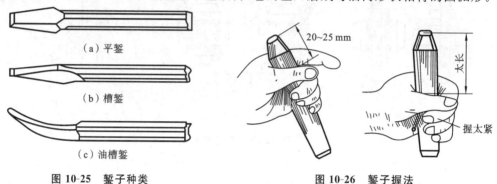

（a）平錾

（b）槽錾

（c）油槽錾

图 10-25　錾子种类　　　　　　　　　**图 10-26　錾子握法**

2. 錾子的使用及錾削操作

錾削是用锤子锤击錾子对工件进行切削加工。

1）錾子和锤子的握法

錾子应轻松自如地握着,主要是用中指夹紧,錾头伸出 20～25 mm,如图 10-26 所示。握锤子主要是靠拇指和食指,其余各指仅在锤子下落时才握紧,柄端只能伸出 5～30 mm,如图 10-27 所示。

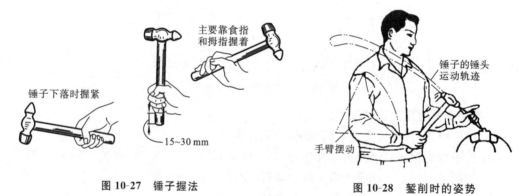

图 10-27　锤子握法　　　　　　　　　**图 10-28　錾削时的姿势**

2）錾削时的姿势

錾削时的姿势应便于用力,这样不易疲倦,身体的中心偏于右腿,挥锤要自然,眼睛应正视錾刃,而不是看錾子的头部。錾削时的姿势如图 10-28 所示。

3）錾削方法

（1）錾削方法要领　起錾时,应将錾子握平或使錾头稍向下倾,并尽可能使錾子倾斜 45°左右,从工件尖角处开始,轻打錾子,使它容易切入材料,然后按正常的錾削角度,逐步向中间錾削,如图 10-29(a)所示。

当錾削到距工件尽头约 1 mm 时,应调整錾子来錾掉余下的部分,如图 10-29(b)所示。这样可以避免单向錾削到终了时边角崩裂,以保证錾削的质量。这在錾削脆性材料时尤其应该注意。

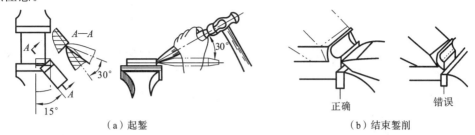

（a）起錾　　　　　　　　　　（b）结束錾削

图 10-29　起錾和结束錾削的方法

（2）錾平面方法　较窄的平面可以用平錾进行錾削,每次錾削厚度为 0.2～2 mm。对宽平面应先用槽錾开槽,槽床的宽度约为平錾錾刃宽度的 3/4,然后再用平錾錾平。为了易于錾削,平錾錾刃应与前进方向成 45°,如图 10-30 所示。

（3）錾油槽方法　錾油槽时要选用与油槽宽相同的油槽錾子錾削,如图 10-31 所示,必须使油槽錾得深浅均匀、表面光滑。在曲面上錾油槽时,錾子倾角要灵活掌握,应随曲面而变动,以使油槽的尺寸、深度和表面粗糙度达到要求。錾削后需用刮刀裹以砂布修光。

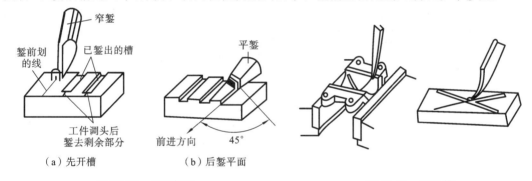

（a）先开槽　　　　　　（b）后錾平面

图 10-30　平面錾法　　　　　　**图 10-31　錾油槽**

（4）錾断的方法　錾断薄板（厚度 4 mm 以下）和小直径棒料（φ13 mm 以下）时可在台虎钳上进行,如图 10-32(a)所示,用扁錾沿着钳口并斜对着板料成 45°角自右向左錾削。对于较大或大型板料,如果不能在台虎钳上进行,可在铁砧上錾断,如图 10-32(b)所示。

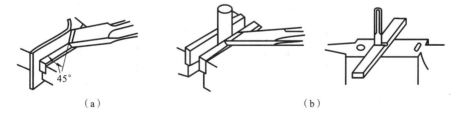

（a）　　　　　　　　　　（b）

图 10-32　錾断

（5）錾削操作时的注意事项。

① 工件应夹持牢固,以免錾削时松动。

② 錾头如有毛边,应在砂轮机上磨掉,以免錾削时手锤偏斜而伤手。

187

③ 勿用手触摸錾头端面,以免沾油锤击时打滑。

④ 錾削用的工作台必须装有防护网,以免錾屑伤人。

10.3.4 刮削

刮削是用刮刀从工件已加工表面上刮去一层很薄的金属的操作。刮削均在机械加工以后进行,刮削时刮刀对工件表面既有切削作用,又有压光作用,经刮削的表面留下微浅刀痕,形成存油空隙,减少摩擦阻力,改善了表面质量,也减小了表面粗糙度 Ra 值,提高了工件的耐磨性。

刮削是一种精加工的方法,常用于零件上互相配合的重要滑动表面,如机床导轨、滑动轴承等,以使彼此均匀接触。因此刮削在机械制造和修理工作中占有重要地位,应用广泛,但是刮削生产效率低、劳动强度大,因此多用于那些磨削难以加工到的地方。

1. 刮刀及其使用方法

常用的刮刀有平面刮刀和刮刀等。刮刀一般用碳素工具钢 T10A～T12A 或轴承钢锻成,也有的刮刀头部焊上硬质合金用以刮削硬金属。

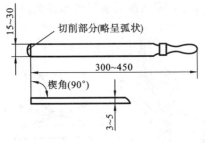

图 10-33 平面刮刀

1）平面刮刀

平面刮刀如图 10-33 所示,它是用来刮削平面或刮花的工具。

平面刮刀的使用方法有手刮法与挺刮法两种。如图 10-34(a)所示为手刮法:右手握刀柄方向并加压。如图 10-34(b)所示为挺刮法:刮削时利用腿部和腹部的力量,使刮刀向前推挤。刮削时,要均匀用力,拿稳刮刀,以免刮刀刃口两侧的棱角将工件刮伤。

（a）手刮法　　　　　　　　（b）挺刮法

图 10-34　手刮法及挺刮法

2）三角刮刀

三角刮刀如图 10-35(a)所示,是用来刮削要求较高的滑动轴承的轴瓦,以得到与轴颈良好的配合,刮削时的姿势如图 10-35(b)所示。

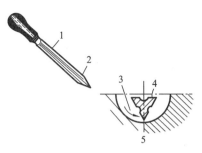

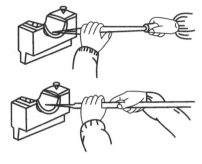

（a）用三角刮刀刮削轴瓦　　　　　　　　（b）刮削姿势

图 10-35　三角刮刀及其刮削方法

1—三角刮刀；2—切削部分；3—刮削方向；4—刮刀切削部分；5—工件

2. 刮削质量的检验方法

刮削后的平面可用平板进行检验。平板由铸铁制成，它必须具有刚度好、不变形、非常平直和光洁的特征。

用平板检查工件的方法如下：将刮削后的平面（工件）擦净，并均匀地涂上一层很薄的红丹油（红丹粉与机油的混合剂），然后将涂有红丹油的平面（工件表面）与备好的平板稍加压力配研，如图 10-36（a）所示，配研后工件表面上的高点（与平板的贴合点）便因磨去红丹油而显示出亮点来，如图 10-36（b）所示。这种显示亮点的方法称为研点子。

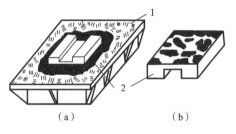

图 10-36　研点子

1—平板；2—工件

刮削研点的检查以 25 mm×25 mm 面积内均匀分布的贴合点数来衡量刮削的质量。卧式机床的导轨要求研点子为 8～10 点。

3. 平面刮削步骤

（1）粗刮　若工件表面存有机械加工的刀痕，应先用交叉刮削将表面全部粗刮一次，使表面较为平滑，以免研点子时划伤平板。

刀痕刮除后可研点子，并按显示出的亮点逐点粗刮。当研点子增加到 4 个点时进行细刮。

（2）细刮　细刮时选用较短的刮刀，这种刮刀用力小、刀痕较短（3～5 mm），经过反复刮削后，研点子逐渐增多，直到最后达到要求为止。

10.3.5　钻孔、扩孔、铰孔和锪孔

各种零件上的孔加工，除一部分由车、镗、铣等机床完成外，很大一部分是由钳工利用各种钻床和钻孔工具完成的。钳工加工孔的方法一般指钻孔、扩孔、铰孔及锪孔。

钳工中的钻孔、扩孔、铰孔、锪孔等工作多在钻床上进行，用钻床加工不方便的场合，经常用手电钻进行钻孔、扩孔，用手铰刀进行铰孔。

1. 钻床

常用的钻床有台式钻床、立式钻床、摇臂钻床 3 种，手电钻也是常用的钻孔工具。

1）台式钻床

台式钻床简称台钻，如图 10-37 所示，是一种放在工作台上使用的小型钻床，台钻重量轻，移动方便，转速较高（最低低转速在 400 r/min），主轴的转速可用改变 V 带在带轮上的位置来调节，主轴的进给是手动的。台式钻床适用于钻小型零件上直径≤13 mm 的小孔。

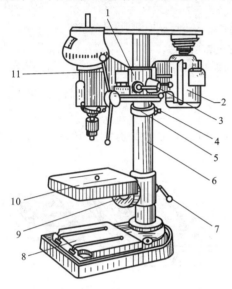

图 10-37　台式钻床

1—主轴架；2—电动机；3,7—锁紧手柄；
4—锁紧螺钉；5—定位环；6—立柱；8—机座；
9—转盘；10—工作台；11—钻头进给手柄

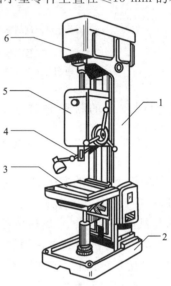

图 10-38　立式钻床

1—立柱；2—机座；3—工作台；
4—主轴；5—进给箱；6—主轴箱

2）立式钻床

立式钻床简称立钻，如图 10-38 所示，其规格用最大钻孔直径表示，常用的有 25 mm、35 mm、40 mm 和 50 mm 等几种。

立钻主要由主轴、主轴箱、进给箱、立柱、工作台和机座组成。电动机的运动通过主轴变速箱使主轴获得所需要的各种转速。主轴变速箱与车床的主轴箱相似，钻小孔时转速较高，钻大孔时转速较低。钻床主轴在主轴套筒内做旋转运动，即主运动；同时通过进给箱中的机构使主轴随主轴套筒按需要的进给量作直线移动，即进给运动。

与台钻相比，立钻刚性好、功率大，因而允许采用较大的切削用量，生产效率较高，加工精度也较高，主轴的转速和进给量变化范围大，而且钻头可以自动进给，故可以使用不同刀具进行钻孔、扩孔、锪孔、攻螺丝等多种加工，在立钻上钻完一个孔后再钻另一个孔时，必须移动工件，使钻头对准另一个孔的中心。由于大工件移动起来不方便，因此立钻一般适用于单件小批量生产中的中小型工件的加工。

3）摇臂钻床

摇臂钻床如图 10-39 所示。这类钻床结构完善，它有一个能绕立柱旋转的摇臂，摇臂带动主轴箱可沿立柱垂直移动,同时主轴箱还能在摇臂上作横向移动。由于结构上的这些特点,故操作时能很方便地调整刀具位置,以对准待加工孔的中心,而不需要移动工件来进行加工。此外,主轴转速范围和进给量范围很大,因此适用于笨重、大型工件及多孔工件的加工。

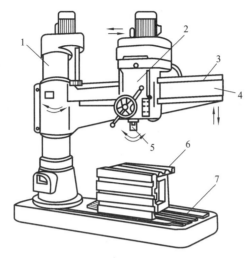

图 10-39　摇臂钻床

1—立柱;2—主轴箱;3—摇臂导轨;4—摇臂;5—主轴;6—工作台;7—机座

4)手电钻

手电钻如图 10-40 所示,主要用于钻直径在 12 mm 以下的孔。其电源有 220 V 和 380 V 两种,手电钻携带方便、操作简单、使用灵活,应用比较广泛。

2. 钻孔

钻孔是用钻头在实体材料上加工孔的方法。在钻床上钻孔时,工件固定不动,钻头一边旋转(主运动 1),一边轴向下移动(进给运动 2),如图 10-41 所示。钻孔属于粗加工,尺寸公差等级一般为 IT11~IT14,表面粗糙度 Ra 值为 50~12.5 μm。

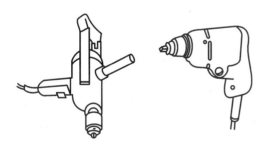

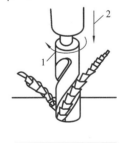

图 10-40　手电钻　　　　　**图 10-41　钻孔时钻头的运动**

1)麻花钻头

麻花钻头是钻孔最常用的刀具,其组成部分如图 10-42 所示。麻花钻前端的切削部分,如图 10-43 所示,它有两个对称的主切削刃,钻头顶部有横刃,横刃的存在使钻削时轴向力增加。麻花钻有两条螺旋槽和两条刃带,螺旋槽的作用是形成切削刃并向孔外排屑;刃带的作用是减少钻头与孔壁的摩擦并导向。麻花钻头的结构决定了它的刚性和导向性均比较差。

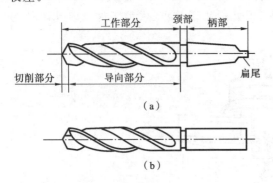

图 10-42 麻花钻头的组成部分

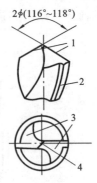

图 10-43 麻花钻前端的切削部分

1—主切削刃；2—刃带；3—主后刀面；4—横刃

2）钻孔用附件

麻花钻头按柄部形状的不同，有不同的装夹方法。锥柄钻头可以直接装入机床主轴的锥孔内。当钻头的柄部小于机床主轴锥孔时，则需选用合适的过渡套筒，如图 10-44 所示。因为过渡套筒要和各种规格的麻花钻装夹在一起，所以套筒一般需用数只。柱柄钻头通常用钻夹头装夹，如图 10-45 所示。旋转固紧扳手，可带动螺纹环转动，因而使 3 个夹爪自动定心并夹紧。

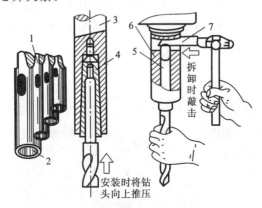

图 10-44 用过渡套筒安装与拆卸钻头

1,4,5—过渡套筒；2—锥孔；3,6—钻床主轴；7—楔铁

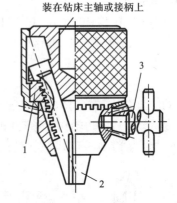

图 10-45 钻夹头

1—螺纹环；2—自动定心夹爪；3—固紧扳手

在立钻或台钻上钻孔时，工件通常用平口钳安装，如图 10-46(a)所示，较大的工件可用压板、螺钉直接安装在工作台上，如图 10-46(b)所示。夹紧前先按划线标志的孔位进行找正，压板应垫平，以免夹紧时工件移动。

3）钻孔方法

按划线钻孔时，一定要使麻花钻的尖头对准孔中心的样冲眼，一般先钻一小孔用于判断是否对准。

钻孔开始时要用较大的力向下进给，以免钻头在工件表面上来回晃动而不能切入。用麻花钻头钻较深的孔时，要经常退出钻头以排出切屑和进行冷却，否则可能使切屑堵塞在孔内卡断钻头或由于过热而增加钻头的磨损。为了降低钻削温度而提高钻头耐用度，对钢件

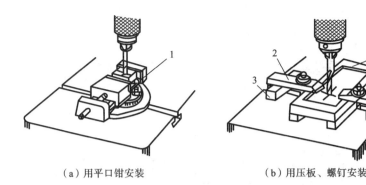

|（a）用平口钳安装|（b）用压板、螺钉安装|

图 10-46 钻孔时工件的安装

1—垫铁垫平;2—压板;3—垫块;4—工件

钻孔时要加切削液,钻孔临近钻透时,压力应逐渐减小。直径大于 30 mm 的孔,由于有很大的轴向抗力,故很难一次钻出,这时可先钻出一个直径较小的孔(为加工孔径的 0.2～0.4 倍),然后用第二把钻头将孔扩大到所要求的直径。

3. 扩孔

扩孔是用扩孔钻或钻头对已有孔进行孔径扩大的加工方法。扩孔可以适当提高孔的加工精度和减小表面粗糙度 Ra 值。扩孔属于半精加工,尺寸公差等级可达 IT10～IT9,表面粗糙度 Ra 值可达 6.3～3.2 μrn。

扩孔可以校正孔的轴线偏斜,并使其获得较正确的几何形状。扩孔可作为孔加工的最后工序,也可作为铰孔前的准备工序,扩孔加工余量为 0.5～4 mm,小孔取较小值,大孔取较大值。

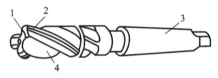

图 10-47 扩孔钻

1—主切削刃;2—刃带;3—锥柄;4—螺旋槽

扩孔钻的形状与麻花钻相似,如图 10-47 所示,不同点如下:扩孔钻有 3～4 个刃且没有横刃;扩孔钻的钻头粗、刚度较好,由于它的分齿较多且刚性好,故扩孔时导向性较麻花钻好。

4. 铰孔

铰孔是用铰刀对已有孔进行精加工的方法,其尺寸公差等级可达 IT8～IT9,表面粗糙度 Ra 值可达 1.6～0.8 μm。铰刀的结构如图 10-48 所示,分为机铰刀和手铰刀两种。铰刀的工作部分包括切削部分和修光部分。机铰刀多为锥柄,装在钻床或车床上进行铰孔。手铰刀的切削部分较长,导向作用较好。手工铰孔时,将铰刀沿原孔放正,然后用铰杠转动并轻压进给。如图 10-49 所示为可调式铰杠,转动右边手柄即可调节方孔的大小。

铰刀的形状类似扩孔钻,不过它有着更多的刃(6～12 个)和较小的顶角,铰刀每个刃上的负荷明显地小于扩孔钻,这些因素都使其铰出的孔的精度大为提高,并明显地减小了表面粗糙度 Ra 的值。

铰刀的刀刃多做成偶数,并成对地位于通过直径的平面内,目的是便于测量直径的尺寸。机铰时为了获得较细的表面粗糙度,必须想办法避免产生机屑瘤,因此应取较低的切削速度。用高速钢铰刀铰孔时,粗铰速度为 0.067～1.67 m/s,精铰速度为 1.5～5 m/min,进

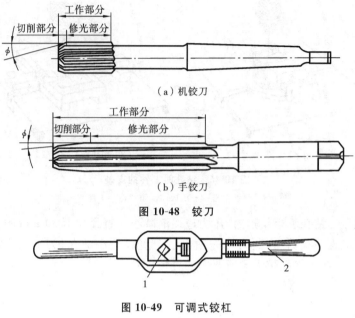

（a）机铰刀

（b）手铰刀

图 10-48 铰刀

图 10-49 可调式铰杠

1—方孔；2—调节手柄

给量可取 0.2～1.2 mm/r(为钻孔时进给量的 3～4 倍)。铰孔时铰刀不可反转,以免崩刃。另外,铰孔时要选用适当的切削液,以控制铰孔的扩张量,去除切屑的黏附,并冷却润滑铰刀。

铰孔操作除了铰圆柱孔以外,还可用圆锥形铰刀铰圆锥销孔,如图 10-50 所示是用来铰圆锥销孔的铰刀,其切削部分的锥度为 1∶50,与圆锥销相符。尺寸较小的圆锥孔,可先按小头直径钻出圆柱孔,然后用圆锥铰刀铰削即可。对于直径尺寸和深度较大的孔,铰孔前应先钻出阶梯孔,然后再用铰刀铰孔。铰孔过程中要经常用相配的锥销来检查尺寸,如图 10-51所示。

图 10-50 圆锥形铰刀

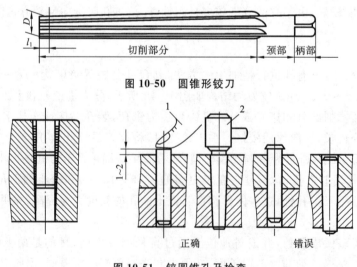

正确　　　　　错误

图 10-51 铰圆锥孔及检查

1—手指；2—铜锤

5. 锪孔

用锪钻加工锥形或柱形的沉坑称为锪孔。沉坑是埋放螺钉头的,因此锪孔是不可缺少的加工方法,锪孔一般在钻床上进行,加工的表面粗糙度 Ra 值为 $6.3 \sim 3.2\ \mu m$。锥形埋头螺钉的沉坑可用 90°锥锪钻加工,如图 10-52(a)所示。柱形埋头螺钉的沉坑可用圆柱形锪钻加工,如图 10-52(b)所示,柱形锪钻下端的导向柱可保证沉坑与小孔的同轴度。柱形沉坑的另一个简便的加工方法是将麻花钻的两个主切削刃磨成与轴线垂直的两个平刃,中部具有很小的钻尖,先以钻尖定心加工沉坑,如图 10-52(c)所示,再以沉坑底部的锥坑定位,用麻花钻钻小孔,如图 10-52(d)所示,这一方法具有简单、费用较低的优点。

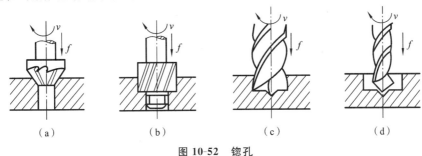

(a)　　　　　(b)　　　　　(c)　　　　　(d)

图 10-52　锪孔

10.3.6　螺纹加工

攻螺纹(又称攻丝)、套螺纹(又称套扣)是钳工加工内外螺纹的操作。

1. 攻螺纹

攻螺纹是用丝锥加工内螺纹的操作。

1) 丝锥

丝锥是专门用来攻螺纹的刀具,其结构形状如图 10-53 所示。丝锥的前端为切削部分,有锋利的刃,这部分起主要的切削作用;中间为定径部分,起修光螺纹和引导丝锥的作用。

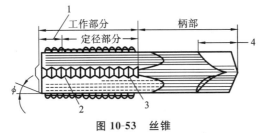

图 10-53　丝锥

1—切削部分;2—槽;3—刀刃;4—方头

手用丝锥从 M3～M20 每种尺寸多为两只一组,称为头锥、二锥。两只丝锥的区别在于其切削部分的不同:头锥切削部分有 5～7 个不完整的牙齿,其斜角 ϕ 较小;二锥有 1～2 个不完整的牙齿,切削部分的斜角 ϕ 较大。攻螺纹时,先用头锥,再用二锥。

2) 攻螺纹的操作

(1) 钻螺纹底孔。底孔的直径可以查手册或按下面的经验公式计算:加工钢及塑性材料时,钻头直径 $D=(d-p)$mm;加工铸铁及脆性材料时,钻头直径 $D=(d-1.1p)$mm,式中:d 为螺纹大径(mm);p 为螺距(mm)。

攻盲孔的螺纹时,丝锥不能攻到孔底,所以孔的深度要大于螺纹长度。盲孔深度可按下式计算:盲孔的深度=要求的螺纹长度$+0.7d$,d 为螺纹大径。

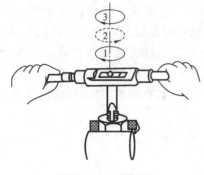

图 10-54 攻螺纹

(2)用头锥攻螺纹。开始用头锥攻螺纹时,必须先旋入 1~2 圈,检查丝锥是否与孔的端面垂直(可用目测或用 90°角尺在互相垂直的两个方向检查),并及时纠正丝锥,然后继续用铰杠轻压旋入。当丝锥旋入 3~4 圈后,即可只转动不加压,每转 1~2 圈应反转 1/4圈,以使切削断落。攻钢料螺纹时,应加切削液,如图 10-54 所示。

(3)用二锥攻螺纹。二锥攻螺纹时,先将丝锥放入孔内,用手旋入几圈后再用铰杠转动,旋转铰杠时不需加压。

2. 套螺纹

套螺纹是用板牙切出外螺纹的操作。

1)板牙和板牙架

板牙有固定式和开缝式(可调节)两种。图 10-55(a)所示为开缝式板牙,其螺纹孔的大小可做微量调节。孔的两端有 60°的锥度部分,起主要的切削作用。板牙架是用来装夹板牙的,如图 10-55(b)所示。

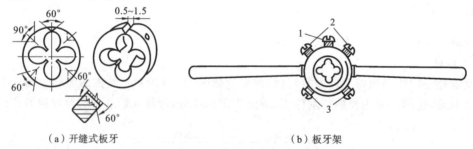

(a)开缝式板牙 (b)板牙架

图 10-55 开缝式板牙和板牙架

1—撑开板牙螺钉;2—调紧板牙螺钉;3—固紧板牙螺钉

2)套螺纹的操作方法

套螺纹前应检查圈杠的直径大小,太小则难以套入,且太小套出的螺纹牙齿不完整,在钢材套螺纹时,圆杠直径可用经验公式计算:圆杠直径=螺纹大径 $d-0.2p$(螺距),圆杠端部必须有合适的倒角。套螺纹时,板牙端面应与圆杠垂直,如图 10-56 所示。开始转动板牙时,要稍加压力。套入几扣后,即可只转动而不加压。与攻螺纹一样,为了断屑,需时常反转。在钢件上套

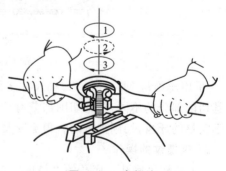

图 10-56 套螺纹

螺纹时,应加切削液。

10.4　装配

　　任何机器都是由许多零件组成的。将零件按照规定的技术要求和装配工艺组装起来,并经调整、试车使之成为合格产品的过程,称为装配。零件是机器最基本的单元。相应的来说,将若干个零件安装在一个基础零件上面构成组件的装配称为组件装配;将若干零件、组件安装在另一个基础零件上而构成部件的装配称为部件装配;将若干个零件、组件、部件安装在一个较大、较重的基础零件上而构成产品的装配称为总装配。

　　装配工作是产品制造的最后阶段。装配质量的好坏会直接影响产品质量。实践中常出现这样的实例,组成产品的零件加工质量很好,但整机却是不合格的,其主要原因就是装配工艺不合理或装配操作不正确。由此可见,装配工作在机器制造业中占有很重要的地位。

10.4.1　装配的组合形式及其步骤

　　一部复杂的机器往往是先以某一个零件作为基准零件,把几个其他零件装在基准零件上构成"组件",然后再把几个组件与零件装在另一基准零件上,构成"部件",最后将若干个部件、组件与零件共同安装在产品的基准零件上,总装成机器。可以单独进行装配的"组件"及"部件"称为装配单元。

1. 零件的组合形式

　　零件相互连接的性质会直接影响产品装配的顺序和装配方法。按照零件的连接方式,可分为固定连接和活动连接,如表 10-1 所列。

表 10-1　连接的种类

固定连接		活动连接	
可拆的	不可拆的	可拆的	不可拆的
螺纹、键销等连接	铆接,焊接,压合,胶合、扩压等	轴与滑动轴承,柱塞与套筒等间隙配合零件	任何活动连接的铆接头

2. 常用的装配方法

　　为保证机器使用的可靠性,装配时必须保证零件之间、部件之间的配合要求。根据零件的结构、生产条件和生产批量的不同,常用的装配方法有完全互换法、选择装配法、修配法和调整法。

　　(1) 完全互换法　零件具有很好的互换性,装配时不需要对零件进行任何选择、修配和调节,就能保证获得规定的装配精度。其特点是装配过程简单、生产效率高、零件易更换,但对零件的加工精度要求高,一般适用于大批量生产的情况。

　　(2) 选择装配法　装配时选择尺寸合适的零件装在一起,达到装配精度的要求。其特点是需要试装时间（或测量分组时间），适用于大批大量生产的情况。选择装配法能装配出性能更好的机器。

（3）修配法　装配时，修去某配合件上的预留量，使装配精度达到要求。其特点是需增加修配的工作量、生产效率较低，且要求工人的技术水平较高。修配法适用于单件、小批量生产。

（4）调整法　装配时，调整一个或几个零件的位置，使装配精度达到要求。其特点是可进行定期调整，易于保证和恢复配合精度。可降低零件的制造成本，但需增加调整件或一个调整机构的调整时间，此法广泛地适用于批量生产。

3．装配工作的步骤

装配工作的一般步骤：研究和熟悉产品装配图及技术要求，了解产品结构、工作原理、零件的作用及相互连接的关系 → 准备所用工具，确定装配方法、顺序 → 对装配的零件进行清洗，去掉油污、毛刺 → 组件装配 → 部件装配 → 总装配 → 调整、检验、试车 → 油漆、涂油、装箱。

10.4.2　装配实例

1．组件装配

图 10-57 所示为减速箱轴承套组件装配顺序图，以此为例说明装配过程。

1）制定装配工艺系统图

装配工艺系统图能简明、直观地反映出产品的装配顺序，也便于组织和指导装配工作。其制定方法如下。

（1）先划一条横线（或竖线）。

（2）在横线（或竖线）的左端（或上端）画一长方格，代表基准零件。在长方格中注明零件、组件或部件的名称、编号和数量。长方格的形式如图 10-58 所示。

（3）在横线（或竖线）的右端（或下端）画一个代表装配成品的长方格。

（4）横线（或竖线）从左至右（或从上到下）表示装配顺序。直接进入装配的零件画在横线（或竖线）的上面（或右面），将代表组件、部件的长方格画在横线（或竖线）的下面（或左面）。

图 10-59 所示为其装配工艺系统图。

2）装配方法

按画出的装配工艺系统图，首先将衬垫装在基准件锥齿轮轴上；将下端轴承外圈压入轴承套（轴承套分组件）装在锥齿轮轴上（可看成是锥齿轮分组件）；压入下端轴承内圈（包括滚动体、隔离环等——实际是组件）；放上隔圈；压入上端轴承内圈；再压入外圈；把毛毡放入轴承盖内（轴承盖分组件），装在锥齿轮轴上；用螺钉将轴承套连接好；将键配好，轻打装在轴上；压装齿轮，放上垫圈；拧紧螺母。

3）试车

试车前应仔细检查零部件的连接形式是否正确；固定连接不准有间隙；活动连接应能灵

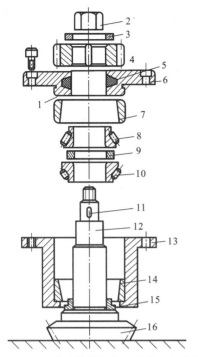

图 10-57　减速箱轴承套组件装配顺序图

1—调整面；2—螺母；3—垫圈；4—齿轮；
5—毛毡；6—轴承盖；7—轴承外环；8—滚动体；
9—隔圈；10—滚动体；11—键；12—圆锥齿轮轴；
13—轴承套；14—轴承外环；15—衬垫；16—圆锥齿轮

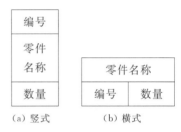

图 10-58　表示零件的长方格

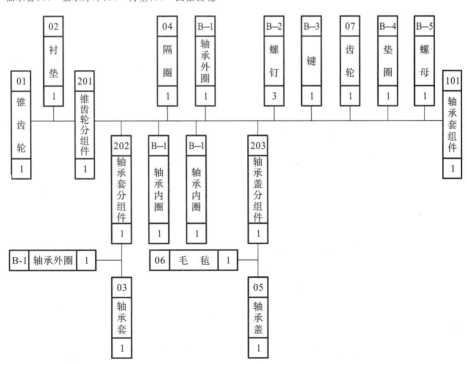

图 10-59　轴承套组件装配工艺系统图

活地按规定方向运动;检查各运动部件的接触面是否有足够的润滑,油路是否畅通;各密封处是否有渗漏现象;检查各运动件的操纵是否灵活,手柄是否在合适位置上。检查合格后方可试车,试车时,先开慢车,再逐步加速。

2. 螺纹连接件的装配

螺纹连接具有装配简单,调整、更换方便,连接可靠的优点,因而在机械中应用广泛。螺纹连接的类型如图 10-60 所示。

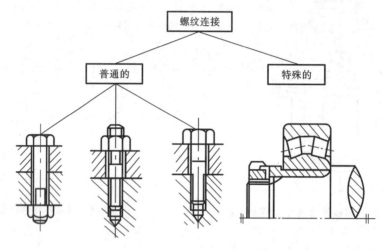

图 10-60　螺纹连接的类型

螺纹连接件装配的基本要求和注意事项如下。

(1) 用螺母与螺栓、螺钉连接零件时,应做到用手能自动旋入螺母,然后再用扳手拧紧。其旋紧程度要合适,过紧会咬坏螺纹;过松会使连接件松动,受力后螺纹容易断裂。螺母端面应与连接件轴线垂直,以使受力均匀。贴合面要平整光洁,否则螺纹容易松动。为了提高贴合面质量,可加垫圈。

(2) 双头螺柱拧入机体后不能有任何松动,其轴线应与机体端面垂直。拧紧螺母时用力必须适当,用力过大会使螺柱断裂或螺纹牙损坏;用力过小则不能保证机器工作时稳定可靠。装配时应使用润滑油,以免旋入时产生咬合现象;同时便于以后拆卸、更换零件。

(3) 装配成组螺钉、螺母时,为保证零件贴合面受力均匀,应按一定顺序旋紧,如图 10-61所示。拧紧时要逐步进行,首先按图示顺序将所有螺母拧紧到 1/3 的程度,然后再拧紧到 2/3 的程度,最后将它们完全拧紧。

3. 滚动轴承装配

滚动轴承内圈与轴、外圈与箱体或机架上的轴承孔的配合,一般采用较小的过盈配合或过渡配合。装配滚动轴承常用的方法及注意事项如下。

(1) 装配前要做好准备工作。例如,检查轴承型号是否与图纸一致,清理轴承及其配合的零件,准备好所用工具。

(2) 装配时,为了使轴承圈均匀受压,常通过垫套使用手锤或压力机将轴承压入,如图10-62 所示。若将轴承压到轴上时,要用垫套压轴承内圈端面,见图 10-62(a);若将轴承压到机架或箱体轴承孔中,要压轴承外圈端面,见图 10-62(b);若将轴承同时压到轴上和机体孔中,则内、外圈轴承端面应同时加压,见图 10-62(c)。

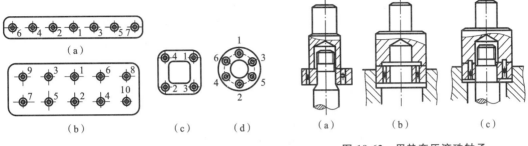

图 10-61　螺母的拧紧顺序　　　　　　图 10-62　用垫套压滚珠轴承

（3）如果轴承与轴有较大的过盈配合时,最好将轴承吊在温度为 $80\sim90$ ℃的机油中加热,然后趁热装入。

（4）轴承安装后,要检查滚动体是否被咬住,是否有合理的间隙,以补偿轴承工作时的热变形。

4. 键连接的装配

机器传动轴上的齿轮、带轮、蜗轮等零件,多采用键连接来传递扭矩,常用的键有平键、楔键、滑键、花键等。

（1）平键连接的装配　图 10-63 所示为平键连接的装配图。装配要求如下:装配后,键的两侧应有一定的过盈量,键的底面应与轴上键槽底部接触,键顶面与轮毂间要有一定的间隙。其装配方法是先清除键槽锐边、毛刺,修配键侧和槽的配合;取键长并修锉两头;将键配入键槽内。然后试装轮毂,若轮毂上的键槽与键配合太紧时,可修整轮毂的键槽,但不允许松动。

（2）楔键连接的装配　图 10-64 所示为楔键连接的装配图。楔键的形状和平键相似,不同的是键顶面带有 $1:100$ 的斜度。装配时,相应的轮毂键槽上也要有同样的斜度。此外,楔键的一端有钩头,便于装卸。楔键除传递扭矩外,还能承受单向轴向力。其装配要求如下:装配后,键的顶面和底面分别与轮毂键槽和轴上键槽贴紧,两侧面与键槽有一定的间隙。其装配方法与平键相同。

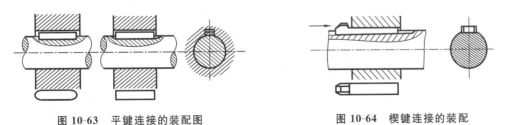

图 10-63　平键连接的装配图　　　　　图 10-64　楔键连接的装配

10.4.3　机器拆卸

机器经过长期使用,某些零件会发生磨损和变形,使机器精度和效率降低,这时就需要对机器进行检查和修理。修理时要对机器进行拆卸,拆卸工作的一般要求如下。

(1)机器拆卸前,先要熟悉图纸,了解机器零部件的结构,弄清需要排除的故障和应修理的部位,确定拆卸方法和拆卸程序,盲目拆卸会使零件受损。

(2)拆卸就是正确解除零部件相互间的约束。拆卸的顺序与装配顺序相反,即按先外后内、先上后下的顺序,依次进行。

(3)拆卸时应尽量使用如图 10-65 所示的常用拆卸工具,以防损坏零件。应避免使用铁锤,一般使用铜锤或木槌敲击零件,或者用软材料垫在零件上敲击。

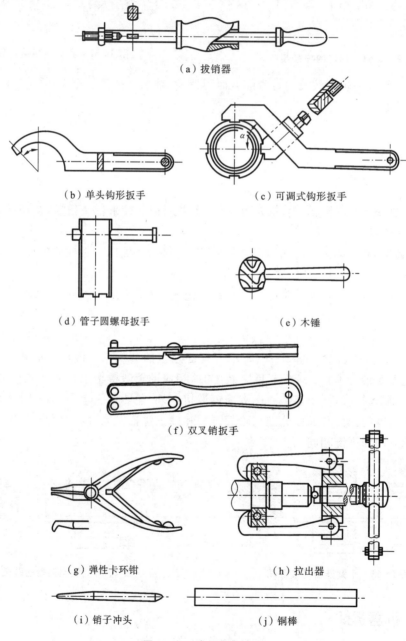

图 10-65 常用拆卸工具

（4）拆卸时，对采用螺纹连接或锥度配合的零件，必须辨清回旋方向。紧固件上的防松装置（如开口销等）在拆卸后一般要更换，避免再次使用时断裂而造成事故。

（5）有些零部件拆卸时要做好标志（如成套加工的或不能互换的零件等），以防装配时装错。零件拆下后要按次序摆放整齐，尽可能按原来结构套在一起。如轴上的零件拆下后，最好按原次序临时装回轴上或用钢丝串联放置。对细小件如销子、止动螺钉等，拆卸后立即拧上或插入孔中。对丝杠、长轴零件要用布包好并用绳索将其吊起放置，以防弯曲变形或碰伤。

10.4.4　装配质量与产品性能

装配是机械制造过程中的最后一个阶段。为了使产品达到规定的技术要求，装配不仅是零部件的结合过程，还包括调整、检验、试验、油漆和包装等工作。

机器的质量是以机器的性能、使用效果、可靠性和寿命等指标来综合评定的。这些指标除与产品结构设计的正确性和零件的制造质量有关外，还与机器的装配质量有密切的关系。

机器的质量，即产品的性能、使用效果、可靠性等，最终是通过装配工艺来保证的。若装配不当，即使零件的制造质量都合格，也不一定能够装配出合格的产品。反之，当零件的质量不是很好时，但只要在装配中采取合格的工艺措施，也能使产品达到规定的要求。因此装配质量对保证产品性能起着十分重要的作用。

另外，通过机器的装配，可以发现机器设计上的错误（如不合理的结构和尺寸等）和零件加工工艺中存在的问题，并加以改进，起到了在机器生产过程中作为最终检验环节的作用。

第 *11* 章 数控加工实训

【实训目的及要求】

(1) 了解数控加工的工艺特点。

(2) 了解数控机床的基本组成及工作原理。

(3) 了解数控编程基础知识。

(4) 了解数控车床、铣床编程指令,掌握数控车床、铣床编程方法。

(5) 了解数控加工工艺流程。

【安全操作规程】

(1) 操作前,应按规定正确穿戴好防护用品,女同学发辫必须挽在工作帽内。

(2) 程序输入后,应仔细核对代码、数值、正负号、小数点及语法是否正确。

(3) 数控机床开动前,必须关好机床防护门。

(4) 试切时快速倍率开关必须打到较低挡位。

(5) 机床运转中,操作者不得离开岗位,发现异常现象立即停车并及时报告指导老师或专业维修人员。

(6) 停机时依次关掉机床操作面板上的电源和总电源。

11.1 数控技术与数控机床概述

11.1.1 数控技术的基本概念

1. 数控技术

数控技术(numerical control technology)是指采用数字控制的方法对某一工作过程实现自动控制的技术。

2. 数控系统

数控设备的数据处理和控制电路及伺服机构等统称为数控系统(numerical control system)。它由输入/输出设备、计算机数字控制装置、可编程控制器、主轴进给及驱动装置等组成。

3．数控机床

数控机床(NC machine tools)是一种装有程序控制系统(数控系统)的高效自动化机床。它综合了计算机、自动控制、精密测量、机床的机构设计与制造等方面的最新成果。

4．数控程序

从数控系统外部输入的直接用于加工的程序称为数控加工程序,简称为数控程序,它是机床数控系统的应用软件。

5．数控编程

将零件加工的工艺顺序、运动轨迹与方向、位移量、工艺参数(主轴转速、进给量、切深)及辅助动作(换刀、变速、冷却液开停),按其动作顺序,用数控机床的数控系统所规定的代码和程序格式,编制成加工程序单,再将程序单中的内容记录在磁盘(或纸带)等控制介质上。这种从零件图纸到制成控制介质的过程,称为数控编程(NC programming)。

6．数控加工

所谓数控加工,是根据零件图及工艺要求等原始条件编制数控加工程序,再输入数控系统,控制数控机床中刀具与工件的相对运动,以完成对零件的加工。

11．1．2　数控机床的组成和特点

1．数控机床的组成

数控机床一般由程序载体、数控装置、伺服驱动系统、机床本体、测量反馈系统及辅助装置等组成。数控机床的组成与加工过程如图 11-1 所示。

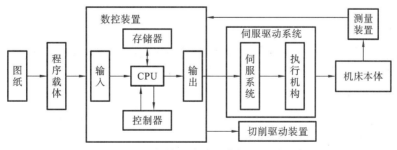

图 11-1　数控机床的组成与加工过程

1）程序载体

数控机床工作时,不需要工人直接操作机床,但若要对数控机床进行控制,则必须编制加工程序。零件加工程序包括机床上刀具和工件的相对运动轨迹、工艺参数(主轴转速、进给量等)和辅助运动等。将零件加工程序用一定的格式和代码存储在一种程序载体上,如穿孔纸带、盒式磁带、软磁盘等,通过数控机床的输入装置,将程序信息输入到 CNC 单元。

2）数控装置

数控系统的核心是数控装置。数控装置一般由译码器、存储器、控制器、运算器、输入/

输出装置等组成。数控系统是接收信息载体的输入信息,并将其代码加以编码、译码、存储、数据运算后输出相应的指令脉冲信息以驱动伺服系统,进而控制机床动作。

3)伺服驱动系统

伺服驱动系统由驱动部分和执行机构两部分组成,是 CNC 系统的执行部分。伺服驱动系统的作用是把来自 CNC 装置的各种指令转换成数控机床移动部件的运动。伺服驱动系统主要包括数控机床的主轴驱动和进给驱动。

4)机床本体

机床本体是数控机床完成各种切削加工的机械部分,是加工运动的实际机械部件。机床本体包括主运动部件、进给运动部件(如工作台、刀架)和支承部件,以及零件夹紧、换刀机械手等辅助装置。

5)测量反馈系统

常用的测量反馈系统有光栅、光电编码器、同步感应器等。在伺服电机末端(或机床的执行部件上)安装有测量反馈元件(如带有光电编码器的位移检测元件及相应电路),可测量其速度和位移,该部分能及时将信息反馈回来,构成闭环控制。

6)辅助装置

辅助装置是保证充分发挥数控机床功能所必需的配套装置。常用的辅助装置包括气动、液压装置,排屑装置,冷却、润滑装置,回转工作台和数控分度头,防护和照明等各种辅助装置。

2. 数控机床的工作原理

数控机床的工作过程是将加工零件的几何信息和工艺信息进行数字化处理,即对所有的操作步骤(如机床的启动或停止、主轴的变速、工件的夹紧或松夹、刀具的选择和交换、冷却液的开或关等)和刀具与工件之间的相对位移,以及进给速度等都用数字化的代码表示。在加工前由编程人员按规定的代码将零件的图纸编制成程序,然后通过程序载体(如穿孔带、磁带、磁盘、光盘和半导体存储器等)或手工直接输入(MDI)方式将数字信息送入数控系统的计算机中进行寄存、运算和处理,最后通过驱动电路由伺服装置控制机床实现自动加工。

3. 数控机床的特点

数控机床是一种高效能的自动加工机床,与普通机床相比,数控机床具有以下一些特点。
(1)适应性强,适合加工单件或小批量复杂工件。
(2)加工精度高,产品质量稳定。
(3)生产效率高。
(4)减轻劳动强度,改善劳动条件。
(5)生产管理水平将得到提高。
任何事物都有两重性,数控机床也有缺点,主要有以下两方面。
(1)价格昂贵。由于数控机床装备有高性能的数控系统、伺服系统和非常复杂的辅助控制装置,数控机床的价格一般比普通机床高一倍以上,因而制约了数控机床的大量使用。
(2)对操作人员和维修人员的要求较高。数控机床操作人员不仅应具有一定的工艺知识,还应在数控机床的结构、工作原理及程序编制方面进行过专门的技术理论培训和操作训练,掌握操作和编程技能。数控机床维修人员应有较丰富的理论知识和精湛的维修技术,并掌握相应的机、电、液专业知识。

11.1.3　数控机床的分类及应用范围

1. 数控机床的分类

1）按机床运动轨迹分类

（1）点位控制数控机床　点位控制是指刀具从某一位置移到下一个位置的过程中，不考虑其运动轨迹，只要求刀具能最终准确到达目标位置。刀具在移动过程中不切削，一般采用快速进给。为保证定位精度和减少时间，一般采用先高速运行，当接近目标位置时，再分级降速、慢速趋近目标位置。这类机床有数控钻床、数控坐标镗床、数控冲床、数控点焊机等。点位控制数控钻床加工示意如图 11-2（a）所示。

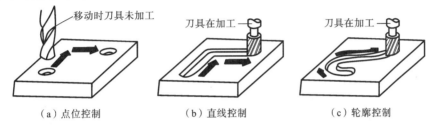

图 11-2　数控系统控制方式

（2）直线控制数控机床　直线控制数控机床不仅要保证点与点之间的准确定位，而且要控制两相关点之间的位移速度和路线。由于刀具在移动过程中要切削，所以对于不同的刀具和工件，需要选用不同的切削用量。这类数控机床通常具备刀具半径和长度补偿功能，以及主轴转速控制功能，以便在刀具磨损或换刀后能得到合格的零件，例如，简易数控车床和简易数控铣床等。这些数控机床在一般情况下有两到三个可控轴，但同时可控的只有一个轴。直线控制数控加工示意如图 11-2（b）所示。

（3）轮廓控制数控机床　轮廓控制数控机床的数控装置能够同时控制两轴或两个以上的轴，对位置和速度进行严格的不间断控制。它不仅要控制机床移动部件的起点和终点坐标，而且要控制加工过程中每一点的速度、方向和位移量，即必须控制加工的轨迹，加工出要求的轮廓。大多数数控机床具有轮廓控制功能，例如，数控车床、数控铣床、加工中心等。轮廓控制数控加工示意如图 11-2（c）所示。

2）按加工工艺方式分类

（1）普通数控机床　这类数控机床和传统的通用机床一样，有数控车、数控铣、数控钻、数控镗、数控磨床等，与通用机床不同的是它们能加工具有复杂形状的零件。

（2）加工中心　这是一种在普通数控机床上加装一个刀具库和自动换刀装置而构成的数控机床。

（3）金属成型类数控机床　数控折弯机、数控弯管机、数控回转头压力机等。

（4）数控特种加工机床　数控线切割机床、数控电火花加工机床、数控激光切割机床等。

3）按伺服系统的控制方式分类

数控机床按照伺服系统的控制方式可分为开环、半闭环和闭环控制数控机床及混合控制数控机床四大类。

2. 应用范围

数控加工的适应性:根据数控加工的优、缺点及国内外大量应用实践,一般可按适应程度将零件分为下列三类。

1) 最适应类

对于下述零件,首先应考虑能不能把它们加工出来,即要着重考虑可能性问题。只要有可能,可先不要过多地去考虑生产效率与经济上是否合理,应把对其进行数控加工作为优选方案。

(1) 形状复杂,加工精度要求高,用通用机床无法加工或虽然能加工但很难保证产品质量的零件。

(2) 用数学模型描述的复杂曲线或曲面轮廓零件。

(3) 具有难测量、难控制进给、难控制尺寸的不开敞内腔的壳体或盒型零件。

(4) 必须在一次装夹中合并完成铣、镗、锪、铰或攻丝等多工序的零件。

2) 较适应类

这类零件在分析其可加工性以后,还要在提高生产率及经济效益方面作全面衡量,一般可把它们作为数控加工的主要选择对象。

(1) 在通用机床上加工时极易受人为因素(如情绪波动、体力强弱、技术水平高低等)干扰,零件价值又高,一旦质量失控便造成重大经济损失的零件。

(2) 在通用机床上加工时必须制造复杂专用工装的零件。

(3) 需要多次更改设计后才能定型的零件。

(4) 在通用机床上加工需要作长时间调整的零件。

(5) 用通用机床加工时,生产效率很低或体力劳动强度很大的零件。

3) 不适应类

数控机床的技术含量高、成本高,使用维修都有一定难度,若从最经济角度考虑,零件采用数控加工后,在生产效率与经济性方面一般无明显改善,还可能弄巧成拙或得不偿失,故此类零件一般不应作为数控加工的选择对象。

(1) 装夹困难或完全靠找正定位来保证加工精度的零件。

(2) 加工余量很不稳定,且数控机床上无在线检测系统可自动调整零件坐标位置的零件。

(3) 生产批量大的零件(当然不排除其中个别工序用数控机床加工)。

(4) 必须用特定的工艺装备协调加工的零件。

11.2　数控加工编程基础知识

11.2.1　数控编程的步骤

在程序编制之前,编程人员应该了解所用机床的种类、规格、性能,以及机床所用的数控系统的功能和编程代码及程序格式等,同时还应该清楚零件加工的类型。编制程序时,应该先对零件图中所规定的技术要求、几何尺寸精度和工艺要求进行分析,确定合理的加工方法和加工路线,进行相应的数值计算,获得刀尖或刀具中心运动轨迹的位置数据。然后按照数控机床规定的功能代码和程序格式,将工件的尺寸、刀尖或刀具中心运动轨迹、进给量、主轴转速、切削深度、背吃刀量及辅助功能和刀具等,按照先后顺序编制成数控加工程序。最后将加工程序记录在程序载体上制成控制介质,再从控制介质输入到数控系统中,由数控系统控制数控机床实现工件的自动加工,完成首件试切,验证程序的正确性。

数控机床的程序编制主要包括零件图样分析、加工工艺分析、数值计算、编写程序单、制作控制介质和程序校验。因此,数控编程的过程也就是指从零件图样分析到程序校验的全部过程,如图 11-3 所示。

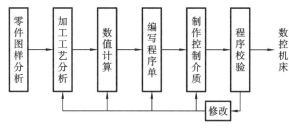

图 11-3　数控编程的过程

11.2.2　数控编程方法

数控编程的方法有手工编程和自动编程两种。

1. 手工编程

用人工完成程序编制的全部工作(包括用通用计算机辅助进行数值计算)称为手工编程。对于几何形状比较简单的零件,数值计算比较简单,程序段不多,采用手工编程较容易完成,而且经济、及时。因此,在点位加工及由直线与圆弧组成的轮廓加工中,手工编程仍被广泛使用。但对于形状复杂的零件,特别是具有非圆曲线、列表曲线或曲面的零件,用手工编程就有一定的困难,出错的可能大,效率偏低,有时甚至无法编出程序,因此必须采用自动编程的方法编制程序。

2. 自动编程

自动编程也称计算机辅助编程(computer aided programming),即程序编制工作的大部分或全部由计算机来完成。如完成坐标值计算、编写零件加工程序单、自动地输出打印加工程序单和制作控制介质等。自动编程方法减轻了编程人员的劳动强度,缩短了编程时间,提高了编程质量,同时解决了手工编程无法解决的许多复杂零件的编程难题。工件表面形状愈复杂,工艺过程愈烦琐,自动编程的优势就愈明显。

11.2.3　数控加工程序格式

程序格式是指一个加工程序各部分的排列形式。每种数控系统根据系统本身的特点及编程的需要,都有一定的程序格式。对于不同的机床,其程序格式也不尽相同。因此,编程人员必须严格按照机床说明书的规定格式进行编程。

国际标准化组织(ISO)已将数控系统程序格式和指令(功能)代码标准化,作为各种编程方法的加工转换依据,我国标准等效采用 ISO 标准。

1. 数控加工程序结构

一个完整的程序由程序号、程序的内容和程序结束三部分组成。例如:

```
O0001                           /程序号
N10 G92 X40 Y30;
N20 G90 G00 X28 T01 S800 M03;   /程序内容
N30 G01 X－8 Y8 F200;
N40 X0 Y0;
N50 X28 Y30;
N60 G00 X40;
N70 M02;                        /程序结束
```

(1) 程序号　程序的开头要有程序号,以便进行程序检索。程序号就是零件加工程序的一个编号,并说明该零件加工程序开始。如 FUNUC 数控系统中,一般采用英文字母 O 及其后的数字表示("O××××"),如"O0101"。而其他系统有时也采用符号"％"或"P"及其后的数字表示程序号。

(2) 程序内容　程序内容部分是整个程序的核心,它由许多程序段组成,每个程序段由一个或多个指令构成,它表示数控机床要完成的全部动作。

(3) 程序结束　程序结束是以程序结束指令 M02、M30 或 M99(子程序结束)作为程序结束的符号,用来结束程序加工。

2. 程序段格式

程序段的格式是指一个程序段中指令字的排列顺序和书写规则,不同的数控系统往往有不同的程序段格式,格式不符合规定,数控系统就不能接受。目前广泛采用的是地址符可变程序段格式(或者称字地址程序段格式),这种格式的特点如下:

(1) 程序段中的每个指令字均以字母(地址符)开始,其后再跟数字;

(2) 指令字在程序段中的顺序没有严格的规定,即可以任意顺序的书写;

(3) 不需要的指令字或与上段相同的续效代码可以省略不写。

该格式的优点是程序简短、可读性强、直观且易于检验、修改。常见程序段格式如表 11-1 所示。

表 11-1　常见程序段格式

1	2	3	4	5	6	7	8	9	10	11
N－	G－	X－ U－ P－ A－ D－	Y－ V－ Q－ B－ E－	Z－ W－ R－ C－	I－J－K－ R－	F－	S－	T－	M－	; LF (或 CR)
程序段 序号	准备 功能	坐标字				进给 功能	主轴 功能	刀具 功能	辅助 功能	结束 符号

3．主程序和子程序

有时被加工零件有多个形状和尺寸都相同的部位,若按通常的方法编程,则有一定量的连续程序段在几处完全重复的出现,此时可以将这些重复的程序串,单独按一定格式做成子程序,程序中子程序以外的部分便称为主程序。

子程序可以被多次重复调用。而且有些数控系统中可以进行子程序的"多层嵌套",子程序可以调用其他子程序,从而大大简化了编程工作,缩短了程序长度,节约了程序存储器的容量。

11.2.4　数控系统功能指令代码

1．准备功能 G 指令

准备功能(简称 G 功能)指令由表示准备功能地址符 G 和其后的两位数字组成,G00～G99 共 100 种功能。G 功能代码已标准化,ISO1056-75(E)标准对准备功能 G 指令的规定见表 11-2,我国的标准为 JB3208-83,其规定与 ISO1056-75(E)等效。准备功能指令是用于建立机床或控制系统工作方式的一种指令,控制机床以什么样的形式进行运动。这些准备功能包括坐标移动或定位方法的指定;插补方式的指定;平面的选择;螺纹、攻丝、固定循环等加工的指令,对主轴或进给速度的说明;刀具补偿或刀具偏置的指定;等等。当设计一个机床数控系统时,要在标准规定的 G 功能中选择一部分与本系统相适应的准备功能,作为硬件设计及程序编制的依据。标准中的那些"不指定"的准备功能,必要时可规定本系统特殊的准备功能。

表 11-2　准备功能 G 代码(JB 3208—1983)

代码	模态	非模态	功　　能	代码	模态	非模态	功　　能
G00	a		点定位	G33	a		螺纹切削、等螺距
G01	a		直线插补	G34	a		螺纹切削、增螺距
G02	a		顺时针方向圆弧插补	G35	a		螺纹切削、减螺距
G03	a		逆时针方向圆弧插补	G36～G39	#	#	永不指定
G04		*	暂停	G40	d		刀具补偿/刀具偏置注销
G05	#	#	不指定	G41	d		刀具补偿——左
G06	a		抛物线插补	G42	d		刀具补偿——右
G07	#	#	不指定	G43	#(d)	#	刀具偏置——正
G08		*	加速	G44	#(d)	#	刀具偏置——负
G09		*	减速	G45	#(d)	#	刀具偏置+/+
G10～G16	#	#	不指定	G46	#(d)	#	刀具偏置+/-
G17	c		XY平面选择	G47	#(d)	#	刀具偏置-/-
G18	c		ZX平面选择	G48	#(d)	#	刀具偏置-/+
G19	c		YZ平面选择	G49	#(d)	#	刀具偏置0/+
G20～G32	#	#	不指定	G50	#(d)	#	刀具偏置0/-

续表

代码	模态	非模态	功　能	代码	模态	非模态	功　能
G51	#(d)	#	刀具偏置＋/0	G68	#(d)	#	刀具偏置,内角
G52	#(d)	#	刀具偏置－/0	G69	#(d)	#	刀具偏置,外角
G53	F		直线偏移,注销	G70～G79	#	#	不指定
G54	F		直线偏移 X	G80	E		固定循环注销
G55	F		直线偏移 Y	G81～G89	E		固定循环
G56	F		直线偏移 Z	G90	J		绝对尺寸
G57	F		直线偏移 XY	G91	J		增量尺寸
G58	F		直线偏移 XZ	G92		*	预置寄存
G59	F		直线偏移 YZ	G93	K		时间倒数,进给率
G60	H		准确定位 1(精)	G94	K		每分钟进给
G61	H		准确定位 2(中)	G95	K		主轴每转进给
G62	H		快速定位(粗)	G96	I		恒线速度
G63		*	攻螺纹	G97	I		每分钟转数(主轴)
G64～G67	#	#	不指定	G98～G99	#	#	不指定

注:1. 表中凡有小写字母 a、b、c、d,表明指示的 G 代码为同一组代码,称为模态指令;

2. 表中"#"代表如果选作为特殊用途,必须在程序格式说明中说明;

3. 表中第二栏括号中字母(d)可以被同栏中没有括号中字母 d 所注销或代替,也可被有括号的字母(d)所注销或代替;

4. 表中"不指定"、"永不指定"代码分别表示在将来修订标准时,可以被指定新功能和永不指定功能;

5. 数控系统没有 G53～G59 及 G63 功能时,可以指定作为其他用途。

2. 辅助功能 M 指令

辅助功能指令由地址符"M"及后缀数字组成,常用的有 M00～M99。其中,部分 M 代码为 ISO 国际标准规定的通用代码,其余 M 代码一般由机床生产厂家定义。辅助功能 M 指令主要用来指定机床加工时的辅助动作及状态,如主轴的启停、正反转,冷却液的通断,刀具的更换,滑座或有关部件的夹紧与松开等,也称开关功能。M 代码常因生产厂家及机床的结构和规格不同而各异。表 11-3 为常用的 M 代码。

表 11-3　常用的 M 代码

序号	代码	功　能	序号	代码	功　能
1	M00	程序暂停	8	M07	2 号冷却液开
2	M01	计划停止	9	M08	1 号冷却液开
3	M02	程序结束	10	M09	冷却液关
4	M03	主轴顺时针旋转	11	M19	主轴定向停止
5	M04	主轴逆时针旋转	12	M30	程序结束、系统复位
6	M05	主轴旋转停止	13	M98	调用子程序
7	M06	换刀	14	M99	子程序结束

11.3　数控加工编程

11.3.1　车削加工编程

如图 11-4(a)所示零件,其材料为 45 钢,零件的外形轮廓有直线、圆弧和螺纹。要求在数控车床上精加工,编制其精加工程序。

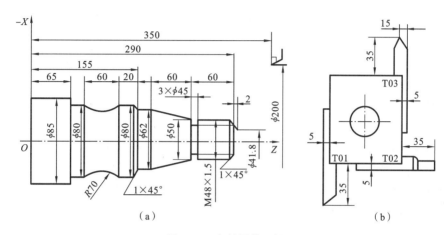

图 11-4　车削零件示例

1)依据图样要求,编写工艺方案及走刀路线

按先主后次的加工原则,确定其走刀路线。首先,切削零件的外轮廓,方向为自右向左加工,具体路线如下:先倒角(1×45°)→切削螺纹的实际路径 $\phi47.8$ →切削锥度部分→切削 $\phi62$ →倒角(1×45°)→切削 $\phi80$ →切削圆弧部分→切削 $\phi80$ →再切槽→最后切削螺纹。

2)选取刀具并画出刀具布置图

根据刀具要求选取三把刀具。1 号刀为外圆车刀,2 号刀为 3 mm 的切槽刀,3 号刀为螺纹车刀。刀具布置图如图 11-4(b)所示。对刀时采用对刀仪,以 1 号刀为基准。3 号刀的刀尖相对于 1 号刀的刀尖在 Z 向偏置 15mm,由 3 号刀的程序进行补偿,其补偿值通过控制面板手工输入,以保持刀尖偏置的一致。

3)工件坐标系确定

根据工件图样尺寸分布情况,确定工件坐标系原点 O 取在工件左端面(如图 11-4(a)所示)处,刀具零点坐标为(200,350)。

4)确定切削用量

切削用量应根据工件材料、硬度、刀具材料及机床等因素综合考虑,一般由经验确定,各刀具切削用量情况如表 11-4 所示。

5)编制精加工程序

该系统可采用绝对值和增量值混合编程,绝对值用 X、Y 地址,增量值用 U、W 地址,采用小数点编程。

表 11-4　切削用量表

切削用量 切削表面	主轴转速 S/(r/min)	进给速度 f/(r/min)
车外圆	630	0.15
切槽	315	0.16
车螺纹	200	150

```
00020
N01 G50 X200.0 Z350.0;                          /工件坐标系设定
N02 S630 T0101 M03;                             /用 1 号刀,主轴正转
N03 G00 X41.8 Z292.0 M08;
N04 G01 X47.8 Z289.0 F0.15;                     /倒 1×45°角
N05 W−59.0;                                     /车 φ47.8 mm 外圆
NO6 X50.0;                                      /退刀
N07 X62.5 W−60.0;                              /车削锥度部分
N09 X155.0;                                     /车 φ62 mm 外圆
N10 X80.0 W−1.0;                               /倒角
N11 W−19.0;                                     /车 φ80 mm 外圆
N12 G02 U0.0 W−60.0 R70;                       /车削圆弧
N13 G01 Z65.0;                                  /车 φ80 mm 外圆
N14 X90.0 M09;
N15 G00 X200.0 Z350.0 M05 T0100;               /退刀
N16 T0202                                       /换 2 号刀
N17 X51.0 Z230.0 S315 M03;                      /快速趋近切槽起点
N18 G01 X45.0 F0.16 M08;                        /切槽
N19 G04 X5.0;                                   /延时
N20 G00 X51.0 M09;                              /退刀
N21 X200.0 Z350.0 M05 T0200;                    /退刀
N22 T0303;                                      /换 3 号刀
N23 G00 X52.0 Z296.0 S200 M03;                  /快速趋近车螺纹起点
N24 G92 X47.2 Z231.5 F1.5 M08;                  /车螺纹循环,循环 4 次
N25 X46.6;
N26 X46.2;
N27 X45.8;
N28 G00 X200.0 Z350.0 T0300 M05;               /退至起点
N29 M30;                                        /程序停止并返回
```

11.3.2　铣削加工编程

该零件的毛坯是一块 180 mm×90 mm×12 mm 的板料,要求铣削成图 11-5 中粗实线

所示的外形。由图 11-5 可知,各孔已加工完,各边留有 5 mm 的铣削余量。

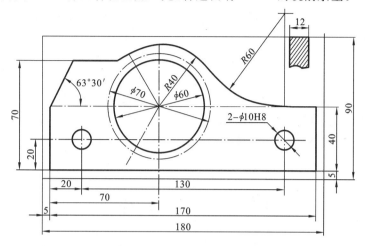

图 11-5 盖板零件图

1)工件坐标系确定

编程时,工件坐标系原点在工件左下角点 A(如图 11-6 所示)

2)毛坯的定位和装夹

铣削时,以零件的底面和 2—ϕ10H8 的孔定位,从 ϕ60 mm 孔对工件进行压紧。

3)刀具选择和对刀点

选用一把 10 mm 的立铣刀,对刀点在工件坐标系中的位置为(−25,10,40)。

走刀路线刀具的切入点为点 B,刀具中心的走刀路线:对刀点 1→下刀点 2→b→c→c'→···→下刀点 2→对刀点 1。

4)数值计算

该零件的特点是形状比较简单,数值计算比较方便。现按轮廓编程,根据图 11-5 和图 11-6 计算各基点及圆心点坐标如下:

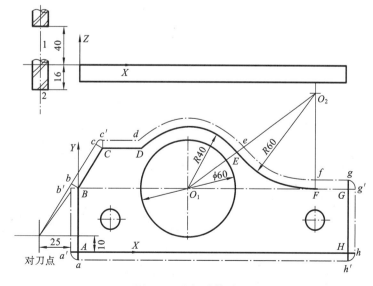

图 11-6 坐标计算简图

$A(0,0)$　　　　$B(0,40)$　　　$C(14.96,70)$　　　$D(43.54,70)$　　　$E(102,64)$

$F(150,40)$　　　$G(170,40)$　　$H(170,0)$　　　　$O_1(70,40)$　　　　$O_2(150,100)$

5）程序编制

依据以上数据和 FUNUC-0i 系统的 G 代码进行编程，程序如下：

O0001

N01 G92 X−25.0 Y10.0 Z40.0；　　　　　/工件坐标系的设定

N02 G90 G00 Z−16.0 S300 M03；　　　　/按绝对值编程

N03 G41 G01 X0 Y40.0 F100 D01 M08；　/建立刀具半径左补偿，调1号刀具半径值

N04 X14.96 Y70.0；

N05 X43.54；

N06 G02 X102.0 Y64.0 R40；　　　　　　/顺时针圆弧补

N07 GO3 X150.0 Y40.0 R60；　　　　　　/逆时针圆弧补

G08 G01 X170.0；

N09 Y0；

N10 X0；

N11 Y42；

N12 G00 G40 X−25.0 Y10.0；　　　　　/取消刀补

N13 Z40.0 M09 M05；

N14 M30；　　　　　　　　　　　　　　/程序停止并返回

第 *12* 章 特种加工实训

【实训目的及要求】

（1）了解数控电火花成型加工的工作原理、特点及应用。

（2）了解电火花成型加工机床的基本结构。

（3）了解数控电火花线切割加工程序的编制方法，掌握 ISO、3B 程序的编制方法。

【安全操作规程】

（1）操作前，应按规定穿戴好防护用品，女同学发辫必须挽在工作帽内。

（2）操作者必须熟悉有关机床特性和加工工艺，合理选取加工参数，并严格按规定顺序操作。未得到指导人员许可，不得擅自开动机床。

（3）加工前应正确安装工件，防止与运动部件碰撞或超越机床工作行程。

（4）及时添加和更换工作液，并保持工作液循环系统的畅通及正常工作。特别是电火花成形加工时，工作液面必须高于工件 30∽100 毫米。

（5）操作人员必须站在耐压 20 千伏以上的绝缘物上进行工作，通电加工过程中不可用手或手持导电工具碰触工具电极、钼丝及其他带电部分，以防触电。

（6）停机时，应先停高频脉冲电源，后停工作液。线切割机床在最后关闭运丝电机时，应在储丝筒刚换向后尽快按下停丝按钮。

（7）停机时依次关掉机床操作面板上的电源和总电源。

12.1 特种加工说明

特种加工是指那些不属于传统加工工艺范畴的加工方法，它不同于使用刀具、磨具等直接利用机械能切除多余材料的传统加工方法。特种加工亦称"非传统加工"或"现代加工方法"，泛指用电能、热能、光能、电化学能、化学能、声能及特殊机械能等能量达到去除或增加材料的加工方法，从而实现材料被去除、变形、改变性能或被镀覆等。

特种加工与传统机械加工方法相比具有许多独到之处，具体如下。

（1）可以完成传统加工难以加工的材料，如高强度、高硬度、高脆性、高韧性、高熔点导电材料和工业陶瓷、磁性材料等的加工；

（2）易于加工复杂型面、微细表面及柔性零件；

（3）特种加工中产生的热应力、残余应力、冷作硬化、热影响区等均比较小，易获得良好的表面质量。

特种加工是近几十年发展起来的成型新工艺,是对传统加工工艺方法的重要补充与发展,目前仍在继续研究开发和改进。特种加工的种类较多,如电火花加工、电解加工、超声加工和高能束(激光、电子束、离子束)加工等。其主要发展方向如下:提高加工精度和表面质量;提高生产效率和自动化程度;发展几种方法联合使用的复合加工;发展纳米级的超精密加工等。

12.2 电火花加工

电火花加工又称放电加工或电腐蚀加工,英文简称 EDM。电火花加工是利用浸入具有一定绝缘度的液体介质(常用煤油或矿物油或去离子水)中的工具电极(简称工具)与加工导电材料(简称工件)两极之间脉冲放电时产生的电蚀作用蚀除工件上多余材料的特种加工方法。

12.2.1 电火花加工原理

如图 12-1(a)所示,工具电极由自动进给调节装置驱动控制,以保证工具与工件在正常加工时维持一很小的放电间隙(0.01~0.05 mm)。直流电源经变阻器 R 向电容器 C 充电储能,当储能达到一定电压时,脉冲电压加到两极之间,两极之间形成一个电场,电场强度随着极间电压的升高或极间距离的减小而增大,便将极间最近突出点或尖端处绝缘介质(工作液体)首先击穿,以火花放电的形式骤然接通形成放电通道。由于通道的截面积很小,放电时间极短,致使能量高度集中,放电区域产生的瞬时高温足以使材料熔化甚至汽化蒸发,并在放电爆炸力的作用下,把熔化的材料抛出,达到去除材料的目的,以致形成一个小凹坑。第一次脉冲放电结束之后,电极间电压骤降,电火花熄灭,电源又重新向电容器充电储能,经过很短的间隔时间,第二个脉冲又在另一极间最近点击穿放电。如此周而复始高频率地循环下去,工具电极不断地向工件进给,放电结果是在工件上形成与工具截面相同的型孔,如图 12-1(b)所示。它的形状最终就复制在工件上,形成所需的加工表面。与此同时,总能量的一小部分也释放到工具电极上,从而造成工具损耗。

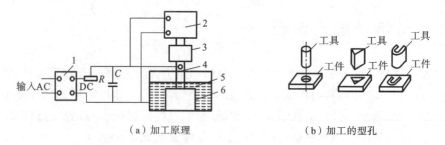

(a) 加工原理 　　　　　　　　　 (b) 加工的型孔

图 12-1　电火花加工

1—整流器;2—间隙自动调节器;3—工具夹;4—工件(一);5—液体介质;6—工件(十)

12.2.2 电火花加工机床简介

电火花加工机床通常分为电火花成型机床、电火花线切割机床和电火花磨削机床,以及各种专门用途的电火花加工机床,如加工小孔、螺纹环规和异形孔纺丝板等的电火花加工机床。

电火花成型机床一般由本体、脉冲电源、自动控制系统、工作液循环过滤系统和夹具附件等部分组成,如图 12-2 所示。

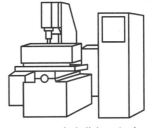

1．脉冲电源

脉冲电源的作用是提供电火花加工的能量,产生所需要的

图 12-2　电火花加工机床

重复脉冲,加在工件电极与工具电极上,形成脉冲放电。脉冲电源有弛张式、闸流管式、电子管式、可控硅式和晶体管式脉冲电源,以晶体管式脉冲电源使用最广。

2．自动控制调节系统

自动控制系统由自动调节器和自适应控制装置组成。自动调节器及其执行机构用于电火花加工过程中维持一定的火花放电间隙,保证加工过程正常、稳定地进行。自适应控制装置主要对间隙状态变化的各种参数进行单参数或多参数的自适应调节,以实现最佳的加工状态。

3．机床本体

机床本体包括床身、立柱、主轴头和工作台等部分,其作用主要是支承、固定工件和工具电极,并通过传动机构实现工具电极相对于工件的进给运动。

4．工作液循环过滤系统

工作液是指电火花加工的工作介质,一般采用煤油、变压器油等作为工作液。电火花加工对工作液的基本要求如下:有较高的绝缘强度性能;较好的流动性和渗透能力,能进入窄小的放电间隙;能冷却电极和工件表面,把电蚀产物带至放电间隙以外,对人体及设备安全、无害、价格低廉。工作液循环过滤系统由储液箱、过滤器、泵和控制阀等部件组成,是实现电火花加工必不可少的组成部分。过滤方法有介质过滤、离心过滤和静电过滤等。

5．夹具附件

夹具附件包括电极的专用夹具、油杯、轨迹加工装置(平动头)、电极旋转头和电极分度头等。

12.2.3　电火花加工工艺方法分类及应用

1．电火花加工工艺方法分类

按工具电极的形状、电极和工件相对运动方式及用途的不同,大致可分为电火花成型加工、电火花穿孔加工、电火花线切割加工、电火花磨削、电火花表面强化等不同类别。前四类属于零件形状、尺寸加工方法,最后一类属于表面加工方法,用于零件表面处理。各类电火花加工方法的主要特点和用途如表 12-1 所示。

表 12-1 各类电火花加工方法的主要特点和用途

加工方法		运动分析	特点及应用	典型机床
成型加工	型腔型面加工	工具和工件之间只要有一个相对的伺服进给运动； 工具为成型电极，与被加工表面有相同的截面或形状； 利用数控系统，可用简单工具通过 3~4 个坐标进给运动完成成型加工	型腔型面加工：加工各种型腔模及各种带型面、型腔零件	D7125、D7140 等电火花成型机床
	雕刻打印加工		电火花刻字、雕刻图案、打印记	
穿孔孔加工	型孔加工		型孔加工：加工各种冲模、挤压模、粉末冶金模，各种异型孔、微孔等； 片电极切割； 侧面成型加工； 反拷贝加工	D7125、D7140 等电火花成型机床
	高速小孔加工	用直径 0.3~3 mm 的细管电极，加工时电极回转，管中通高压工作液	加工线切割预穿丝孔，加工深径比大的小孔，穿孔效率高，可达 60 mm/min	D7003A 电火花高速小孔加工机床
线切割加工		工具电极为丝状，快速走丝时，丝状电极作高速往复运动，慢速走丝时，丝状电极作单向慢速运动； 工件装于工件台，工作台在两个水平方向作进给运动； 多坐标切割时，丝架可绕两个水平轴作摆动	切割各种冲模； 切割具有直纹面的零件，包括两端面为不同大小或形状的直纹面零件	DK7725、DK7732 数据电火花线切割机床
磨削加工	工具电极磨削、铣削、镗削	工具和工件间有相对回转运动； 工具和工件间有径向和轴向进给运动； 类似磨、铣、镗等加工运动	加工高精度小表面粗糙度德小孔，，如拉丝模、挤压模、微型轴承内环、钻套上的孔等； 加工外圆、小模数滚刀等； 加工平面	D6310 电火花小孔内圆磨床
	线电极磨削	采用现状电极，工件回转，并作两个方向的进给运动	加工高精度小表面粗糙度德针状零件、小直径的轴类零件	
表面强化		工具在工件表面上振动； 工具相对工件移动	运动导轨、刀具、量具和模具刃口表面强化和镀覆	D9105 电火花强化机

2. 电火花加工的应用

电火花成型加工的工件对象如图 12-3 所示，其中图 12-3(a)所示为通过成型电极的径向摆动来成型具有内凹型腔的零件；图 12-3(b)所示为通过成型电极的回转和工作台的成型移动来加工复杂的外轮廓；图 12-3(c)所示为利用三轴插补来成型复杂立体形面；图 12-3(d)所示为用成型电极直接成型复杂型腔；图 12-3(e)所示为借助于工件的转位，可进行复杂柱面内容的复制加工。

由图 12-3 可以看出,电火花成型加工的对象,经常是一些具有复杂的曲线形面的型腔与盲孔,因此,那些硬度极高并具有复杂几何形面的模具凹模就成为电火花成型加工的首选对象。

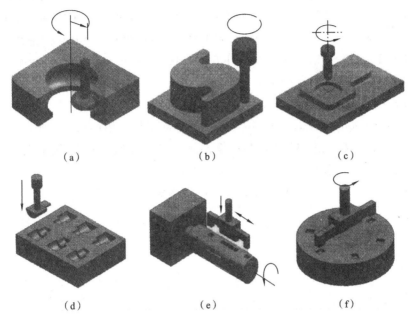

(a)　　　　　　　　(b)　　　　　　　　(c)

(d)　　　　　　　　(e)　　　　　　　　(f)

图 12-3　电火花成型加工的工件对象

3. 加工实训

实训题目:一个电极的精加工。

加工条件如下。

(1) 电极/工件材料:Cu/St(45 钢)

(2) 加工表面粗糙度:R_{max} 6 μm

(3) 电极减寸量(即减小量):0.3 mm/单侧

(4) 加工深度:5.0±0.01 mm

(5) 加工位置:工件中心

单电极加工时的加工条件及加工图形如图 12-4 所示。所用机床为 Sodick A3R,其控制电源为 Excellence XI。

加工程序:

H0000＝＋00005000；

N0000；

G00G90G54XYZ1.0；

G24；

G01 C170 LN002 STEP10 Z330－H000 M04；

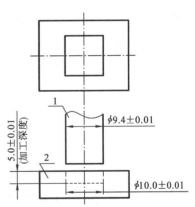

图 12-4　单电极加工时的加工条件
及加工图形

1—电极;2—工件

/加工深度

/加工开始位置,Z 轴距工件表面
为 1.0 mm

/高速跃动/以 C170 条件加工至距离底面

0.33mm，M04 然后返回加工开始位置

G01 C140 LN002 STEP134 Z156－H000 M04；　/以 C140 条件加工至距离底面 0.156 mm

G01 C220 LN002 STEP196 Z096－H000 M04；　/以 C220 条件加工至距离底面 0.096 mm

G01 C210 LN002 STEP224 Z066－H000 M04；　/以 C210 条件加工至距离底面 0.066 mm

G01 C320 LN002 STEP256 Z040－H000 M04；　/以 C320 条件加工至距离底面 0.040 mm

G01 C300 LN002 STEP280 Z020－H000 M04；　/以 C300 条件加工至距离底面 0.020 mm

M02　　　　　　　　　　　　　　　　　　　　/加工结束

程序分析：

（1）本程序为 Sodick A3R 机床的程序，在加工前根据具体的加工要素（如加工工件的材料、正极材料、加工要求达到的表面粗糙度、采用的电极个数等）在该机床的操作说明书上选用合适的加工条件。本加工选用的加工条件如表 12-2 所示。

表 12-2　加工条件表

C 代码	ON	IP	HP	PP	Z 轴进给余量/μm	摇动步距/μm
C170	19	10	11	10	Z330	10
C140	16	05	51	10	Z156	134
C220	13	03	51	10	Z096	196
210	12	02	51	10	Z066	224
C320	08	02	51	10	Z040	256
C300	05	01	52	10	Z020	280

（2）由表 12-2 所示的加工条件可以看出：加工中峰值电流（IP）、脉冲宽度（ON）逐渐减小，加工深度逐渐加深，摇动的步距逐渐加大。即加工中首先是采用粗加工规则进行加工，然后慢慢采用精加工规则进行精修，最后得到理想的加工效果。

（3）最后采用的加工条件为 C300，摇动量为 280 μm，高度方向上电极距离工件底部的余量为 20 μm。由此分析可知，在该加工条件下机床的单边放电间隙为 20 μm。

12.3　数控线切割机床

线切割加工是线电极电火花加工的简称，是电火花加工的一个分支，是一种直接利用电能和热能进行加工的工艺方法。数控线切割机床的组成包括机床、脉冲电源和微机数控装置三大部分。

12.3.1　数控电火花线切割加工的原理与特点

线切割是利用放电加工原理，对导电材料进行火花放电，按设计轨迹达到工件加工形状的目的。其工作原理如图 12-5 所示，钼丝接脉冲电源的负极，工件接脉冲电源的正极，在正负极之间加上脉冲电源。脉冲电源发出一连串脉冲电压，加到工具电极和工件电极上。当

来一个电脉冲时,在电极丝和工件之间产生一次火花放电,在放电通道的中心温度瞬时可高达 10 000 ℃以上,高温使工件金属熔化,甚至有少量汽化,高温也使电极丝和工件之间的工作液部分产生汽化,这些汽化后的工作液和金属蒸气瞬间迅速热膨胀,并具有微爆炸的特性。这种热膨胀和局部微爆炸,将熔化和汽化了的金属材料抛出而实现对工件材料进行电蚀切割加工。通常认为电极丝与工件之间的放电间隙在 0.01 mm 左右,若电脉冲的电压高,放电间隙会大一些。

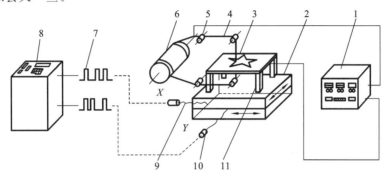

图 12-5 数控线切割加工原理图

1—脉冲电源;2—切割台;3—工件;4—钼丝之路;5—导轮;6—储丝筒;

7—电脉冲信号;8—微机数控装置;9—丝杠;10—步进电机;11—绝缘块

为了保证火花放电时电极丝不被烧断,必须向放电间隙注入大量工作液,以便电极丝得到充分冷却。同时电极丝必须进行高速轴向运动,以避免火花放电总在电极丝的局部位置而使其被烧断,电极丝的运动速度在 7~10 m/s。高速运动的电极丝,有利于不断往放电间隙中带入新的工作液,同时也有利于把电蚀产物从间隙中带出去。

数控电火花线切割加工有如下特点。

线切割加工时,钼丝与工件始终不接触,有 0.01 mm 左右的间隙,几乎不存在切削力,能加工各种冲裁模(冲孔和落料用)、凸轮、样板等外形复杂的精密零件及窄缝等,尺寸精度可达 0.01~0.02 mm,表面粗糙度 Ra 值可达 1.6 μm。不需要制作专门的工具电极,不同形状的图形只需编制不同的程序,省去了电极设计与制造的费用。

线切割能加工各种高强度、高硬度、高脆性、高韧性、高熔点导电材料。可以加工微细异形孔、窄缝和复杂形状的工件加工样板和成型刀具。适合于小批量、多品种零件加工。

12.3.2 数控电火花线切割的程序编制

数控线切割机床必须先将要进行线切割加工零件的切割顺序、切割方向、切割尺寸等一系列加工信息,按数控线切割机床控制系统要求的格式编制成加工程序输入控制系统(控制器)以实现加工。目前我国数控线切割机床常用的程序格式有符合国际标准的 ISO 格式(G代码)和国标 3B、4B 格式。

1. 采用 ISO 格式(G 代码)编程

数控线切割机床常用的 ISO 指令代码见表 12-3。

表 12-3   数控线切割机床常用的 ISO 指令代码

代码	功　　能	代码	功　　能
G00	快速点定位	G55	加工坐标系 2
G01	直线插补	G56	加工坐标系 3
G02	顺圆弧插补	G57	加工坐标系 4
G03	逆圆弧插补	G58	加工坐标系 5
G05	X 镜像	G59	加工坐标系 6
G06	Y 镜像	G80	接触感知
G07	X、Y 交换	G82	半程移动
G08	X 镜像,Y 镜像	G84	微弱放电找正
G09	X 镜像,X、Y 轴交换	G90	绝对坐标
G10	Y 镜像,X、Y 轴交换	G91	相对坐标
G11	X 镜像,Y 镜像,X、Y 轴交换	G92	定起点
G12	清除镜像	M00	程序暂停
G40	清除间隙补偿	M02	程序结束
G41	间隙左偏移补偿,D 偏移量	M05	接触感知解除
G42	间隙右偏移补偿,D 偏移量	M96	主程序调用文件程序
G50	消除锥度	M97	返回主程序
G51	左偏锥度,A 角度值	W	下导轮到工作台面高度
G52	右偏锥度,A 角度值	H	工作厚度
G54	加工坐标系 1	S	工作台面至上导轮高度

示例:对图 12-6 所示的凹模内腔曲面进行线切割加工。设机床当前位置在 0 点。对腔体的加工循环路线顺序为点 0、1、2、3、4、…、10、0。

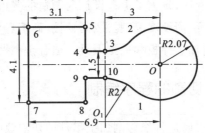

图 12-6   凹模型腔的线切割加工

G92 编程其加工程序如下:

P0012 08/01/18 6281 ;　　　　　　　　　　　　　/程序命名,日期和图号

N010 G90 G92 X00 Y000 ;　　　　　　　　　　　/绝对值编程定义,定义起点 0

N020 GO1 X−1526 Y−1399 ;　　　　　　　　　　/由 0 点向 1 点切割

N030 G03 X−1526 Y1399 I1526 J1399 ;　　　　　/由 1 点逆时针切向 2 点

N040 G02 X－3000 Y750 I－1471 J1351 ；	/顺时针切到 3 点
N050 G01 X－3800 Y750 ；	/到点 4
N060 G01 X－3800 Y2050 ；	/到点 5
N070 G01 X－6900 Y2050 ；	/到点 6
N080 G01 X－6900 Y－2050 ；	/到点 7
N090 G01 X－3800 Y－2050 ；	/到点 8
N100 G01 X－3800 Y－750 ；	/到点 9
N110 G01 X－3000 Y－750 ；	/到点 10
N120 G02 X－1526 Y－1399 I－1471 J－1351 ；	/由点 10 切到点 1
N130 GO1 X0 Y0 ；	/切到 0 点
N140 M02 ；	/程序结束

2. 采用 3B 程序格式编程

3B 格式相对于 ISO 格式（G 代码）来说，功能少，兼容性差，只能用相对坐标而不能用绝对坐标编程，但其针对性强，通俗易懂，国内线切割机床常用 3B 编程。

3B 指令用于不具有间隙补偿功能和锥度补偿功能的数控线切割机床的程序编制，程序描述的是钼丝中心的运动轨迹，它与钼丝切割轨迹（即所得工件的轮廓线）之间差一个偏移量 f，这一点在轨迹计算时必须特别注意。无间隙补偿功能的 3B 程序指令格式见表 12-4 所示。

表 12-4　无间隙补偿功能的 3B 程序指令格式

B	X	B	Y	B	J	G	Z
分隔符	X 坐标值	分隔符	Y 坐标值	分隔符	计数长度	计数方向	加工指令

表中符号定义：

B——为分隔符。X、Y、J 均为数字，用分隔符（B）将其隔离，以免混淆。B 后的数字若为零，则此零可省略不写。

X、Y——直线的终点或圆弧的起点坐标值，均取绝对坐标值，以 μm 为单位，微米以下应四舍五入。

J——加工线段的计数长度，是指被加工图形在计数方向上的投影长度（即绝对值）的总和，以 μm 为单位。

G——加工线段的计数方向，分为 Gx 和 Gy，分别代表按 x 和 y 方向计数，工作台在该方向每走 1 μm，计数长度 J 即累减半，当累减到 J＝0 时，则该段程序加工结束。

Z——加工指令，分为直线 L 与圆弧 R 两大类，并各自按不同情况进一步细分为具体指令。

3B 格式编程容易、使用方便，具体编程方法可参考线切割机床编程说明书或有关文献。采用 3B 指令格式编制图 12-7 的加工程序，其起点为 P 点，先沿 X 轴方向，再沿顺时针方向切割。

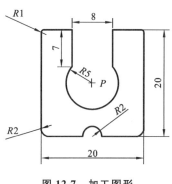

图 12-7　加工图形

其 3B 程序如下：
B0 B5000 B5000 GYL4
B0 B5000 B8000 GYNR4
B0 B7000 B7000 GYL2
B5000 B0 B5000 GXL1
B0 B1000 B1000 GYSR1
B0 B17000 B17000 GYL4
B2000 B0 B2000 GXSR4
B6000 B0 B6000 GXL3
B0 B2000 B2000 GYSR3
B0 B17000 B17000 GYL2
B1000 B0 B1000 GXSR2
B5000 B0 B5000 GXL1
B0 B7000 B7000 GYL4
B4000 B3000 B6000 GXNR2
B0 B5000 B5000 GYL2
DD

参 考 文 献

[1] 徐永礼，涂清湖. 金工实习［M］. 北京：北京工业大学出版社，2009.

[2] 王志海，罗继相，吴飞. 工程实践与训练教程［M］. 武汉：武汉理工大学出版社，2007.

[3] 沈其文. 材料成形工艺基础［M］. 武汉：华中科技大学出版社，2007.

[4] 邓文英，宋力宏. 金属工艺学［M］. 北京：高等教育出版社，2008.

[5] 尹志华. 工程实践教程［M］. 北京：机械工业出版社，2009.

[6] 邱兵，杨明金. 机械制造基础实习教程［M］. 北京：北京大学出版社，2010.

[7] 吕野楠. 锻造与压铸模［M］. 北京：国防工业出版社，2009.

[8] 吕炎. 锻造工艺学［M］. 北京：机械工业出版社，1995.

[9] 张荣清. 模具设计与制造［M］. 北京：高等教育出版社，2008.

[10] 黄明宇，徐钟林. 金工实习（下册）［M］. 2版. 北京：机械工业出版社，2009.

[11] 郭永环，姜银方. 金工实习［M］. 北京：中国林业大学出版社，2007.

[12] 李建明. 金工实习［M］. 北京：高等教育出版社，2010.

[13] 邱兵，杨明金. 机械制造基础实习教程［M］. 北京：北京大学出版社，2010.1.

[14] 柴增田. 金工实训［M］. 北京：北京大学出版社，2009.1.

[15] 程艳，贾芸. 数控加工工艺与编程［M］. 北京：中国水利水电出版社，2010.

[16] 胡建新. 模具数控加工［M］. 成都：电子科技大学出版社，2008.

[17] 马宏伟. 数控技术［M］. 北京：电子工业出版社，2010.

[18] 夏具，李志刚. 中国模具工程大典（第9卷 模具制造）［M］. 北京：电子工业出版社，2007.

[19] 周旭光. 特种加工技术［M］. 西安：西安电子科技大学出版社，2004.

金工实训报告

>> 主编　李启友　常万顺　李喜梅

>> 主审　容一鸣

华中科技大学出版社

http://www.hustp.com

中国·武汉

目录

实训报告 1　金属材料及热处理实训

班级		姓名		学号		指导教师	
成绩	操作	安全纪律		创新	实训报告	综合成绩	

1. 填空题

（1）材料的使用性能包括：_____、_____、_____。

（2）金属材料受外力作用时所表现出来的性能称为力学性能。力学性能主要包括_____、_____、_____、_____和_____等，是选材、零件设计的重要依据。

（3）钢和铸铁是制造机器设备的主要金属材料，它们都是以_____、_____为主要组元的合金，即铁碳合金。

（4）常用的碳素工具钢牌号为 T7~T13，T8 表示平均碳含量为_____。

（5）钢铁材料品种繁多、性能各异，因此对钢铁材料进行鉴别是非常必要的。常用的现场鉴别方法有_____法、_____法、_____法、_____法等。

（6）_____具有优良的减震性、耐磨性、铸造性、切削加工性，且缺口敏感性小，是应用最广泛的铸铁。主要用于制造承受压力和振动的零部件，如机床床身、各种箱体、壳体、缸体等。

（7）对固态金属或合金采用适当方式加热、保温和冷却，以获得所需要的组织结构与性能的加工方法称为_____。

（8）热处理只适用于固态下发生_____的材料，不发生_____的材料不能用热处理来强化。

2. 选择题

（1）洛氏硬度值的正确表示方法为_____。

    A. HRC55   B. HRC55kg/mm²   C. 55HRC   D. 55HRCkg/mm²

（2）调质处理的目的是_____。

    A. 提高硬度   B. 降低硬度   C. 获得较好的综合力学性能   D. 改善切削加工性

（3）制造锉刀、手用锯条时，应选用的材料为_____。

    A. T10A   B. 65 钢   C. Q235   D. 16Mn

（4）45 钢的淬火加热温度应选择_____。

    A. 760~780 ℃   B. 800~820 ℃   C. 850~870 ℃   D. 950~970 ℃

（5）与钢相比，铸铁工艺性能的突出特点是_____。

    A. 可焊性能好   B. 淬透性能好   C. 锻造性能好   D. 铸造性能好

（6）碳钢中有害元素是_____和_____。

    A. S   B. P   C. Mn   D. Si

（7）实训中做的锤头应采用的热处理工艺是_____。

    A. 正火   B. 退火   C. 淬火＋低温回火   D. 调质

3. 写出下列牌号表示的金属材料名称。

A. Q235：_____　　B. ZL102：_____　　C. HT200：_____　　D. KT450-06：_____

E. QT600-3：_____　　F. H68：_____　　G. QSn4-4-4：_____　　H. T10：_____

4. 图1-1至图1-4所示为钢铁材料(20钢、45钢、T12钢、HT200)火花特征图,根据实训(20钢、45钢、T12钢、HT200)火花特征鉴别钢铁材料。

图1-1　　____钢的火花特征

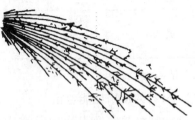

图1-2　　____钢的火花特征

图1-3　　____钢的火花特征

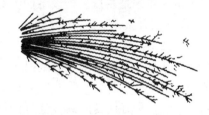

图1-4　　____的火花特征

5. 用45钢制造机床齿轮的加工工艺路线为:

备料→锻造→_____→粗机械加工→_____→精机械加工→_____→装配。

请简明回答下列问题:

(1)在上述加工工艺路线中,空白处应采用什么热处理工艺,使齿轮表面硬度达到52～58HRC?

(2)上述加工工艺路线中各热处理工艺的作用是什么?

6. 落料模冲头设计选材T10,要求硬度为52～62 HRC,请制定其最终热处理工艺规范并写出组织。

7. 综合题

(1)试选择制造表1-1中所列普通车床各零件的材料、毛坯生产方法及主要热处理工艺。

表1-1　普通车床各零件的材料、毛坯生产方法及主要热处理工艺

零件名称	材料	毛坯生产方法	主要热处理工艺
皮带轮防护罩			
床头箱箱体			
床身			

续表

零件名称	材料	毛坯生产方法	主要热处理工艺
开合螺母			
主轴箱内齿轮			
顶尖			
卡爪			
主轴			

（2）从下列材料中选择最合适的材料填写表 1-2，并确定相应的最终热处理方法（或使用状态）。

Q235A，T10，16Mn，9SiCr，Cr12MoV，3Cr13，W18Cr4V，45，20CrMnTi，60Si2Mn，HT300，QT600-3

表 1-2 不同零件的选用材料及最终热处理方法

零件名称	选用材料	最终热处理方法（或使用状态）
圆板牙		
手工锯条		
汽车变速箱齿轮		
普通车床主轴		
车厢弹簧（板簧）		
车床床身		
冲孔模的凸模		
汽车用曲轴		
自行车车架		
车刀		
钢窗		

（3）用 45 钢加热至 830 ℃并保温后进行冷却，填写表 1-3 内容。

表 1-3 45 钢加热至 830 ℃并保温后进行冷却的方式和热处理名称及硬度值

序号	冷却方式	热处理名称	硬度值
1	炉冷		
2	空冷		
3	水冷		
4	水冷＋高温回火		

实训报告 2 铸 造

班级		姓名		学号		指导教师	
成绩	操作	安全纪律		创新	实训报告	综合成绩	

1. 填空题

(1) 制造铸型,熔炼金属,并将熔融金属浇入铸型,凝固后获得一定形状和性能的毛坯或零件的成形方法称为_____。

(2) 一般铸件的浇注系统由_____、_____、_____和_____四部分组成。

(3) 砂型铸造用的造型材料主要是用于制造砂型的_____和用于制造砂芯的_____。型砂、芯砂通常是由_____、_____、_____及_____混制而成。

(4) 铸造工艺装备主要包括_____、_____、_____、_____、浇冒口模、芯骨、烘芯板以及造型、下芯用的_____、_____和_____等。

(5) 为获得铸件的内腔或局部外形,用芯砂或其他材料制成的,安放在型腔内部的铸型组元称_____。

(6) 砂芯芯头的主要作用是_____,砂芯在铸型中的定位和固定主要靠铸型_____。

(7) 铸造合金熔炼的质量直接影响到铸件的质量,熔炼时,既要控制金属液的_____,又要控制其_____。

(8) 冒口的作用有_____、补液防止产生_____和_____等。

(9) 整模造型铸件结构的特点是:外形轮廓顶端为_____截面的铸件,其余截面沿起模方向_____。

(10) 铸件厚断面处出现不规则孔眼,孔内壁粗糙,这种缺陷称为_____。产生这种缺陷的主要原因有_____、_____等。

(11) 造型时撬箱过紧,起模时刷水过多,则铸件可能产生_____缺陷。

(12) 浇注铸件时,如果浇注温度过高,铸件可能产生_____、_____等缺陷。浇注温度过低,铸件可能产生_____、_____等缺陷。

2. 判断题(正确的在括号内打√,错误的打×)

(1) 型砂是制造砂型的主要材料。 ( )

(2) 砂型铸造是生产大型铸件的唯一方法。 ( )

(3) 为了改善砂型的透气性,应在砂型的上下箱都扎通气孔。 ( )

(4) 撬砂时,砂型的紧实度越高,强度也越高,则铸件质量便越好。 ( )

(5) 芯骨的作用是用来增加砂型的强度。 ( )

(6) 铸造用普通黏土的主要成分是高岭石。 ( )

(7) 冒口主要起补缩作用,其位置应设置在铸件的最高处。 ( )

(8) 当铸件生产批量较大时,都可用机器造型代替手工造型。 ( )

(9) 铸件浇注不足与浇注温度、浇注速度及铸件壁厚有关。 ( )

（10）对黏土湿型砂而言，水分适当时，黏土含量越高，强度也越高。 （ ）

（11）合理开设横浇道，有利于防止铸件夹渣的产生。 （ ）

（12）铸造用模样结构的特点之一，是模样壁上均有拔模斜度。 （ ）

（13）直浇道越短，金属液越容易充满铸型型腔。 （ ）

（14）降低浇注温度和速度、减小浇口截面积可防止铸件出现冷隔。 （ ）

（15）砂型铸造用模样的外形尺寸比铸件尺寸要大一些。 （ ）

（16）砂芯中的气体是通过芯头排出的。 （ ）

（17）型芯的主要作用是构成铸件的内腔或孔。 （ ）

（18）横浇道除向内浇道分配金属液外，主要起挡渣作用。 （ ）

（19）在浇注形状复杂的薄壁铸件时的浇注温度应高、浇注速度应慢。 （ ）

（20）铸造铝硅合金的流动性差、收缩大，不易获得致密铸件。 （ ）

3. 图 2-1 所示为砂型铸造生产工艺流程图，请填写该工艺流程图中空白处的工艺。

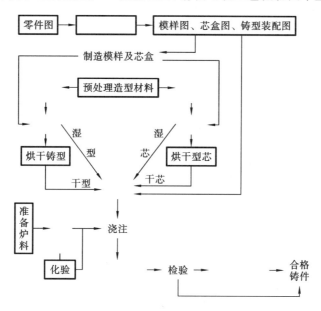

图 2-1 砂型铸造生产工艺流程图

4. 图 2-2 所示为铸型装配图，图 2-3 所示为其浇注系统示意图，请在表 2-1 中填写图中各序号标示内容的名称并简述其主要作用。

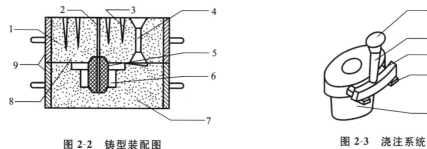

图 2-2 铸型装配图 **图 2-3 浇注系统**

表 2-1　图中各序号标示内容的名称及其主要作用

标号	名　称	主　要　作　用
1		
2		
3		
4		
5		
6		
7		
8		
9		
10		
11		
12		
13		
14		

5．大型综合题:铝合金黏土砂铸造(按实训实际答题)

(1)写出所用合金牌号、代号、成分、力学性能。

(2)绘制其铸造工艺流程图。

(3)写出所用铸造工艺装备及造型工具的名称。

(4)铝合金熔炼。

① 熔化设备型号及主要技术参数。

设备名称、型号、生产厂家:

设备主要技术参数:

② 测控温传感器及设备。

测温热电偶:

测温仪表:

③ 熔炼工艺及注意事项。

熔炼工艺:

熔炼操作：

注意事项：

（5）实训浇铸件质量分析。

6. 根据下列零件形状、尺寸和技术要求，确定在单件小批量生产条件下的造型方法，并在图 2-4 至图 2-7 上画出浇注位置与分型面及型芯（不考虑加工余量）。

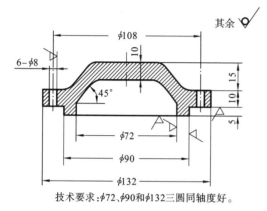

技术要求：$\phi72$、$\phi90$ 和 $\phi132$ 三圆同轴度好。

图 2-4　端盖

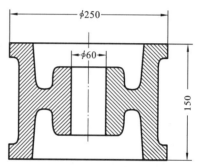

技术要求：加工表面无气孔、夹渣等缺陷。

图 2-5　带轮

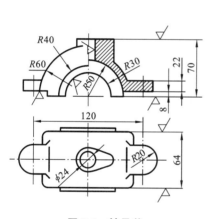

图 2-6　轴承盖

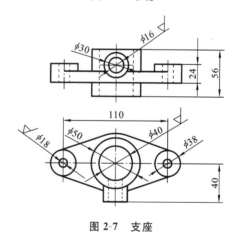

图 2-7　支座

实训报告 3 压 力 加 工

班级		姓名		学号		指导教师	
成绩	操作	安全纪律	创新	实训报告		综合成绩	

1. 填空题

（1）锻压是锻造和冲压的合称，是利用锻压机械的锤头、砧块、冲头或通过模具对金属坯料施加一定的_____，使之产生_____，从而获得所需_____、_____和_____的毛坯、型材或零件的成形加工方法，又称为_____加工。

（2）常用锻压加工方法包括_____、_____、_____、_____、_____等。

（3）在加压设备及工（模）具作用下，使坯料、铸锭产生局部或全部的_____变形，以获得一定几何尺寸、形状和质量的锻件的加工方法，称为_____。

（4）自由锻工序可分为_____、_____和_____三大类。

（5）除了少数具有良好塑性的金属外，大多数金属都必须在_____以后才能进行塑性成形。加热的目的是提高金属坯料的_____和降低其变形_____。

（6）所谓锻后冷却是指结束锻造后从终锻温度冷却到_____的过程。

（7）利用安装于压力机上的模具（冲模），对板料加压，使其产生_____或_____，从而获得具有一定形状、尺寸和性能要求的零件或毛坯的压力加工方法称为_____冲压，简称为_____。

（8）根据材料的变形特点可将冷冲压工序分为_____工序和_____工序两类。

（9）冲压模具简称_____。冲模安装于压力机上，对板料施加压力使板料产生_____或_____多或少。

（10）冲裁包括_____和_____。

2. 选择题

（1）在能够完成规定成形工步的前提下，坯料加热次数越多，锻件质量_____。

    A. 越好   B. 越差   C. 不受影响

（2）坯料在加热过程中出现过烧缺陷后，其处理办法是_____。

    A. 热处理   B. 重新加热锻造 C. 报废

（3）下列材料中，不能锻造成形的是_____。

    A. HT200   B. 25 钢   C. LD5

（4）当大批量生产 20CrMnTi 齿轮轴时，其合适的毛坯制造方法是_____。

    A. 铸造   B. 模锻   C. 冲压

（5）碳钢的中小型锻件，其锻后的冷却方式应是_____。

    A. 炉冷   B. 空冷   C. 坑冷

3. 判断题（正确的在括号内打√，错误的打×）

（1）坯料加热的目的是提高金属的塑性，降低其变形抗力。　　　　　　　　（　　）

（2）加热温度越高，越容易锻造成形，故锻件质量也越好。　　　　　　　　（　　）

（3）可锻铸铁经过加热也是可以锻造成形的。　　　　　　　　　　（　　）

（4）拔长时送进量越大，则生产效率就越高。　　　　　　　　　　（　　）

（5）空气锤的规格是以工作活塞、锤杆加上砧铁的总质量来表示的。（　　）

（6）双面冲孔时，当冲到工件厚度3/4时，应拔出冲子，翻转工件，从反面冲穿。（　　）

（7）自由锻件所需坯料的质量与锻件的质量相等。　　　　　　　　（　　）

（8）平垫圈可以用简单模、连续模或复合模生产，区别在于生产率的不同。（　　）

4. 图 3-1 为冲床外形图，图 3-2 为冲床传动图。根据图示标出冲床传动简图中各部分的名称。

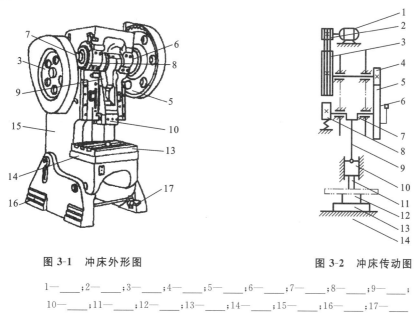

图 3-1　冲床外形图　　　　　　　图 3-2　冲床传动图

1—＿＿；2—＿＿；3—＿＿；4—＿＿；5—＿＿；6—＿＿；7—＿＿；8—＿＿；9—＿＿；
10—＿＿；11—＿＿；12—＿＿；13—＿＿；14—＿＿；15—＿＿；16—＿＿；17—＿＿

5. 标出图 3-3 所示冷冲模各部分的名称。

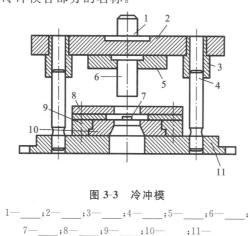

图 3-3　冷冲模

1—＿＿；2—＿＿；3—＿＿；4—＿＿；5—＿＿；6—＿＿；
7—＿＿；8—＿＿；9—＿＿；10—＿＿；11—＿＿

6. 用工序简图表示图 3-4 所示零件的冲压工艺过程。

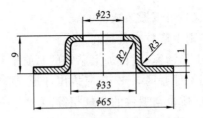

图 3-4　轴承盖零件图

序号	工序名称	工 序 简 图	所用模具名称

实训报告 4　焊　　接

班级		姓名		学号		指导教师	
成绩	操作	安全纪律		创新	实训报告		综合成绩

1. 填空题

(1) 两种或两种以上材质(同种或异种)通过加热或加压或两者并用,达到_____之间的结合而形成永久性连接的工艺过程称为焊接。

(2) 焊接的种类很多,按其工艺过程的特点分为_____、_____和_____三大类。

(3) 焊接设备包括_____、焊接工艺_____和焊接辅助器具。

(4) 焊条电弧焊通常又称为_____,是应用最普遍的熔化焊焊接方法,它是利用电弧产生的_____、_____进行焊接的。

(5) 熔化焊时,焊缝所处的空间位置,称为焊接位置,有_____、_____、_____和_____位置。

(6) 气焊是利用可燃气体与助燃气体混合燃烧形成的火焰作为_____,熔化焊件和焊接材料使之达到_____间结合的一种焊接方法。

(7) _____焊适用于碳钢、低合金钢、不锈钢、铜及铜合金等金属材料的焊接。

(8) CO_2 气体保护焊设备主要由_____、_____、_____和_____等组成。

(9) 焊条是涂有药皮的供焊条电弧焊用的熔化电极,由_____和_____组成。

(10) 按熔渣性质可分为_____焊条和_____焊条两大类。

(11) 根据设计和工艺的需要,在焊件待焊部位加工并装配成的一定几何形状的沟槽,称为_____。坡口的形式很多,基本形式有_____形坡口、_____形坡口、_____形坡口和_____形坡口。

(12) 目前,我国焊条电弧焊机有三大类:_____、_____、_____。

(13) 气焊应用的设备包括_____、_____、_____和减压器等。

(14) 焊接时,由于工件是不均匀的局部加热和冷却,造成焊件的热胀冷缩速度和组织变化先后不一致,从而导致焊接_____和_____的产生。

(15) 焊接质量的检验包括_____检查、_____和_____三个方面。

(16) 实训中所用的电焊机名称是_____,型号为_____,其初级电压为_____ V。空载电压为_____ V,额定电流为_____ A,电流调节范围为_____ A。

(17) 实训中所用的电焊条牌号是_____,焊条直径为_____ mm,焊接电流为_____ A。直流电焊时,焊较薄的工件应采用_____接法,焊较厚的工件应采用_____接法。

(18) 焊接接头形式有_____、_____、_____和_____等。

(19) 气焊设备包括_____、_____、_____和_____等。

2. 判断题(正确的在括号内打√,错误的打×)

(1) 焊条直径越粗,选择的焊接电流应越大。　　　　　　　　　　　　　( )

(2) 低碳钢和低合金结构钢是焊接结构件的主要材料。　　　　　　　　( )

（3）焊接厚板时，为保证焊透，必须开设坡口。　　　　　　　　　（　　）

（4）对接是焊接中常用的接头形式。　　　　　　　　　　　　　　（　　）

（5）电焊条的规格是用焊芯直径来表示的。　　　　　　　　　　　（　　）

（6）焊机外壳接地的目的是为了防止其漏电。　　　　　　　　　　（　　）

（7）电焊条外层涂料的作用是防止焊芯金属生锈。　　　　　　　　（　　）

（8）受潮的焊条需经烘干后才能使用。　　　　　　　　　　　　　（　　）

（9）焊接时，焊接电流越大越好。　　　　　　　　　　　　　　　（　　）

（10）直流正接适于焊接厚板，直流反接适于焊接薄板。　　　　　（　　）

（11）气焊时如发生回火，首先应立即关掉乙炔阀门；然后再关闭氧气阀门。（　　）

（12）因为气焊的火焰温度比电弧焊低，故焊接变形小。　　　　　（　　）

（13）手弧焊机的空载输出电压一般为 220 V 或 380 V。　　　　　（　　）

（14）焊条接直流弧焊机的负极，称为正接。　　　　　　　　　　（　　）

（15）点焊及缝焊都属于电弧焊。　　　　　　　　　　　　　　　（　　）

（16）焊接不锈钢件只能用氩弧焊。　　　　　　　　　　　　　　（　　）

（17）压力焊只需加压，不必加热。　　　　　　　　　　　　　　（　　）

（18）坡口的主要作用是为了保证焊透。　　　　　　　　　　　　（　　）

（19）气割时，首先应将切割件待切割处的金属预热到熔点。　　　（　　）

（20）电弧焊时，焊接接头的形式一般采用搭接接头。　　　　　　（　　）

（21）钎焊时的加热温度低于母材的熔点温度。　　　　　　　　　（　　）

3．图 4-1 所示为手工电弧焊工作系统简图，请标出各组成部分的名称；图 4-2 所示为焊条电弧焊焊接过程示意图，请对各标号进行说明。回答内容填入表 4-1。

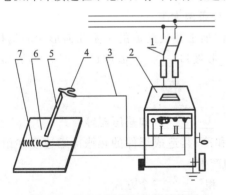

图 4-1　手工电弧焊工作系统简图

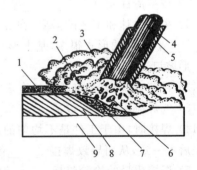

图 4-2　焊条电弧焊焊接过程示意图

4．请用简图表示焊接中常见对接接头坡口形式。

5．图 4-3 所示为气焊设备及管道系统，请在表 4-2 中按序号填入图中各装置的名称并简述其用途。

表 4-1　各标号的示意说明

手工电弧焊工作系统	标号	示　意　说　明	焊条电弧焊焊接过程	标号	示　意　说　明
	1			1	
	2			2	
	3			3	
	4			4	
	5			5	
	6			6	
	7			7	
	8			8	
	9			9	

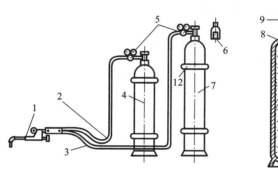

图 4-3　气焊设备及管道系统

表 4-2　图中各装置的名称及其用途

序号	名　　称	用　　途
1		
2		
3		
4		
5		
6		
7		
8		
9		
10		
11		
12		

6. 根据各焊接方法特点,说明表 4-3 所列焊接方法的应用条件(如焊件材质、尺寸、施工条件等)。

表 4-3　各种焊接方法及其应用条件

焊接方法	应 用 条 件
手工电弧焊	
气焊	
埋弧自动焊	
CO_2 气体保护焊	
氩弧焊	

7. 将实训中作业件或自行设计的小作品焊接件的工艺过程填入表 4-4 中(注明作业件或自行设计作品)。

表 4-4　实训作品焊接件的工艺过程

焊接件名称	

画出焊接件工艺图

简述焊接件过程及收获

实训报告5　刀具、量具

班级		姓名		学号		指导教师	
成绩	操作	安全纪律		创新	实训报告		综合成绩

1. 填空题

(1) 刀具切削性能的好坏,取决于构成刀具_____的材料、切削部分的_____及刀具_____的选择和设计是否合理。

(2) 车刀是由_____和_____两部分组成。

(3) 车刀前刀面与后刀面相交的切削刃称为_____。

(4) 车刀的主要角度有_____、_____、_____、_____和_____。

(5) 铣刀是一种用于铣削加工的、具有一个或多个刀齿的_____切削刀具。

(6) 铣刀的种类很多,按照铣刀的安装方式可分为_____铣刀和_____铣刀。

(7) 刨刀工作时为断续切削,受_____载荷。

(8) 常用刨刀有_____、_____、_____等。

(9) 砂轮的_____直接担负着切削工作,必须硬度高、耐热性好,还必须有锋利的棱边和一定的强度。常用磨料有_____、_____和_____。

(10) 麻花钻由_____、_____和_____组成。

(11) 麻花钻用高速钢制成,工作部分经热处理淬硬至_____HRC。

(12) 刀具切削部分的材料应备_____、_____、_____、_____、_____。

(13) 常用刀具材料有_____、_____、_____、_____和_____。目前用得最多的为_____和_____。

(14) 硬质合金刀具材料牌号 YG 表示_____类硬质合金,适合加工_____材料。YT 表示硬质合金,适合加工_____材料。粗加工时各选用牌号_____和_____,精加工时各选用牌号_____和_____。

(15) 你在实训中使用的车刀刀头的材料是_____。

(16) 游标卡尺是一种比较精密的量具,它可以直接量出工件的_____、_____、_____、_____等。

(17) 游标卡尺是由_____和_____两部分组成,其测量精度通常有_____mm、_____mm 和_____mm 三种。

(18) 游标卡尺可测量精度在_____级的工件,深度游标卡尺可测量精度在_____级工件的高度和深度,高度游标卡尺可测量精度在_____级或低_____级工件的高度尺寸。

(19) 分度值为 0.02 的游标卡尺,当游标的零刻线与尺身的零刻线对准时,尺身刻线的第_____格,与游标刻线的第 50 格对齐。

(20) 游标万能角度尺是利用_____原理对两测量面相对分隔的角度进行读数的通用角度测量工具。

(21) 外径千分尺是利用螺旋副原理,对尺架上两测量面间分隔的距离进行读数的外尺寸测量器具。其测量准确度为_____mm。

（22）卡规是测量_____或_____的量具，塞规是测量_____或_____的量具。

（23）金属直尺的用途为_____、_____、_____、_____、_____、_____等。

（24）常用直角尺的形式有_____、_____、_____、_____、_____几种，你在实训中所使用的直角尺形式为_____、_____、_____。

（25）游标万能角度尺是用于测量各种形状_____与_____的内、外角度以及_____划线。

（26）测微螺杆的直线位移与角位移成_____关系，测微螺杆的螺距为_____mm。

（27）测微头主要由两部分组成：一是_____部分，二是_____部分。

（28）外径千分尺是_____过程中常用的_____量具，其结构基本符合_____原则，并有_____装置，可测量精度为_____级工件的各种外形尺寸，如长度、外径、_____厚度等。

（29）百分表主要用于直接测量或比较测量工件的_____尺寸，几何_____偏差，也可用于检验机床几何_____或调整加工工件装夹_____偏差。

2. 判断题（正确的在括号内打√，错误的打×）

（1）刀具切削性能的好坏，取决于构成刀具切削部分的材料、切削部分的几何参数及刀具结构的选择和设计是否合理。　　　　　　　　　　　　　　　（　　）

（2）车削车刀与工件已加工表面相对的表面称为后刀面。　　　　　　（　　）

（3）砂轮可对金属或非金属工件的外圆、内圆、平面和各种形面等进行粗磨、半精磨和精磨，但不能开槽和切断。　　　　　　　　　　　　　　　　　　（　　）

（4）铣刀工作时各刀齿依次间歇地切去工件的余量。　　　　　　　　（　　）

（5）千分尺又称分厘卡，可以测量工件的内径、外径和深度等。　　　（　　）

（6）测量毛坯的尺寸时，为了使结果精确些，可采用游标卡尺测量。　（　　）

（7）用百分表测量工件的长度，能得到较精确的数值。　　　　　　　（　　）

（8）圆柱塞规长的一端是止端，短的一端是通端。　　　　　　　　　（　　）

3. 简述图 5-1 中车刀主要角度的作用及三个变化表面。

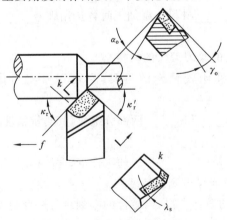

图 5-1　车刀的主要角度

主偏角 κ_r：

副偏角 κ_r'：

前角 γ_o：

后角 α_0：

刃倾角 λ_s：

三个变化表面：_____

_____

_____

4. 标出图 5-2 中各铣刀的名称。

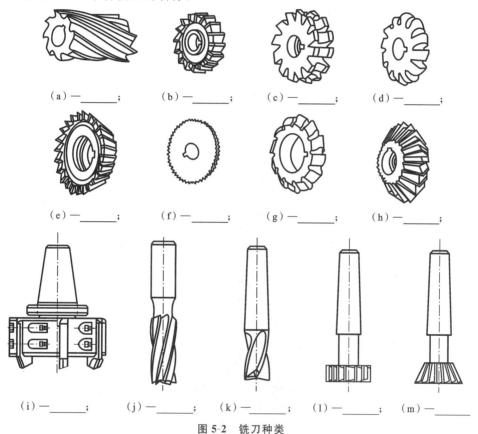

（a）—_____；　　（b）—_____；　　（c）—_____；　　（d）—_____；

（e）—_____；　　（f）—_____；　　（g）—_____；　　（h）—_____；

（i）—_____；　　（j）—_____；　　（k）—_____；　　（l）—_____；　　（m）—_____；

图 5-2　铣刀种类

5. 标出图 5-3 至图 5-5 所示的三种量具标号名称。

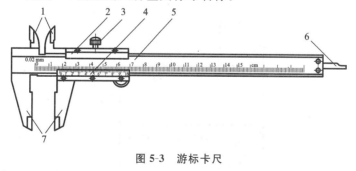

图 5-3　游标卡尺

1—_____；2—_____；3—_____；4—_____；5—_____；6—_____；7—_____

6. 综合题

请说出图 5-6 所示工件标注尺寸的地方，在测量时，备用什么量具进行测量？

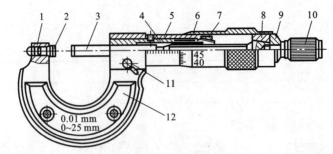

图 5-4　外径千分尺

1—_____;2—_____;3—_____;4—_____;5—_____;6—_____;7—_____;
8—_____;9—_____;10—_____;11—_____;12—_____

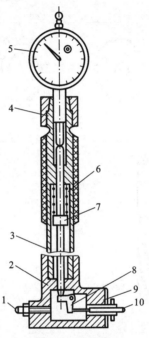

图 5-5　百分表

1—_____;2—_____;3—_____;4—_____;5—_____;
6—_____;7—_____;8—_____;9—_____;10—_____

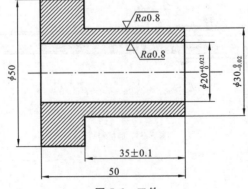

图 5-6　工件

实训报告 6   车 削 加 工

班级		姓名		学号		指导教师	
成绩	操作	安全纪律		创新	实训报告		综合成绩

1. 填空题

(1) 在车床上,工件做旋转运动,刀具做平面直线或曲线运动,完成机械零件切削加工的过程,称为_____。

(2) C6132 卧式车床的主要组成部分有_____、_____、_____、_____、_____、_____、_____、_____。

(3) 主轴的转动经进给箱和溜板箱使刀架移动,称为_____传动系统。

(4) 车削加工所能达到的尺寸精度等级一般为_____,表面粗糙度 Ra(轮廓算术平高度)数值范围一般是_____ μm。

(5) 车床的切削用量是指_____、_____、_____,其符号和单位分别为_____、_____、_____。

(6) 车床的主运动是_____;进给运动有_____。

(7) 在普通车床上可完成_____、_____、_____、_____、_____、_____、_____、_____、_____、_____、_____等工作。

(8) 国家标准规定尺寸精度分为_____级,每级以 IT 后面加数字表示,数字越大其精度越_____。

(9) 车床上刀架手柄刻度盘的每格刻度值为_____ mm,如果将直径 50.8 mm 的工件车至 49.2 mm,应将刻度盘转过_____格。

(10) 你在实训中使用的车床其主轴最低转速为_____,最高转速为_____,共有_____种正转速,刀架的纵向、横向进给量各_____种,能穿过主轴孔的棒料最大直径是_____ mm,其丝杠螺距为_____ mm。

(11) 三爪自定心卡盘主要用来装夹截面形状为_____、_____的中小型轴类、盘套类工件。

(12) 在车床上加工较长或工序较多的轴类工件时,常使用_____装夹工件。

(13) 车床上可以用_____、_____、_____、_____进行钻孔、镗孔、扩孔和铰孔。

(14) 滚花时,工件_____旋转,滚花轮径向挤压后再作_____进给。来回滚压几次,直到花纹凸出高度符合要求。

(15) 粗车就是尽快切去毛坯上的大部分_____,但得留有一定的加工余量。粗车的切削用量较大,故粗车刀要有足够的_____,以便能承受较大的_____。

(16) 零件的机械加工质量包括:① 加工精度又分为_____精度、_____精度和_____精度;② _____度——即被加工表面的微观几何形状误差。

2. 判断题(正确的在括号内打√,错误的打×)

(1) 使工件与刀具产生相对运动而进行切削的最基本的运动称为主运动。　　(　　)

(2) 外圆车削时工件的旋转运动称为进给运动。　　(　　)

(3) 切削运动可以由切削刀具和工件分别动作完成,也可以由切削刀具和工件同时动作完成或交替动作完成。　　(　　)

(4) 切削加工时,由于机床不同,主运动也不同。主运动可以是几个。　　(　　)

(5) 零件表面粗糙度数值越高,它的表面越粗糙。　　(　　)

(6) 零件的尺寸要加工的绝对准确是不可能的,在保证零件使用要求的情况下,总是要给予一定的加工误差范围,这个规定的误差范围就称为公差。　　(　　)

(7) 主切削刃与进给方向在基面上投影间的夹角称为前角。　　(　　)

(8) 高速钢车刀可用于高速切削。　　(　　)

(9) 机床转速加快时,刀具走刀量不变化。　　(　　)

(10) 精度是指零件在切削加工后,其尺寸、形状、位置等参数的实际数值同它们的绝对准确的理论数值相符合的程度。　　(　　)

(11) 切削速度就是指机床主轴的转速。　　(　　)

(12) 车削加工时,机床转速减慢,进给量加大,可使工件表面光洁。　　(　　)

(13) 在车床上镗孔比车外圆困难些,故切削用量要比车外圆选取得小些。　　(　　)

(14) 车锥角 60°的圆锥表面,应将小拖板转过 60°。　　(　　)

(15) 主轴箱的作用是把电动机的转动传递给主轴,以带动工件作旋转运动。改变其控制柄位置,可使主轴获得多种转速。　　(　　)

(16) 工件的表面粗糙度是切削过程中的振动、刀刃或磨粒摩擦留下的加工痕迹。

　　(　　)

(17) 偏移尾座法既能车外锥面又能车内锥面。　　(　　)

(18) 45°弯头刀既能车外圆又能车端面。　　(　　)

(19) 对不适宜调头车削的细长轴,不能用中心架支承,而要用跟刀架支承进行车削,以增加工件的刚性。　　(　　)

(20) 滚花后工件的直径大于滚花前工件的直径。　　(　　)

3. 选择题

(1) 在车床上钻孔,容易出现_____。

　　A. 孔径扩大　　B. 孔轴线偏斜　　C. 孔径缩小　　D. 孔轴线偏斜＋孔径缩小

(2) 车外圆时,若主轴转速调高,则进给量_____。

　　A. 按比例变大　　B. 不变　　C. 按比例变小

(3) 车轴件外圆时,若前后顶针偏移而不重台,车出的外圆会出现_____。

　　A. 椭圆　　B. 锥度　　C. 不圆度　　D. 鼓形

(4) 一般而言,工件的表面粗糙度 Ra 值越小,则工件的尺寸精度_____。

　　A. 越高　　B. 越低　　C. 不一定　　D. 不变

(5) 车削加工时,如果需要更换主轴转速应_____。

A. 先停车,再变速　　　　　　　B. 工件旋转时直接变速

C. 点动开关变速　　　　　　　D. 先减速,再变速

(6) 在普通车床上最适宜加工_____零件。

A. 带凸凹表面的零件　　　　　B. 盘、轴、套类零件

C. 平面零件　　　　　　　　　D. 任意表面

(7) 车床通用夹具能自动定心的是_____。

A. 四爪卡盘　　　　　　　　　B. 三爪卡盘

C. 花盘　　　　　　　　　　　D. A、B、C 都不是

(8) 精车时,切削用量的选择,应首先考虑_____。

A. 切削速度　　B. 切削深度　　C. 进给量　　D. 切削力

(9) 车细长轴时,由于径向力的作用,车削的工件易出现_____。

A. 腰鼓形　　　B. 马鞍形　　　C. 锥形

(10) 安装车刀时,刀尖应位于工件中心_____。

A. 略高处　　　B. 略低处　　　C. 等高处

(11) 车端面时,车刀从工件圆周表面向中心走刀,其切削速度是_____。

A. 不变的　　　B. 逐渐增加　　C. 逐渐减少

(12) 车外圆时,车刀刀尖高于工件轴线则会产生_____。

A. 加工面母线不直　　B. 圆度误差　　C. 车刀后角增大,前角减小

(13) 车削长轴时,要使工件整个长度上同轴度最好的装夹是_____。

A. 三爪卡盘　　　　　　　　　B. 四爪卡盘

C. 双顶尖加鸡心夹头　　　　　D. 套筒夹头

(14) 车端面时产生振动的原因是_____。

A. 刀尖磨损　　　　　　　　　B. 车床主轴或刀台振动

C. 切削接触面过大　　　　　　D. 以上均可能

(15) 应用中心架与跟刀架的车削,主要用于_____。

A. 复杂零件　　B. 细长轴　　　C. 长锥体　　D. 螺纹件

(16) 切断时,防止振动的方法是_____。

A. 减小进给量　　B. 提高切削速度　　C. 增大车刀前角　　D. 增加刀头宽度

(17) 为了保证安全,车床开动后,不能做的动作是_____。

A. 改变主轴转速　　B. 改变进给量　　C. 加大切深　　D. 量尺寸

(18) 车刀上切屑流过的表面称为_____。

A. 切削平面　　B. 前刀面　　　C. 主后刀面　　D. 副后刀面

4. 根据图 6-1 所示 C6132 车床的结构和调整手柄图,图 6-2 所示 C6132 车床刀架结构图,填写车床各部分的名称。

5. 标出图 6-3 所示外圆车刀各部分组成。

6. 标出图 6-4 所示常用车刀的种类和用途。

7. 在车床上加工表 6-1 所列工件表面,试选择刀刃具名称填入表内。

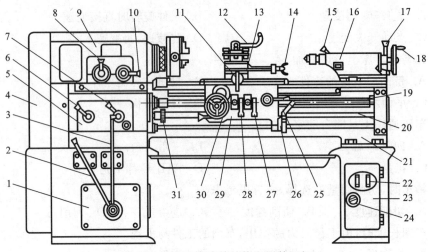

图 6-1　C6132 车床的结构和调整手柄

1—＿＿＿；2—＿＿＿；3—＿＿＿；4—＿＿＿；5—＿＿＿；6、7—＿＿＿；

8—＿＿＿；9—＿＿＿；10—＿＿＿；11—＿＿＿；12—＿＿＿；13—＿＿＿；

14—＿＿＿；15—＿＿＿；16—＿＿＿；17—＿＿＿；18—＿＿＿；19—＿＿＿；

20—＿＿＿；21—＿＿＿；22—＿＿＿；23—＿＿＿；24—＿＿＿；25—＿＿＿；

26—＿＿＿；27—＿＿＿；28—＿＿＿；29—＿＿＿；30—＿＿＿；31—＿＿＿

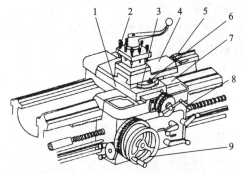
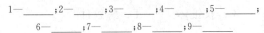

图 6-2　C6132 车床刀架结构

1—＿＿＿；2—＿＿＿；3—＿＿＿；4—＿＿＿；5—＿＿＿；

6—＿＿＿；7—＿＿＿；8—＿＿＿；9—＿＿＿

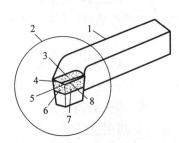

图 6-3　外圆车刀

1—＿＿＿；2—＿＿＿；3—＿＿＿；4—＿＿＿；

5—＿＿＿；6—＿＿＿；7—＿＿＿；8—＿＿＿

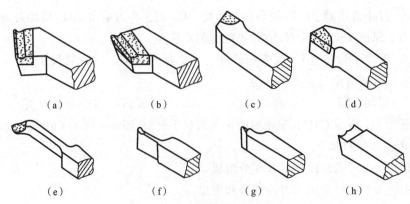

（a）　　　　（b）　　　　（c）　　　　（d）

（e）　　　　（f）　　　　（g）　　　　（h）

图 6-4　常用车刀的种类和用途

（a）—＿＿＿；（b）—＿＿＿；（c）—＿＿＿；（d）—＿＿＿；（e）—＿＿＿；（f）—＿＿＿；（g）—＿＿＿；（h）—＿＿＿

表 6-1 工件表面的各种加工

钻孔	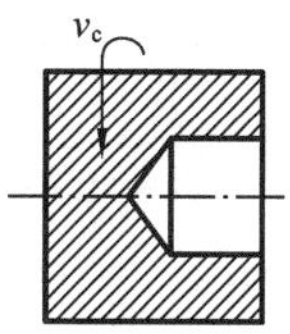	钻中心孔	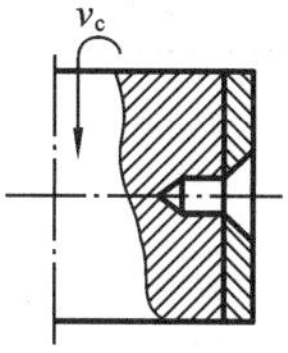	铰孔	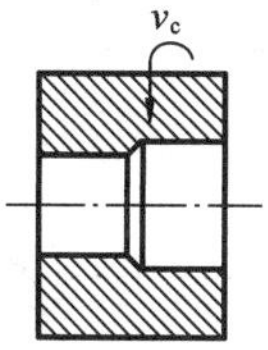	镗孔	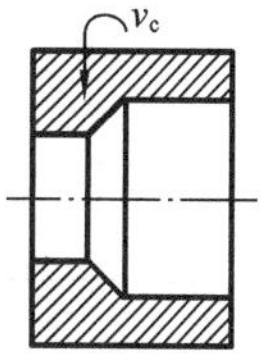
滚花	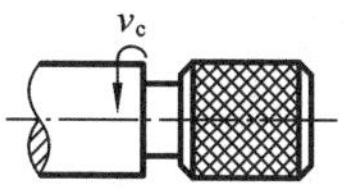	车外圆	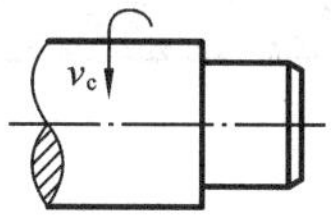	镗内槽	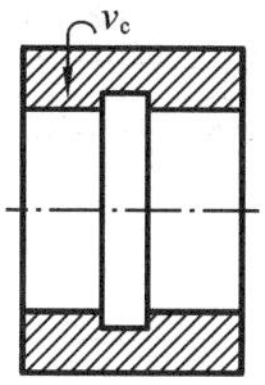	镗盲孔	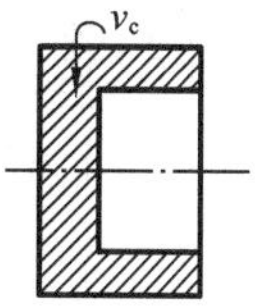
车端面	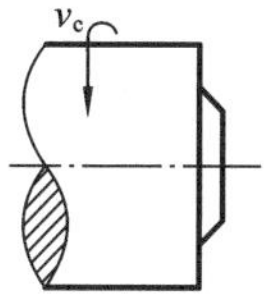	车成形面	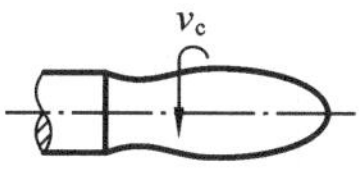	切外槽	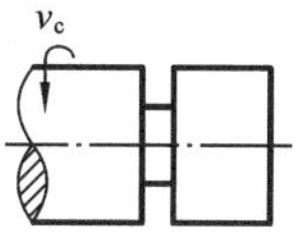	车螺纹	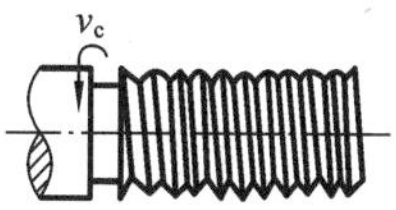

刀刃具

1	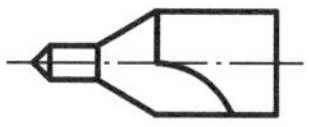	2	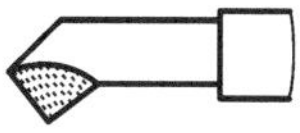	3	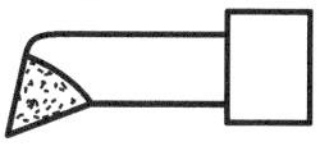	4	
名称		名称		名称		名称	
5	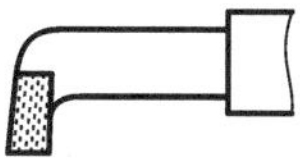	6	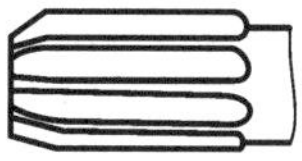	7	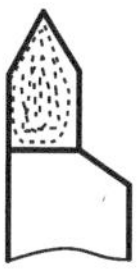	8	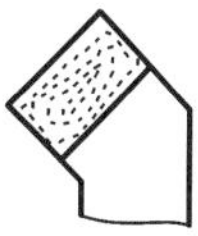
名称		名称		名称		名称	
9		10	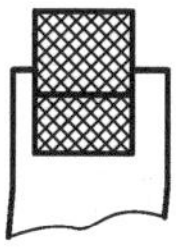	11		12	
名称		名称		名称		名称	

8. 制定如表 6-2 所示榔头柄的车削加工工艺卡。

表 6-2 榔头柄车削加工工艺卡

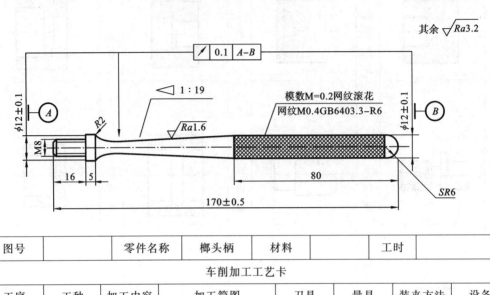

图号		零件名称	榔头柄	材料		工时	

车削加工工艺卡

工序	工种	加工内容	加工简图	刀具	量具	装夹方法	设备

9. 综合题

请选择图 6-5 或图 6-6 所示作业件或自行设计零件,完成车削实训并编写车削加工工序过程,填入表 6-3。

(1) 在 ϕ45 mm×175 mm 的 45 钢备料上完成如图 6-5 所示轴的加工。

(2) 在 ϕ45 mm×175 mm 的 45 钢备料上完成如图 6-6 所示带螺纹轴的加工。

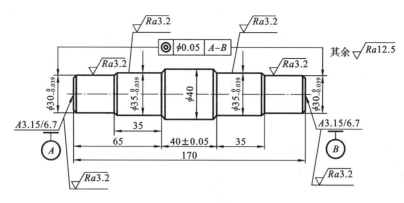

图 6-5 零件 1

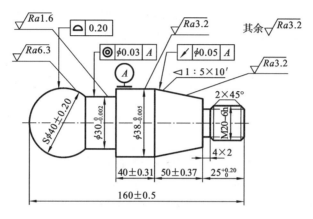

图 6-6 零件 2

表 6-3 车削加工工序过程

作品名称	
画出作品零件图	
加工工序及工艺内容	

实训报告7 铣削加工

班级			姓名		学号		指导教师	
成绩	操作	安全纪律		创新		实训报告	综合成绩	

1. 填空题

(1) 在铣床上使用铣刀对工件进行切削加工的方法称为_____。通常用来加工各种_____、_____、_____、_____、_____和_____等。

(2) 因铣刀是_____刀具,有几个刀齿同时参加切削,利用镶装有_____的刀具,可采用_____的切削用量,且切削运动连续,故生产效率较高。

(3) 常用的铣床有_____、_____和_____三种。

(4) 铣床的主要附件有机用_____、_____、_____和_____。其中,前三种附件用于_____装夹,万能铣头用于_____装夹。

(5) 万能分度头主要由_____、_____、_____和_____等部分组成。

(6) 削加工主运动为_____,进给运动为_____。

(7) 铣削加工精度一般为_____级,表面粗糙度 Ra 值一般可达_____ μm。

(8) 铣削的尺寸精度不高和难达到较低的表面粗糙度值,其主要原因是_____。

(9) 用铣刀周边齿刃和端面齿刃同时进行加工的铣削方式称为_____。

(10) 铣削平面可选择的铣刀有_____、_____和_____。

(11) 在铣床上利用分度头加工齿轮,属于_____法加工,选用_____铣刀;在滚齿机上加工齿轮,属于_____法加工,可选用_____刀。

(12) 铣削用量的四要素是_____、_____、_____和_____。其中_____对铣刀耐用度影响最大。

(13) 顺铣时,水平切削分力与工件进给方向_____;逆铣时,水平切削分力与工件进给方向_____。

(14) 铣成形面一般用_____铣刀在卧式升降台铣床上加工,成形铣刀的形状应与_____的形状吻合。

(15) 铣 T 形槽或燕尾槽时,应先用立铣刀或三面刃铣刀铣出_____,然后用_____铣刀或_____铣刀铣削成形。

2. 判断题(正确的在括号内打√,错误的打×)

(1) 在立式铣床上不能加工键槽。 （ ）

(2) 在铣削加工过程中,工件作主运动,铣刀作进给运动。 （ ）

(3) 铣刀的结构形状不同,其安装方法相同。 （ ）

(4) 卧式铣床主轴的中心线与工作台面垂直。 （ ）

(5) 铣刀是多齿刀具,每个刀齿都在连续切削,所以铣削生产效率比刨削高。 （ ）

(6) 分度盘正反两面都有许多孔数相同的孔圈。 （ ）

(7) 用圆柱铣刀铣削工件,逆铣时切削厚度由零变到最大;顺铣时则相反。 （ ）

(8) 当分度手柄转一周,主轴即转动 1/40 周。 （　　）

(9) 在成批生产中,可采用组合铣刀同时铣削几个台阶面。 （　　）

(10) T 形槽可以用 T 形槽铣刀直接加工出来。 （　　）

(11) 万能铣床表示立铣和卧铣能加工的工件,它都能完成。 （　　）

(12) 精铣时一般选用较高的切削速度,较小的进给量和切削深度。 （　　）

(13) 在板块状工件上铣直槽,一般用三面刃铣刀。 （　　）

(14) 在卧式铣床上安装万能铣头,便可用立铣刀铣斜面。 （　　）

(15) 轴上的平键槽,一般在立铣床上用键槽铣刀加工。 （　　）

(16) 铣平面用端铣刀比用圆柱铣刀具有更多的优点。 （　　）

3. 填写 X6132 型万能升降台铣床(见图 7-1)各组成部分(编号)的名称。

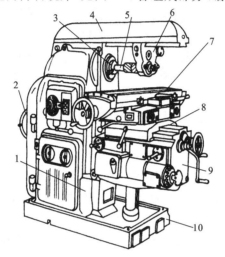

图 7-1 X6132 型万能升降台铣床操纵系统

1—_____;2—_____;3—_____;4—_____;5—_____;6—_____;7—_____;8—_____;9—_____;10—_____

4. 按下列零件图找出铣削时所用的刀具,并选择机床和安装方法。

① 铣锥齿轮　　　　② 铣 T 形槽　　　　③ 铣燕尾槽

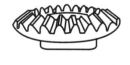　　

机　　床_____　　机　　床_____　　机　　床_____

刀具名称_____　　刀具名称_____　　刀具名称_____

安装方法_____　　安装方法_____　　安装方法_____

④ 铣凹圆弧　　　　　　　⑤ 铣键槽　　　　　　　⑥ 铣圆弧槽

　　　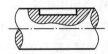　　　

机　　　床＿＿＿＿＿	机　　　床＿＿＿＿＿	机　　　床＿＿＿＿＿
刀具名称＿＿＿＿＿	刀具名称＿＿＿＿＿	刀具名称＿＿＿＿＿
安装方法＿＿＿＿＿	安装方法＿＿＿＿＿	安装方法＿＿＿＿＿

铣刀种类							
名称	三面刃铣刀	模数铣刀	凸圆弧铣刀	燕尾槽铣刀	T形槽铣刀	键槽铣刀	立铣刀

5．综合题

图 7-2 所示为铣削加工 V 形块零件图。毛坯材料为 45 钢,毛坯类型为锻件,毛坯尺寸为 66 mm×55 mm×90 mm。为了保证各加工表面之间的相互垂直和平行,必须以先加工的平面为基准,再加工其他各个表面。

表 7-1 为 V 形块铣削加工工艺过程表,要求填写加工工艺说明并选择刀具。

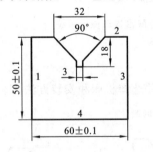　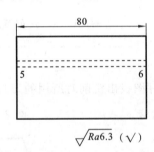

$\sqrt{Ra6.3}$ (√)

图 7-2　铣削加工 V 形块零件图

表 7-1　V 形块铣削加工工艺过程表

序号	加工内容	加工简图	加工工艺说明	刀具
1	以平面 1 为基准,铣削平面 2 至尺寸 52			

序号	加工内容	加工简图	加工工艺说明	刀具
2	以平面 2 为基准,铣削平面 3 至尺寸 62			
3	以平面 2 为基准,铣削平面 1 至尺寸 60			
4	以平面 3 为基准,铣削平面 4 至尺寸 50			
5	铣削平面 5、6,使 5、6 两平面之间尺寸至 80			
6	铣直槽,槽宽 3,深 18			
7	铣 V 形槽至尺寸 32			

实训报告 8 刨 削 加 工

班级		姓名		学号		指导教师	
成绩	操作	安全纪律		创新	实训报告		综合成绩

1. 填空题

(1) 在_____上用刨刀对工件进行切削加工称为刨削加工。牛头刨床的主运动为滑枕带动刨刀作_____,进给运动为工作台做_____。

(2) 在刨床上可以刨削_____、_____,也可以刨削_____、_____和_____等。

(3) 刨削加工的精度一般为_____级,表面粗糙度 Ra 值为_____μm。

(4) 牛头刨床通过_____机构将电机的旋转运动转变为滑枕的直线往复运动;通过_____机构实现工作台横向自动间歇进给运动。

(5) 牛头刨床的主运动为滑枕带动刨刀作直线往复运动,其传动路线为:电动机→_____→_____→_____→滑枕的直线往复运动。

(6) 进给运动为工作台做水平或垂直运动,其传动路线为:电动机→_____→_____→_____→工作台。

(7) 插床的主运动是_____,进给运动有三种,即工件安放在工作台上,可作_____、_____和_____。

(8) 插床主要用于加工工件的_____、_____、_____、_____等。

2. 判断题(正确的在括号内打√,错误的打×)

(1) 牛头刨床只能加工平面,不能加工曲面。 ( )

(2) 刨削加工是一种高效率、中等精度的加工工艺。 ( )

(3) 刨削加工具有生产率低、加工质量中等、通用性好、成本低等特点。 ( )

(4) 牛头刨床滑枕工作行程和返回行程长度一样,所以刨刀的工作行程速度和返回行程速度相等。 ( )

(5) 刨削四个面要求相互垂直的矩形工件时,可任意选择刨削顺序。 ( )

(6) 刨刀的垂直进刀可以用刀架手轮进行,也可以用工作台的上升来进行。 ( )

(7) 刨垂直面和斜面时,刀架转盘位置必须对准零线。 ( )

(8) 刨刀常做成弯头的,其目的是为了增大刀杆强度。 ( )

(9) 加工塑性材料时刨刀的前角应比加工脆性材料的前角大。 ( )

(10) 刨削加工一般不使用冷却液,因为刨削是断续切削,而且切削速度又低。 ( )

(11) 插床是利用工件和刀具作相对直线往复运动来切削加工的,它又称为立式刨床。

( )

(12) 现在在很多应用场合中,铣床常被用来代替刨床加工。 ( )

3. 填写图 8-1 所示牛头刨床各组成部分的名称。

4. 填写图 8-2 所示刨削的工作内容。

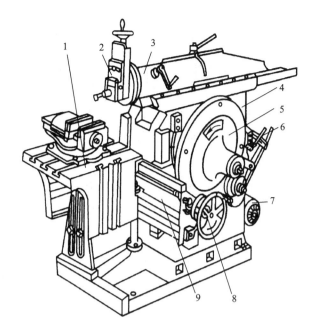

图 8-1 牛头刨床外形结构

1—_____;2—_____;3—_____;4—_____;5—_____;6—_____;7—_____;8—_____;9—_____

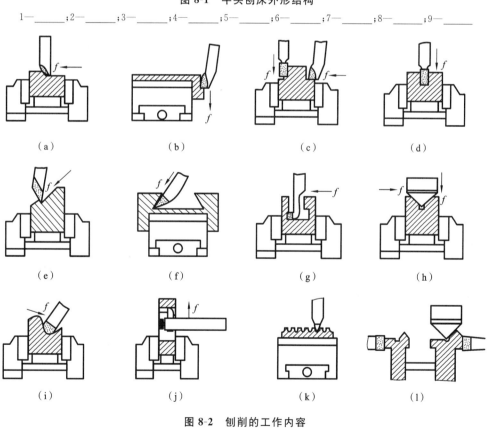

图 8-2 刨削的工作内容

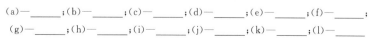

(a)—_____;(b)—_____;(c)—_____;(d)—_____;(e)—_____;(f)—_____;
(g)—_____;(h)—_____;(i)—_____;(j)—_____;(k)—_____;(l)—_____

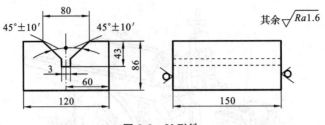

图 8-3 V 形铁

5. 综合题

用 45 钢锻成 160 mm×130 mm×96 mm 的毛坯,刨削加工成图 8-3 所示零件(V 形铁)。将刨削加工工序填入表 8-1,刨削斜面时,应在加工内容一栏中,说明刀架偏转方向及角度。

表 8-1 V 形铁刨削加工工序

序号	加工内容	加工简图	加工工艺说明	刀具

实训报告 9 磨削加工

班级		姓名		学号		指导教师	
成绩	操作	安全纪律		创新	实训报告		综合成绩

1. 填空题

(1) 磨削就是利用_____旋转的磨具(砂轮、砂带、磨头等)从工件表面切削下_____切屑的加工方法。

(2) 磨削加工的范围很广,可用不同类型的磨床分别加工_____、_____、_____、_____及刃磨各种_____等。

(3) 磨削可以加工的工件材料很广,既可以加工_____、_____、_____等一般结构材料,也能够加工高硬度的_____、_____、_____、_____等难切削的材料。但不宜精加工塑性较大的_____工件。

(4) 砂轮的磨粒材料通常采用_____、_____、_____等硬度极高的材料制造。磨削用的砂轮是由许多细小坚硬的磨粒用结合剂_____在一起经_____而成的疏松多孔体。

(5) 磨削的切削厚度极薄,每个磨粒的切削厚度可小到微米,故磨削的尺寸公差等级可达_____,表面粗糙度 Ra 值达_____ μm。高精度磨削时,尺寸公差等级可高_____,表面粗糙度 Ra 值可达_____ μm。

(6) 砂轮安装在砂轮架主轴上,由单独的电动机通过皮带传动砂轮高速旋转,实现切削_____。

(7) 实训中使用的万能外圆磨床型号_____、内圆磨床型号_____、平面磨床型号_____平面磨床。

(8) 在外圆磨床上磨削外圆常用的方法有_____、_____和_____法三种。

(9) 平面磨削常用两种方法,一种是_____法,指在卧轴矩台或卧轴圆台平面磨床上,用砂轮的外圆柱面进行磨削;另一种称为_____,指在立轴圆台或立轴矩台平面磨床上,用砂轮的端面进行磨削。

(10) 在外圆磨床上磨削外圆通常采用_____、_____、_____、_____四种装夹方法。

(11) 磨削外圆时通常在最后阶段采用几次无横向进给的光磨行程,其目的是:_____。

(12) 磨床工作台的自动纵向进给是_____传动,优点:_____。

2. 判断题(正确的在括号内打√,错误的打×)

(1) 磨削实际上是一种多刃刀具的超高速切削。　　　　　　　　　　(　)

(2) 砂轮是由磨粒、结合剂和空隙组成的多孔物体。　　　　　　　　(　)

(3) 砂轮的硬度就是磨粒的硬度。　　　　　　　　　　　　　　　　(　)

(4) 砂轮的磨粒号越大,磨粒尺寸也越大。　　　　　　　　　　　　(　)

(5) 平面磨床只能磨削由钢、铸铁等导磁性材料制造的零件。　　　　(　)

(6) 磨削外圆时,工件的转动是主运动。　　　　　　　　　　　　　(　)

(7) 磨削外圆时,磨床的前后顶尖均不随工件旋转。　　　　　　　　(　)

（8）淬火后零件的后一道加工，比较适宜的方法是磨削。　　　　（　　）

（9）为了提高加工精度，外圆磨床上使用的顶尖都是死顶尖。　　（　　）

（10）内圆磨削时，砂轮和工件的旋转方向应相同。　　　　　　（　　）

（11）磨床工作台采用液压传动，其优点是工作平稳，无冲击振动。（　　）

（12）纵向磨削法可以用同一砂轮加工长度不同的工件，适宜于磨削长轴和精磨。（　　）

3. 填写图 9-1 中磨削加工范围。

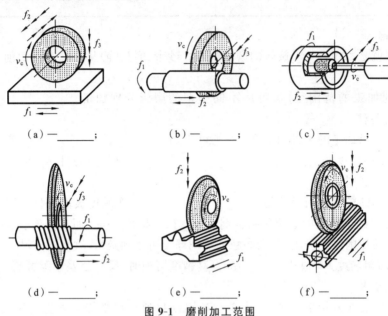

（a）——————；　　　　（b）——————；　　　　（c）——————；

（d）——————；　　　　（e）——————；　　　　（f）——————；

图 9-1　磨削加工范围

4. 填写图 9-2 所示 M2120 内圆磨床各部分组成的名称。

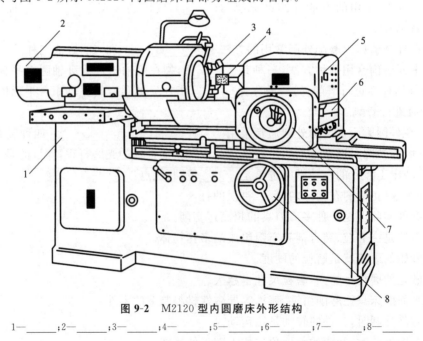

图 9-2　M2120 型内圆磨床外形结构

1——————；2——————；3——————；4——————；5——————；6——————；7——————；8——————

5. 填写图 9-3 所示外圆磨床液压传动示意图各部分组成的名称。

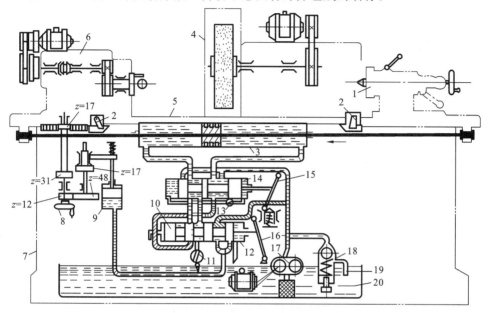

图 9-3 外圆磨床液压传动示意图

1—＿＿＿＿；2—＿＿＿＿；3、9—＿＿＿＿；4—＿＿＿＿；5—＿＿＿＿；6—＿＿＿＿；7—＿＿＿＿；

8—＿＿＿＿；10—＿＿＿＿；11、13—＿＿＿＿；12—＿＿＿＿；14—＿＿＿＿；15—＿＿＿＿；

16—＿＿＿＿；17—＿＿＿＿；18—＿＿＿＿；19—＿＿＿＿；20—＿＿＿＿

6. 填写图 9-4 所示 M7120A 型平面磨床各部分组成的名称。

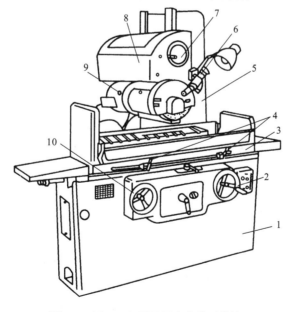

图 9-4 M7120A 型平面磨床外形结构

1—＿＿＿＿；2—＿＿＿＿；3—＿＿＿＿；4—＿＿＿＿；5—＿＿＿＿；

6—＿＿＿＿；7—＿＿＿＿；8—＿＿＿＿；9—＿＿＿＿；10—＿＿＿＿

实训报告 10　钳　　工

班级		姓名		学号		指导教师	
成绩	操作	安全纪律	创新	实训报告		综合成绩	

1. 填空题

(1) 钳工工具简单,操作灵活,可以完成目前采用机械设备_____或_____的某些零件的加工,因此钳工的工作范围很广、工作种类繁多。

(2) 随着生产的发展,钳工工种已有了明显的专业分工,如_____、_____、_____、_____、_____、_____、_____等。

(3) 钳工其基本工艺包括_____、_____、_____、_____、_____、攻螺纹_____、_____、_____等。

(4) 划线分为_____划线和_____划线两种:在工件的一个平面上划线称为_____划线;在工件的几个表面上,即在长、宽、高方向上划线称为_____划线。

(5) 划线工具按用途分为三类:_____、_____和_____。常用的划线工具有_____、_____、_____、_____、_____等。划线时应注意_____。

(6) 常用划线基准选择以_____为依据,有孔、有面时以_____、已加工面为依据。

(7) 锯削是用手锯_____金属材料或在工件上_____的操作。

(8) 锯条的选择应根据工件_____及_____进行。

(9) 锯条是用_____制成;锯齿按齿距大小可分为_____、_____和_____;锯割软金属或厚度较大的材料时多采用_____锯条;锯割硬金属、板料及薄壁管子时多采用_____锯条;锯割普通钢、铸铁及中等厚度工件时多采用_____锯条。

(10) 手锯包括_____和_____两部分。锯条安装时,锯齿的方向应与锯削时_____方向一致。

(11) 锯切时,锯条折断的主要原因是_____,防止方法有_____。

(12) 锯齿崩落和锯条折断的原因有:_____;_____等。

(13) 锉刀一般分为_____和_____两种,普通锉刀按其断面形状可分为_____、_____、_____、_____和_____等五种。

(14) 锉刀的规格是以_____表示的。

(15) 平面锉削的基本方法有_____、_____和_____三种;要把工件锉平的关键是_____。

(16) 麻花钻头的装夹方法:按柄部不同,直柄钻头用_____装夹,大的锥柄钻头则用_____装夹。

(17) 钻床分为_____、_____和_____三种;钻孔的主运动是_____运动,进给运动是_____。

(18) 刮削是钳工操作,刮削表面精度是以_____来表示的;刮削应用于相互配合零件的滑动表面的目的是_____。

（19）刮削是一种精加工的方法，常用于零件上互相_____的重要滑动表面，如机床导轨、滑动轴承等，以使彼此均匀接触。

（20）錾削还可加工_____、_____金属及清理铸、锻件的_____等。錾削的工具是_____。

（21）錾子一般用碳素工具钢锻造而成，刃部经过_____和_____处理，具有一定的_____和_____。

（22）錾油槽时要选用与油槽宽_____錾削，必须使油槽錾得深浅均匀，表面光滑。

（23）钳工加工孔的方法一般是指_____、_____、_____及_____。

（24）用钳工方法套出一个 M6×1 的螺纹，所用工具称为_____，套螺纹前圆杆的直径应为 ϕ _____ mm。

（25）丝锥是专门用来攻螺纹的刀具，丝锥的前端为_____部分，有锋利的刃，这部分起主要的切削作用；中间为定径部分，起_____的作用。

（26）扩孔所用的刀具是_____，其结构特点是_____；扩大可达到的尺寸公差等级为_____；表面粗糙度 Ra 值为_____ μm。

（27）铰孔所用的刀具是_____，铰孔时选用的切削速度为_____，进给量为_____，并要使用_____；铰孔可达到的尺寸公差等级为_____；表面粗糙度 Ra 值为_____ μm。

（28）常用的装配方法有_____、_____、_____和_____。

（29）装配工作按_____、_____、_____的次序进行。

（30）试车前应仔细检查_____、_____的连接形式是否正确；固定连接不准有间隙；活动连接应能_____运动；检查各运动部件的接触面是否有足够的_____，油路是否畅通；各密封处是否有_____现象；检查各运动件的操纵是否灵活，手柄是否在_____位置上。检查合格后方可试车，试车时，先开_____，再逐步加速。

2. 判断题（正确的在括号内打√，错误的打×）

（1）钳工大部分是手持工具进行操作，加工灵活、方便，能够加工复杂的形状。（　　）

（2）划线是机械加工的重要工序，广泛用于成批和大量生产。（　　）

（3）为了使划出的线条清晰，划针应在工件上反复多次划线。（　　）

（4）选择划线基准时，应尽量使划线基准与图纸上的设计基准一致。（　　）

（5）正常锯切时，锯条返回仍需加压，但要轻轻拉回，速度要慢。（　　）

（6）锯削是用手锯切断金属材料或在工件上切槽的操作。（　　）

（7）锯条多用低碳钢制成。（　　）

（8）锯条安装在锯弓上时要紧，锯削时才不易折断锯条。（　　）

（9）锯切时，一般手锯往复长度不应小于锯条长度的 2/3。（　　）

（10）锯切操作分起锯、锯切和结束三个阶段，而起锯时，压力要小，往复行程要短，速度要快。（　　）

（11）正常锯切时，锯条应以全长进行工作，提高锯条的使用寿命。（　　）

（12）锯切圆管在管壁将被锯穿时，圆管应转一个角度，继续锯切，直至锯断。（　　）

（13）锉削外圆弧面时，锉刀在向前推进的同时，还应绕工件圆弧中心摆动。（　　）

（14）锉削常用双齿纹锉刀，是因为锉削时，每个齿的齿痕不重叠，锉屑易碎裂，工件表面光滑。（　　）

(15) 工件毛坯是铸件或锻件,可用粗锉直接锉削。（　　）

(16) 錾子一般用碳素工具钢锻造而成,刃部要高硬度只能经过淬火处理。（　　）

(17) 刮削是一种精加工的方法,常用于零件上互相配合的重要滑动表面,如机床导轨、滑动轴承等,以使彼此均匀接触。（　　）

(18) 刮削平面的方法有挺刮式和手刮式两种。（　　）

(19) 粗刮时,刮削方向应与切削加工的刀痕方向一致,各次刮削方向不应交叉。（　　）

(20) 研磨时的压力和速度会影响工件表面的粗糙度。（　　）

(21) 麻花钻顶角大小应随工件材料的硬度而变化,工件材料越硬,顶角也越大。（　　）

(22) 钻孔属于精加工,尺寸公差等级一般为 IT11～IT14,表面粗糙度 Ra 值为 50～12.5 μm。（　　）

(23) 钻头的旋转运动是主运动也是进给运动。（　　）

(24) 麻花钻有两条螺旋槽和两条刃带,螺旋槽的作用是形成切削刃并向孔外排屑;刃带的作用是减少钻头与孔壁的摩擦并导向。（　　）

(25) 钻深孔时,钻头应经常退出排屑,防止切屑堵塞、卡断钻头。（　　）

(26) 操作钻床时,必须戴手套。（　　）

(27) 攻盲孔螺纹时,由于丝锥不能攻到孔底,所以钻孔深度应大于螺纹深度。（　　）

(28) 扩孔就是扩大已加工出的孔。（　　）

(29) 丝锥攻丝时,除了切削金属外,还有对金属的挤压作用,所以螺纹底孔直径应等于螺纹内径。（　　）

(30) 丝锥切削部分切入底孔后,可将丝锥一直旋转到孔底把螺纹全部攻出。（　　）

(31) 装拆钻头时,可用扳手、手锤或其他工具来松、紧钻夹头。（　　）

(32) 装配一组螺纹连接时,每个螺栓应一次拧紧。（　　）

(33) 拆卸滚动轴承时,可用手锤直接打击轴承的内、外圈。（　　）

3. 标出图 10-1 所示普通锉刀名称。

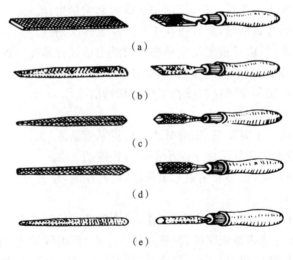

(a)

(b)

(c)

(d)

(e)

图 10-1　锉刀

(a)—_____；(b)—_____；(c)—_____；(d)—_____；(e)—_____

4. 现要锉削表 10-1 所示各零件上有阴影的表面,试选择合适的锉刀和锉削方法。

表 10-1　选择合适的锉刀和锉削方法

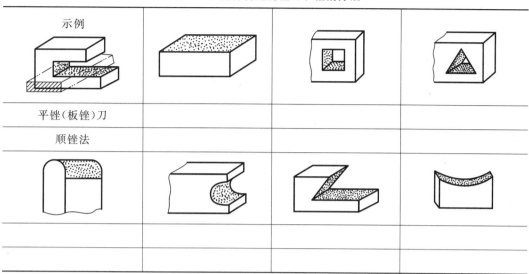

示例			
平锉(板锉)刀			
顺锉法			

5. 填写表 10-2 中各种锉刀的加工精度。

表 10-2　锉刀加工精度

锉刀	适　用　场　合		
	加工余量/mm	尺寸精度/mm	表面粗糙度/mm
粗锉			
中锉			
细锉			

6. 制定榔头锤体的加工工艺卡,填入表 10-3 中。

表 10-3　榔头锤体的加工工艺卡

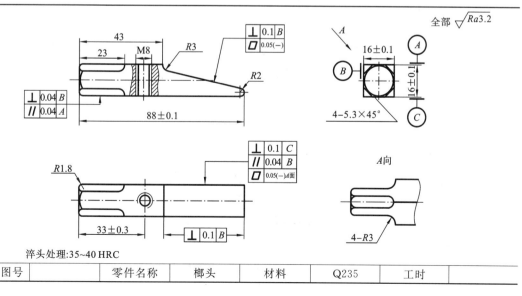

淬头处理:35~40 HRC

图号		零件名称	榔头	材料	Q235	工时	

续表

钳工工序卡

序号	工 步 简 图	加 工 内 容	装 夹 方 法	刀具、量具
1				
2				

7. 图 10-2 所示为减速箱轴承套组件装配顺序图,请制定装配过程工艺系统图。

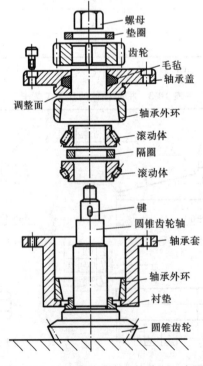

图 10-2　减速箱轴承套组件装配顺序图

8. 将你创新作品工艺过程填入表 10-4。

表 10-4 创新作品工艺过程

作品图：

图号		作品名称		材料		工时	
			加工工序卡				
序号	工 步 简 图		加 工 内 容		装 夹 方 法		刀具、量具

实训报告 11 数控及特种加工基础

班级		姓名		学号		指导教师	
成绩	操作	安全纪律		创新	实训报告	综合成绩	

1. 填空题

(1) 数控机床主要由＿＿＿＿、＿＿＿＿、＿＿＿＿、＿＿＿＿、＿＿＿＿及辅助装置组成。其中＿＿＿＿是数控机床的核心部分。

(2) 数控系统是使用＿＿＿＿来进行控制的控制系统,计算机数控简称＿＿＿＿。

(3) 数控编程分为＿＿＿＿编程和＿＿＿＿编程两大类。

(4) 数控编程过程的主要内容包括:＿＿＿＿、＿＿＿＿、＿＿＿＿、＿＿＿＿、＿＿＿＿和首件试切。

(5) 数控有五大功能指令:＿＿＿＿指令、＿＿＿＿指令、＿＿＿＿指令、＿＿＿＿指令、＿＿＿＿指令。

(6) 数控车床按照主轴布置的不同可分为＿＿＿＿数控车床和＿＿＿＿数控车床。

(7) 确定数控机床坐标轴时,一般先确定＿＿＿＿坐标,后确定其他坐标。

(8) 数控车床准备功能 G 代码的主要功能有 ＿＿＿＿、＿＿＿＿、＿＿＿＿、＿＿＿＿、＿＿＿＿等。

(9) 在编程指令中,F 表示＿＿＿＿指令,而 S 则表示＿＿＿＿指令。

(10) 数控车床换刀后,刀具的位置、尺寸允许变化的范围称为刀具的＿＿＿＿。

(11) 数控车床加工螺纹时,两端应考虑一定的＿＿＿＿。

(12) 数控线切割机床由＿＿＿＿、＿＿＿＿、＿＿＿＿三部分组成。

(13) 数控线切割加工时,＿＿＿＿按规定的程序作复合的进给运动。

(14) 电火花加工是在具有一定＿＿＿＿性能的液体中,利用两极之间脉冲性的火花放电时的＿＿＿＿现象,对材料进行加工。

(15) 电火花加工中,一般用于加工金属等＿＿＿＿材料,在一定条件下也可以加工＿＿＿＿和＿＿＿＿材料。

(16) 电火花加工中,＿＿＿＿电极和＿＿＿＿电极不直接接触。

2. 判断题(正确的在括号内打√,错误的打×)

(1) 在多品种小批量加工和单件加工时选用数控设备最为合适。　　　　　　(　　)

(2) 数控车床是加工回转体的车床,一般有三个坐标轴,X 轴、Y 轴和 Z 轴。　(　　)

(3) 数控加工程序的顺序段号必须顺序排列。　　　　　　　　　　　　(　　)

(4) G00 快速定位指令控制刀具沿直线快速移动到目标位置。　　　　　　(　　)

(5) 数控车床与普通车床用的可转位车刀,一般有本质的区别,其基本结构、功能特点都是不相同的。　　　　　　　　　　　　　　　　　　　　　　　　(　　)

(6) 45°倒角指令中不会同时出现 X 和 Y 坐标。　　　　　　　　　　(　　)

(7) 刀尖点编出的程序在进行倒角、锥面及圆弧切削时,会产生少切或过切现象。(　　)

（8）数控车床加工螺纹时的导入距离一般大于一个螺距。 （ ）

（9）数控车床工件坐标系也称编程坐标系，原点选在工件的回转中心上。 （ ）

（10）数控机床的加工精度取决于数控系统的最小分辨率。 （ ）

（11）数控机床的控制方式按伺服系统类型不同可分为点位、直线和连续控制。（ ）

（12）当数控加工程序编制完成后即可进行正式加工。 （ ）

（13）数控机床是在普通机床的基础上将普通电气装置更换成 CNC 控制装置。（ ）

（14）数控机床按控制系统的工作方式可分为开环、闭环和半闭环系统。 （ ）

（15）通常在命名或编程时，不论何种机床，都一律假定工件静止，刀具移动。 （ ）

（16）只有采用 CNC 技术的机床才称为数控机床。 （ ）

（17）数控机床的编程方式有绝对编程和增量编程，使用时不能将它们放在同一程序段中。 （ ）

（18）特种加工亦称"非传统加工"或"现代加工方法"，也可以使用刀具、磨具等直接利用机械能切除多余材料。 （ ）

（19）特种加工可以完成传统加工难以加工的材料（如高强度、高硬度、高脆性、高韧性、高熔点导电材料和工业陶瓷、磁性材料等）。 （ ）

（20）工作液是指电火花加工的工作介质，工作液一般采用煤油、变压器油等作为工作液。 （ ）

（21）电火花加工表面的润滑性能和耐磨性能均比机械加工的好。 （ ）

（22）电火花加工过程中必须维持一定的火花放电间隙，保证加工过程正常、稳定地进行。 （ ）

（23）数控线切割机床的组成包括机床、脉冲电源和微机数控装置三大部分。 （ ）

（24）为了保证火花放电时电极丝不被烧断，必须向放电间隙注入大量工作液，以便电极丝得到充分冷却。 （ ）

（25）线切割可以加工微细异形孔、窄缝和复杂形状的工件加工样板和成型刀具，不能加工各种高强度、高硬度、高脆性、高韧性、高熔点导电材料。 （ ）

3. 解释下列名词术语

（1）数控机床

（2）特种加工

（3）CNC 装置

（4）手工编程

（5）工件坐标系

（6）数控编程

（7）程序段格式

（8）数控机床进给传动系统

4. 图 11-1 所示为数控车床原理图，填写图中各部分的名称。

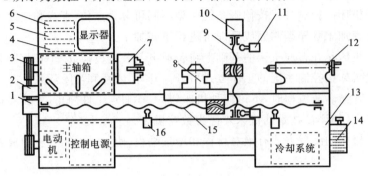

图 11-1　数控车床原理图

1—＿＿＿；2—＿＿＿；3—＿＿＿；4—＿＿＿；5—＿＿＿；6—＿＿＿；7—＿＿＿；8—＿＿＿；9—＿＿＿；
10—＿＿＿；11—＿＿＿；12—＿＿＿；13—＿＿＿；14—＿＿＿；15—＿＿＿；16—＿＿＿

5. 图 11-2 所示为电火花加工原理图，填写图中各部分的名称。

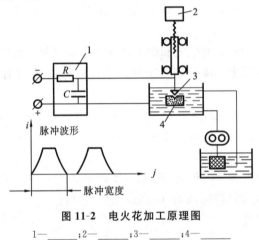

图 11-2　电火花加工原理图

1—＿＿＿；2—＿＿＿；3—＿＿＿；4—＿＿＿

6. 图 11-3 所示为微机数控线切割机床原理图，填写图中各部分的名称。

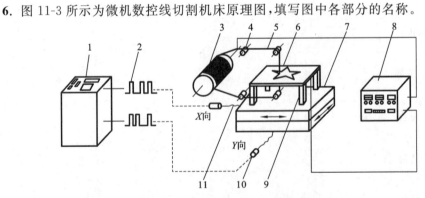

图 11-3　微机数控线切割机床原理图

1—＿＿＿；2—＿＿＿；3—＿＿＿；4—＿＿＿；5—＿＿＿；6—＿＿＿；
7—＿＿＿；8—＿＿＿；9—＿＿＿；10—＿＿＿；11—＿＿＿

7. 如图 11-4(a)所示零件,其材料为 45 钢,零件的外形轮廓有直线、圆弧和螺纹。要求在数控车床上精加工,编制精加工程序。

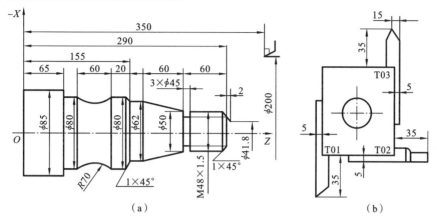

图 11-4 车削零件示例

8. 用数控铣床加工图 11-5 所示的轮廓 *ABCDEA*,用绝对坐标方式编写加工程序(不考虑刀补)。

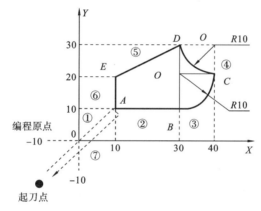

图 11-5 数控铣床加工零件示例

9. 图 11-6 所示为对凹模的内腔曲面进行线切割加工,机床当前位置在 O 点。对腔体的加工循环路线顺序为点 O、1、2、3、4、…、10、O。

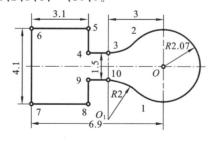

图 11-6 凹模型腔的线切割加工

10. 创新题

将你在实训中操作件或自行设计的数控加工作品的加工工艺过程填入表 11-1,完成其加工程序的编写和校验。

表 11-1　创新作品工艺过程

作品名称	

画出作品零件图

程序编制